从古代的物理萌芽到
20世纪的重大发现

物理学简史

A History of Physics

[美] 卡约里◎著

董康康◎译

地震出版社
Seismological Press

图书在版编目（CIP）数据

物理学简史 /（美）卡约里著；董康康译 . -- 北京：地震出版社，2022.3

ISBN 978-7-5028-5416-4

Ⅰ . ①物… Ⅱ . ①卡… ②董… Ⅲ . ①物理学史—普及读物 Ⅳ . ① O4-09

中国版本图书馆 CIP 数据核字 (2021) 第 257515 号

地震版　XM4860/O（6210）

物理学简史

［美］卡约里　著

董康康　译

责任编辑：范静泊

责任校对：凌　樱

出版发行：**地震出版社**

北京市海淀区民族大学南路 9 号　　　　　　　　邮编：100081

发行部：68423031　　68467991　　　　　　传真：68467991

总编室：68462709　　68423029

证券图书事业部：68426052

http: //seismologicalpress.com

E-mail：zqbj68426052@ 163. com

经销：全国各地新华书店

印刷：固安县保利达印务有限公司

版（印）次：2022 年 3 月第一版　　2022 年 3 月第一次印刷

开本：710×960　1/16

字数：345 千字

印张：20.75

书号：ISBN 978-7-5028-5416-4

定价：59.80 元

再版序

　　《物理学简史》一书出版以后，物理学界又迎来了许多新的发展和变化。对于这个时代的理科生而言，放射现象的发现和电子理论的引入并非新鲜事物，而是与伽利略自由落体实验和牛顿万有引力定律一样，完全是过去的事了。基于此，我认为将老一辈物理学者思想生活和经验中必不可少的物理学发展轮廓，向年青一代的理科学生阐释清楚是很有必要的。

　　想要描述清楚20世纪物理学领域取得的重大成就并非易事，因为一些实验和假说虽然现在看起来十分重要，但以后可能就变得无足轻重了。而对于近期发生的一些物理学事件，我们很难准确地对其作出客观评判。对最近的发展作出历史性的叙述虽然只会在短期内有意义，但提出近似的观点，总好过对这些发展视而不见。

　　此次对初版内容进行的修订，不仅增加了一些于20世纪进行的许多研究的相关新资料，而且还对本书前半部分的相关内容进行了补充和修订。

　　我十分感谢加利福尼亚大学V. F. 伦曾博士提供的宝贵建议，以及他在本书审校过程中提供的帮助。

卡约里

加利福尼亚大学

1928年12月

序言

本书主要为学习和教授物理学的学生和教师使用。作者相信，关注科学史会使得我们对科学本身更感兴趣，通过阅读科学史了解人类智慧发展的进程，这本身就能激发我们的思维、活跃我们的思想。

奥斯特瓦尔德（Ostwald）在其《精密科学》（*Exakten Wissenschaften*）一书中曾作出一个著名论断："虽然目前我们所使用的教学方法，在教授当下不断取得进步的科学知识方面是十分成功的，但是那些闻名于世且极有远见的人已经不止一次地指出：当前，在对年轻人进行科学教育方面存在缺陷，即现今的科学教育缺乏历史感，同时在对科学大厦得以屹立不倒的根基即一些重大研究方面，关注程度不够。"

希望本书对物理学发展进程的论述，可以帮助弥补奥斯特瓦尔德教授明确指出来的这一缺陷。

为了尽可能使本书的篇幅不超过最初设想的上限，我对从属于初等物理学的部分主题或内容做了省略。

在此，我特别感谢科罗拉多学院的哲学博士S．J．巴奈特先生和义科硕士P．E．杜德纳先生，感谢他们帮助我对本书进行了审校，同时还提供了宝贵的建议和批评。

卡约里

科罗拉多科泉市，科罗拉多学院

1898年11月

目 录

Contents

巴比伦人和埃及人 / 001

希腊人 / 002

力学 / 002

光学 / 007

电学和磁学 / 009

气象学 / 010

声学 / 011

原子理论 / 012

希腊物理学研究失败的原因 / 013

罗马人 / 015

阿拉伯人 / 017

中世纪的欧洲 / 020

火药和航海罗盘 / 020

流体静力学 / 022

光学 / 023

文艺复兴 / 025

哥白尼体系 / 025

力学 / 028

光学 / 036

电学和磁学 / 039

气象学　　　　　／　043

科学研究的归纳法　　　　　／　044

17 世纪　　　　　／　047

力学　　　　　／　047

光学　　　　　／　066

热学　　　　　／　078

电学和磁学　　　　　／　081

声学　　　　　／　084

18 世纪　　　／　085

力学　　　　　／　087

光学　　　　　／　087

热学　　　　　／　090

电学和磁学　　　　　／　098

声学　　　　　／　112

19 世纪　　　／　114

物质结构　　　　　／　116

光学　　　　　／　119

热学　　　　　／　158

电学和磁学　　　　　／　176

声学　　　　　／　223

20 世纪　　　／　228

放射现象　　　　　／　228

热学　　　　　／　242

光学　　　　　／　253

力学　　　　　／　271

物质结构　　　　　／　281

电子的命名　　　　　／　282

电学和磁学　　　　　　　　/ 296

声学　　　　　/ 301

回顾　　　　　/ 302

物理实验室的进化　　　　　/ 304

编后记　　/ 319

一、卡约里的《物理学简史》　　　/ 319

二、中国古代物理学史概述　　　　/ 319

巴比伦人和埃及人

　　早期的苏美尔人和巴比伦人在时间和角度方面，为后人贡献了十分重要的测量单位。巴比伦人最开始将7天定为一周，将白昼和黑夜各定为12小时。巴比伦人在书写整数和分数的过程中较为普遍地使用了60进制；此外，他们也通过60进制将1小时分为60分钟，将1分钟分为60秒钟。他们还将圆周分为360°，并将1°分为60弧分，1弧分分为60弧秒。如今，即使做最普通工作的人也通过小时数来计算工作时长，这跟大约5000年前的巴比伦人的计算方式是一样的。而今，最知名的工程师和最具盛名的天文学家也是通过度、弧分和弧秒来测算角度的，这与幼发拉底和底格里斯文明时代的那些天文学家所采纳的测算方式大概一致。正是因为有了这些精心选定的测量单位，古巴比伦才得以累积了相当多准确性惊人的天文记录，其中最重要的成就之一是发现了被称为岁差的黄道二分点的缓慢运动（大约每世纪运动1.2°）。这一现象的发现者为古巴比伦天文学家希德纳斯，他曾在公元前343年于幼发拉底河岸边的西普拉的一所天文学校中任教。[1]此前人们一向认为这一现象的发现者为古希腊天文学家希帕克斯（Hipparchus），但是希德纳斯对这一发现的时间要早于希帕克斯。

　　原始日冕和水钟的发明也是为了计算时间之用。为了找到正午时分太阳的高度角，他们使用基本只由一根长度已知的竖立杆构成的日冕，通过竖立杆的日影长度和方向这些必要的数据就可以计算出太阳的高度角。

　　杠杆秤被用于称量药物和贵重物品的重量。古埃及纸莎草"埃伯斯"（Ebers）[2]上记录的药方表明，杠杆秤可以精确测量小到0.71克的重量。

---

[1] 保尔·施纳贝尔的文章，载《亚述学杂志》新系列，第3卷，1926年，第1—60页。
[2] F.丹纳曼《自然科学的发展及其联系》，第2版，第1卷，莱比锡，1920年，第39页。

希腊人

在数学、哲学、文学和艺术方面，希腊人展现出了无与伦比的创造力和天分，但在自然科学方面所取得的成就就微乎其微了。如果说他们不具备观察自然现象的能力或者说能力十分有限，不免有失偏颇，但事实确实如此。他们对科学实验的艺术是懵懂无知的，而且提出的许多物理猜想都含糊不清、无关紧要甚至毫无意义。与作出的大量关于自然界的理论推断相比，希腊人所进行的与之相关的实验少得可怜。他们很少甚至没有尝试过通过实验证据来验证他们提出的猜想。亚里士多德曾证明过世界是完美的[①]，由此，我们可以十分清晰地看出这种模棱两可的哲学思维。亚里士多德指出："组成世界的物质是固体，因此它是三维的，所以三就是最完美的数字，也是所有数字中的第一个。因为我们一般不会把一当作一个数字来看；在说二的时候，我们一般会说双。这样来看，在所有的数字中，三就是打头的。此外，三这个数字有开始、中间和结尾。"

力学

亚里士多德关于力的理论以及落体定律

亚里士多德在自己所著的书中谈论了力学相关的主题，这位伟大的逍遥学派学者已经弄清楚了在矩形这种特殊情况下力的平行四边形的概念。他在尝试提出杠杆理论时指出，距离支点更远的力能够更容易地移动重物，因为距离越远意味着其画出的圆越大。他将杠杆端点重物的运动划分为切线分量和法向分量，即与自然运动相符的运动称之为切线运动，与自然运动相逆的称为法向运动。现在的读者一眼就可以看出，用与自然运动相逆来对一种自然现象进行描述是不恰当

---

① 亚里士多德，《论天》，第 1 卷，由 W. 休厄尔翻译。

的，而且可能造成歧义。

亚里士多德关于物体下落的观点也与事实相去甚远。尽管如此，我们仍需关注这些观点，因为在中世纪和文艺复兴时期，亚里士多德的权威可谓如日中天，对当时欧洲的科学思想产生了极其重要的作用。他认为："如果两个物体体积相同，那么质量较大的那个下落速度会更快。"在另外一处地方，他又讲到物体下落速度的快慢与其质量呈绝对的正相关关系。[1]这样的论断现在看来实在是荒谬到了极点。

有一位现代作家，试图为作为物理学家的亚里士多德正名："如果他能够使用任何现代的观测工具，如望远镜、显微镜，或者温度计或气压计，那么他一定能够极为迅速地利用起这些有利条件。"[2]但是观察物体下落速度这种情况，实验对于亚里士多德而言并不是不可想象的事情。如果某人在雅典的学校沿小路散步，某刻捡起两块不同重量的石头，并且同时让它们下落的话，他就会十分轻易地发现，即使其中一块石头是另外一块的10倍重，它的下落速度也不会是另一块的10倍。最近有人主张，人们事实上误解了亚里士多德，[3]亚里士多德内心真正想表达的是，介质的"减速度"与重力的加速度完全一致时，物体的速度是穿过有阻力的介质（空气）时的"终极速度"，如"一枚硬币在空中下落的速度绝对不会超过30英尺[4]/秒"。类似的"终极速度"运动还有很多，如"雨滴或者冰雹在空中垂直落下，或者烟囱中上升的烟雾颗粒"。大小相同的球状物体在有阻力

---

[1] 这个定律是亚里士多德通过以下推理而得出的结论："假设 α 本身没有重量，而 β 有重量；让 α 通过空间 γδ，同时让 β 通过空间 γε。因为 β 自身是有重量的，所以其通过的空间会更大。如果按照空间 γε 和空间 γδ 的比例将重物进行切割，并且让整个物体通过整个空间 γε，那么肯定这个物体的一部分会在同一时间内通过空间 γδ……"见亚里士多德的《论天》，第3卷，第2章。

[2] 参考第9版《大英百科全书》"亚里士多德"一条。

[3] 《自然》，伦敦，1914年，第92卷，第584、585和606页。

本书中的《自然》与《科学》《细胞》并称世界三大顶级科学杂志。其中，《自然》（1869年创刊）与《科学》（1880年由爱迪生投资1万美元创办）以报道科学世界中的重大发现、重要突破为使命；《细胞》注重重大生命科学研究进展。能够在这三大顶级期刊上发表文章，是无数科学家孜孜以求的目标，也是评选诺贝尔奖、竞选院士、展示大学和科研机构研究实力的重要依据。——编者注

[4] 英美制长度单位，1英尺等于0.3048米。——编者注

的介质中做自由落体时，它们的终极速度是与它们的重量成比例的，牛顿在圣保罗大教堂中所做的实验证明了这一现象。此外，牛顿在自己的《原理》第二部第40个命题中对这一现象作出了解释。至于伽利略等人是否真的误解了亚里士多德的观点，我们只能通过参考亚里士多德的著作才能理清楚。[①]亚里士多德曾在谈论物体运动和真空存在的可能性时，多次应用自己的自由落体定律。通过批判性地阅读亚里士多德著作中关于这些方面的论述，我们发现，亚里士多德曾认为如果物体从静止状态开始运动，如果物体是任意一种不同重量的金属如金或者铅，如果运动时间增加或者减少，那么他的自由落体定律都是适用的。甚至如果真空真的存在的话，他也十分乐意将这一定律应用在真空中的运动。因此，亚里士多德认为自己的定律是具备普遍的适用性的，自然包括大约2000年之后伽利略进行著名自由落体实验时的特殊条件。我们认为伽利略对于亚里士多德观点的理解是正确无误的。

阿基米德关于杠杆和流体静力学的理论

在力学研究方面，亚里士多德是远远比不上阿基米德（前287？—前212）的。[②]阿基米德是力学这门科学真正的创始人，重心（或者形心）理论和杠杆理论的提出都要归功于他。在阿基米德所著的《论平面图形的平衡》（*Equiponderance of Planes*）一书中，他开篇就提出了一个公理，即两个重量相同的物体处在支点两侧相同距离时，会处于一种平衡的状态。他在这本书中还试图总结出以下公理，即"在杠杆中，如果处在支点两侧的两个物体重量不同时，那么只有当两个物体与支点相距的臂成反比时才会处于平衡状态"。他曾经极力称赞杠杆的效率，这体现在他的一句名言中，即"给我一个支点，我就能撬起整个地球"。

我们从瓦里尼翁于1687年在巴黎出版的一本力学著作中引用了图1这幅图，用以阐释阿基米德的这句名言。图1中有一句拉丁文写的格言，大致意思为"触碰它，你就可以撬动整个地球"。

---

① 亚里士多德，《亚里士多德的物理学》，第四部，第8章。亚里士多德，《论天》，第1卷，第6、8章；第3卷，第2章；第4卷，第1、2章。

② 详情参考《阿基米德著作》。T. L. 希思用现代语言对该书进行了再次编辑，并加入了一些介绍性的章节。剑桥大学出版社出版。

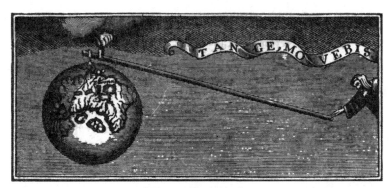

图1　撬动地球

阿基米德《论板的平衡》一书主要谈论了固体或者固体的平衡状态，而其所著的《论浮体》一书则主要谈论流体静力学。有一次，国王希耶隆（King Hieron）请阿基米德帮助检验一个王冠是否掺入了银（王冠的制造者声称该王冠是纯金打造的），这是阿基米德第一次注意到了物体比重这个问题。这个故事是这样的：这位伟大的哲人在洗澡的时候灵光乍现，想到了解决问题的方法。他立刻从澡盆中跳出来往家里跑去，大喊着"我找到了！"为了解决这个问题，他分别取了与王冠重量一样的一个金块和一个银块。根据一位作者的说法，阿基米德分别测试了金块、银块和王冠放入容器中所排出水的体积，并由此计算出王冠中金和银的含量。根据另外一位作者的说法，阿基米德分别将金块、银块和王冠浸入水中，并测算出了其重量，由此也得出了它们在水中减少的重量。基于这些实验得出的数据，他十分容易就得出了结果。当然，阿基米德在解决这个问题时也有可能同时使用了这两种方法。

在阿基米德所著的《论浮体》一书中，他确立了一个以他的名字为人所知的重要原理，即浸入水中的物体，其减少的重量等于其浸入后排出的水的重量，一个浮体置换了跟它自身重量相同的水。从阿基米德那个时代开始，一些极具智慧的人在液体压力方面也曾推导出了一些错误的结论。"流体静力悖论"这个表述就表明在这个问题上的看法是模棱两可的。因此我们更加钦佩阿基米德在进行研究时所展现出来的概念的清晰性和近乎完美的逻辑严谨性。①

————————

① 这是一篇包含了众多摘录的极具价值的论文，源自 Ch. 图罗特的《阿基米德原理的历史研究》，巴黎，1869 年。

据说，阿基米德在各种各样的力学装置的发明方面展现出了无与伦比的创造力和天赋。有报道记录阿基米德曾通过众多的滑轮移动了重船，使得希耶隆宫廷为之震撼。他还发明了一些用于作战的动力工具和用于船只排水的无止螺旋（阿基米德螺旋）。

赫伦和其他希腊发明家

在阿基米德之后大约一百年，两个亚历山大人即特西比乌斯（Ctesibius）和他的学生赫伦（Heron）登上了历史舞台并大放异彩。他们在理论研究方面并没有作出什么贡献，但是在机械设计方面展示出了无与伦比的天赋。压力泵可能就是特西比乌斯发明的。抽吸泵相对而言更古老一些，在亚里士多德的时代就为人所知了。根据维特鲁威的说法，特西比乌斯将两个轮流喷水的压力泵组合在一起，发明出了古老的灭火装置。这样的装置没有配备气室，所以无法稳定地产生水流。赫伦在自己所著的《气体力学》（*Pneumatica*）一书中描述了这种灭火装置。在中世纪，这样的灭火装置是不为人所知的，据说首次使用是在1518年的奥格斯堡①。除此之外，特西比乌斯还发明了水力风琴、水钟和投石器。赫伦曾发明了所谓的"汽轮机"（图2），这是人们最早将蒸汽作为动力使用的一种装置。该装置主体是一个中空的球，带有两臂，两臂跟球的转轴垂直，同时其尾端弯向相反的方向。在球体内部产生的蒸汽会通过球体的两臂喷射而出，使得球体旋转。这为巴克尔水磨和现代涡轮机的出现奠定了基础。赫伦在大地测量学方面写过一本十分重要的书，名为《测量高度及角度用的光学装置》（*Dioptra*）。②

---

① A. 德·罗查斯的文章，载《自然》，第 11 卷，1883 年，第 13—14 页。

② 想要更加全面地了解"第一位工程师"赫伦，请参考 W. A. 特鲁斯德尔在《工程评估》中的文章，第 19 卷，1897 年，第 1—19 页。

图2　汽轮机

　　希腊人发明了比重计，时间很可能是在公元4世纪，没有决定性的证据能够证明该仪器是由阿基米德发明的。西内苏斯主教（Bishop Synesius）在写给希帕蒂娅的一封信中详细地描述了比重计。这是一个中空带有刻度的锡制圆筒，下面悬有重物，最初在医学领域中用于测定饮用水的水质，因为在那个时代，硬水通常被认为是不健康的。按照德札古利埃（Desaguliers）的说法，直至18世纪，比重计依旧被用于此用途。[①]

光学

　　埃及发现的一份希腊文稿的残存部分中，记录了各种光学错觉。例如，太阳在地平线上时，似乎比在接近顶点时显得更大一些。[②]事实上，光学是物理学最为古老的分支学科之一。据说，在古代亚述的首都尼尼微的遗迹中发现了一个聚光的水晶透镜。[③]在希腊，火镜似乎在很早的时候就被制造出来了。阿里斯多芬

---

　　① E. 格兰，《魏德曼编年史》，第 1 卷，新系列，1877 年，第 150—157 页。也可以参见他所著的《物理科学》，莱比锡，1892 年，第 40 页。
　　② 参见 K. 韦斯利的《维也纳研究》，第 13 卷，1891 年，第 312—323 页。
　　③ E. 格兰，《物理科学》，1892 年，第 9 页。

尼斯在喜剧《云》第二幕中（表演时间为前424年），加入了一段对话，即"用透明度极高的石头或者玻璃来点火"，手持这样的石头站在阳光之下就可以"在一段距离之外融化掉"所有刻在蜡面上的文字。柏拉图学院曾经教授过关于光的直线传播以及光的入射角和反射角相等的内容。139年曾经在亚历山大城大放异彩的天文学家托勒密测定了光的入射角和折射角，并将其绘制成了表格。他发现在角度小的情况下，入射角和折射角成比例是近似正确的。

似乎在十分遥远的古代，金属制成的镜子就已经出现了。《出埃及记》（38∶8）[1]和《约伯》（37∶18）中都提到过"窥镜"，它在古埃及木乃伊的墓中被发现。希腊人也了解球状镜和抛物面反射镜。欧几里得（约公元前300年）曾著有《反射光学》（*Catoptrics*）一书，其中探讨了光的反射现象。在该书中，人们发现了最早的关于球面镜焦点的论述。在该书的定理30[2]中谈到，凹面镜在朝向太阳时能够将物体引燃。在可能是由特拉勒斯的安特米乌斯所写的一份文稿《伯比安瑟残篇》中，论述了抛物面反射镜可以聚光的特性。几位希腊作家也写到过凹面镜。有一个故事是这样讲的：当时罗马人包围了锡拉库扎（Syracuse），阿基米德利用镜子反射太阳光来保护自己的家乡，即当敌人的船进入到一定范围之后，他通过反射阳光点燃了这些船只。当然，这个故事可能是虚构的。

希腊人详细阐述过几个关于视觉的理论。毕达哥拉斯、德谟克利特等人认为，视觉是由所见物体散发出的微粒投射到瞳孔中产生的。另一方面，恩培多克勒（前440年左右）、柏拉图学派和欧几里得则持有一种十分奇怪的眼睛光束理论，根据他们的观点，人的眼睛本身会发射出某种光束，当这些光束遇到其他物体所散发出来的光束时，就产生了视觉。[3]

---

① 这里的两处数字比是指两本书中记载的关于"窥镜"的铜锡含量比。——编者注
② 参见L.海博格的《欧几里得的歌剧》，第7卷，第1版，莱比锡，1895年。也可以参见《魏德曼编年史》，第39卷，1890年，第123页。
③ 关于柏拉图的理论，可以参考《与柏拉图的对话》（由B.周伊特和C.斯克里布纳之子翻译），第2卷，纽约，第537页及以下。

电学和磁学

希腊人曾经作出了几个关于电和磁的独立发现。作为古希腊"七位智者"之一，米利都的泰利斯（前640—前546）曾经发现：琥珀在摩擦之后能够吸引较轻的物体；某一些矿物，也就是现在的磁铁矿或天然磁石会对铁产生吸引力。琥珀（矿物化的呈淡黄色的树脂）在古代是作装饰用的。琥珀与亮闪闪的金银合金和金子一样，被称为"电子"，因此也就有了"电"这个词（来自希腊语中的琥珀一词）。大约在泰利斯之后的三个世纪，泰奥弗拉斯托斯在所著的《论宝石》（*On Gems*）一书中提及了另外一种经由摩擦可以起电的矿物。现在我们知道，所有的物体都可以起电。普林尼（Pliny）曾说无知的人把天然磁石叫作"快铁"（quick iron）。磁引力这一现象极大地激发了人的想象力，在很大程度上可以从《牧羊人马格内斯》的寓言故事中看出来。故事中说道，在艾达山上，他鞋子上的大头钉和手杖上的铁尖受到了大地的强烈吸引，以至于他连走路都很吃力。他努力地查明造成这种情况的原因，并由此发现了一种十分奇妙的石头（磁铁矿）。另外一个寓言故事则谈到了一座磁力极其强大的大山，其磁力将距离这座山相当远的船只中的钉子吸了出来。[①]

普林尼还讲述了另外一个跟天然磁石相关的故事。在亚历山大城中的阿西诺神庙，为了使女王的铁铸雕像悬在空中，曾用磁石修建了拱形屋顶。随着时间的流逝，这个故事又被不断地加工美化。因此，根据德高望重的彼得的说法，在罗兹岛上，柏勒罗丰马的重量高达5000磅[②]，而这匹马通过磁石悬浮在空中。[③]据说，穆罕默德的灵柩也是采用了这样的方式。当然用机械方式使这样的东西悬浮在空中是无法做到的。

古代，人们通常在爱琴海沿岸和地中海的岛屿上进行铁矿的开采工作。据说磁铁矿是在靠近小亚细亚的马格尼西亚州边上发现的。而根据卢克莱修

---

① 这个故事经常出现在文学作品中，如《一千零一夜》第三个托钵僧人的故事中就有提及。

② 1磅等于0.454千克。——编者注

③ 贝达，《九月奇迹——周一》。帕克·本杰明将这个故事引用在《电学知识的增长》中，纽约，1895年，第46页（下文中引用帕克·本杰的这部作品）。

（Lucretius）的说法，"magnet（磁铁）"一词可以追溯到"Magnesia（马格尼西亚州）"。萨摩色雷斯岛上也有铁矿，该岛上的矿工们发现天然磁石跟他们所说的萨摩色雷斯铁环会产生作用。苏格拉底说："……这种石头不仅会吸引铁环，而且还会给予这些铁环吸引其他铁环的能力；有时候你可以看到一些铁片和铁环彼此之间保持悬空组成一个很长的链条，而它们身上所带有的这种使物体悬空的能力都来有最初的那块磁石。"①

古希腊人当时并不知道磁铁有磁极，也不知道在电荷或磁极之间还存在着排斥现象。

气象学

据我们所知，在15世纪中叶之前，世界上的任何地方均未出现系统化的气象记录，②但是希腊人多多少少注意到了气象学。在雅典我们发现了用以观测风向的最古老的装置，也就是大概发明于公元前100年的"风向塔"，其主要组成部件一直保存至今。在一块八边形的大理石上方是风向塔的顶，在其最高处安置着一个风向标，上边画着海神特里同。没有证据表明这样的风向标在希腊或者罗马十分普遍，因为没有任何希腊语或拉丁语描述过这样的仪器。③对于古希腊人而言，气象学很难算得上是一门科学。亚里士多德的学生埃雷苏斯德泰奥弗拉斯托斯（前371—前286）曾写过《论风和天气预兆》一书，④但是跟当时的大多数希腊哲学家一样，他并没有通过耐心和准确的观察来取代当时的教条主义和权威的说教。亚里士多德曾经在露水的形成方面做了很好的观察，即露水只会在晴朗安静的夜晚形成。⑤

---

① 《与柏拉图的对话》，第1卷，第223页。

② G. 赫尔曼，《天地》，第3卷，1890年，第113页。

③ 同上，第119页。

④ 该书由 J. G. 伍德翻译，伦敦，1894年，并为其新增了序言和一篇阐释其历史意义和价值的附录。

⑤ J. C. 波根多夫，《物理科学》，莱比锡，1879年，第42页。（下文中这部作品称为 J. C. 波根多夫的《物理科学》。）

　　大约生活在公元前275年的索里德亚拉图曾经写过一本关于预测学的书，通过观察天文现象对天气状况进行预测，并针对天气对动物的影响作出了诸多解释。亚拉图的这本著作和他所写的其他著作出过几种不同的版本，其中一个版本是由梅兰克森完成的。

声学

　　埃及金字塔和许多古代城市的遗迹已经证明，在我们拥有的关于抽象几何学和理论力学的最早记录之前的许多世纪，人们已经掌握了实用几何学和力学的知识。同样，那些极为古老的民族所掌握的声学和器乐知识，也证明了音乐这门艺术要比声学理论存在的时间久远得多。和声学的开始要追溯到毕达哥拉斯（前580？—前500？），但是关于他所做研究的论述则夹杂着很多寓言故事和错误，所以我们很难断定毕达哥拉斯到底做过什么样的研究。据说，毕达哥拉斯在经过一个铁匠铺时，注意到铁锤击打铁砧时会发出"四度""五度"和"八度"这样的音程。他发现能够发出这样声音的铁锤[1]的重量比分别为1∶3/4∶2/3∶1/2。随后他用相同材质、相同长度和相同厚度的乐器弦进行试验，证明了其重量比为1∶3/4∶2/3∶1/2时也会得到上述的音程。这项研究证明了音程之间存在着数学关系，并且在相距甚远的数学和音乐之间建立起了紧密的关系。

　　我们很容易就发现上述的解释存在着两个错误之处：所提及的铁锤的重量并不会导致发出那样的声音，同时关于弦重量规律的表述也是错误的。音调的变化并不是因为重量发生改变，而是跟重量的平方根变化相关。

　　因此有一些作者猜测，毕达哥拉斯并没有通过实验得出他的想法，而他获得灵感的那个铁匠铺其实就是在埃及，在那里他获得了很多知识。[2]另外一些作者认为，事实上毕达哥拉斯并没有改变弦的张力，而是改变了它们的长度，因此得

---

[1]　尼科马库斯，《和声》，第1卷，第10页，梅博米乌斯（Meibomius）编辑。

[2]　参考《大英百科全书》第9版中"音乐"一条，其中包含了很多关于希腊音节的知识。

到了正确的定律，即音调与弦的长度成反比。[1]据说毕达哥拉斯是第一个建立全音阶中八个完整度的人。[2]

对事实进一步的探索并没有束缚毕达哥拉斯对和声和音阶的思考。七颗行星对应希腊七弦竖琴的七根弦，这让我们看到了一种美妙的"天体和谐"。[3]这个想法不是作为一首诗歌，而是作为物理哲学知识提出的。人类的听力无法捕捉到行星之间存在的这种音乐，但是这并没有减弱他坚信这种音乐存在的信念。

亚里士多德也曾研究过声学，对空气运动形成了声音这一特性提出了正确的见解。此外，他也认为，如果将管子的长度增加一倍，那么空气在管子内部振动的时间也会增加一倍。

原子理论

值得注意的是，原子理论最早的提倡者是古希腊人。两位极大地影响了哲学思考的思想家亚里士多德和康德，曾经说空间是连续地填充满的。从这样的表述中，我们很难直接得出物质是由原子组成的这样的理论。最先提出原子理论的人是留基伯（Leucippus）。伟大的辩证学家埃利亚·芝诺提出过运动的可能性，而让人不解的是，原子理论的提出则是从逻辑上为反对埃利亚·芝诺观点的论证提供理论依据。埃利亚·芝诺曾经提出过一个著名论据，即阿基里斯（Achilles）永远追赶不上乌龟。因为阿基里斯首先必须到达乌龟出发的地方，等他到了，乌龟又向前走出了一段距离。阿基里斯必须再往前赶，但与此同时乌龟又会继续往前走。一直到了近代，数学哲学才清晰地解决这一问题。留基伯认为，想要摆脱埃利亚·芝诺通过论据得出的不可能结论，关键在于否定埃利亚·芝诺论据中暗

---

① 赫尔曼·H.亥姆霍兹，《音调的感觉》，由 A.J.埃利斯翻译，伦敦，1885 年。更多关于毕达哥拉斯的参考内容和细节，可以参考 E.泽勒的《希腊哲学史》，由 S.F.阿莱恩翻译，伦敦，1881 年，第 1 卷，第 431—433 页。也可以参考 C.H.H.帕里的《音乐艺术的进化》，纽约，1896 年，第 15—47 页。

② 见赫尔曼·H.亥姆霍兹的《音调的感觉》，第 266 页。

③ 尼科马库斯的《和声》，第 1 卷，第 6 页；第 2 卷，第 33 页。《论天》，第 496 页。

含的距离无限分割的观点。阿夫季拉的德谟克利特（约前460—前370）曾对原子理论作出著名的阐释。他说，世界是由真空和无数不可分割且看不到的微小原子所组成。物体的出现和消失都是因为原子的结合和分离，即使感觉和思考这样的现象也是原子结合的结果。古希腊哲学家伊壁鸠鲁（前341—前270）也接受了原子理论，不过他传授的观点反而使人们背离了科学。原子理论在科学进程中并未发挥太大的作用，这一直持续到道尔顿发现了化学上的倍比定律。

希腊物理学研究失败的原因

虽说在物理学研究方面，古希腊人取得的成就超过了其他古代民族，但是他们在这一知识领域内所取得的成果跟他们在其他领域取得的相比则要少得多。为什么希腊人在物理学领域几乎没有进展？这是个由来已久的谜团，而且这个问题很难作出回答。弗朗西斯·培根说："这个过程就是从感性、具体的一下子飞跃到最一般的命题，而后将其看作进行某些论证所需的确定不变的极点，再从这些点出发通过中间项推导出其余部分。毫无疑问这是一个捷径，但这并不是深思熟虑的办法；尽管这为辩论提供了一种简单易行的方式，但这样的方式不能使人们真正了解自然。""古人在开发智慧和抽象思考等各个方面都证明了他们是十分伟大的。[1]"这一解释与W. 休厄尔[2]、J. S. 米尔[3]和詹姆斯·哈维·罗宾逊[4]作出的其他解释，都是基于亚里士多德那个时代希腊思想家智力水平和思想成果而提出的。但是，古希腊数学、天文学和地理学的全盛时期，是在亚里士多德时代之后的500年或者600年后。一些作者写道，"通常人们想当然地认为，古希腊智慧的辉煌时期到亚里士多德去世就画上了句号"，即公元前322年，但是这样的假定忽视了很多真正的事实。欧几里得、阿波罗乌尼斯、阿基米德、丢番图、

---

① F. 培根，《新工具论》序言，见《作品》，纽约，1878年，第1卷，第32、42页。

② W. 休厄尔，《归纳科学史》，纽约，1858年，第1卷，第87页。

③ J. S. 米尔，《逻辑系统》，伦敦，1851年，第1卷，第367页。J. S. 米尔在其中采纳了《前瞻性评论期刊》（1850年）中一位作者的观点。

④ 詹姆斯·哈维·罗宾逊，《形成中的思想》，1921年，第4、5章。

埃拉托色尼、希帕克斯、托勒密等人都是在亚里士多德时代之后大放异彩的。在这一时期，经验和实验方法大体上站稳了脚跟。有"古代哥白尼"之称的阿利斯塔克就是这一时期的人物。观测天文学家希帕克斯和托勒密，在天文观测中使用了星盘和象限仪。阿基米德在解决"王冠问题"时使用了实验方法，他提出的物体浸没在水中减少的重量等于排出的水的重量这一理论是源于经验，而他使罗马船队着火的故事也是通过使用镜子反射太阳光的实验。埃拉托色尼曾经测算过地球的大小，其精准程度一直到1617年才被荷兰斯涅耳的测算结果超过。埃拉托色尼曾经用日冕测算过亚历山大城正午时刻太阳角的高度，他测算得出太阳高度角在亚历山大城与在南部城市塞尼城存在差异。他认为原因在于纬度，通过测量亚历山大城与塞尼城之间的距离，他成功地测算出了地球的周长。亚历山大城伟大的工程师的赫伦发明了很多测绘工具。另外一位希腊人发明了比重计。托勒密的折射实验研究以及他在大气折射方面的细致研究，都是"那个时代最杰出的实验研究"。[①]

考虑到这些事实之后，我们意识到，希腊人早已开始发展实验科学了，但是这一运动不久之后因为外力的干预而停滞了。一系列社会原因，包括希腊被罗马帝国吞并，基督教与其他古代宗教之间展升的伟大斗争，使得希腊人创造性的科学研究活动走到了尽头。

---

① 乔治·萨顿，《科学史导论》，第274页。

罗马人

罗马人的天赋都被用于战争、政治、管理和法律方面，在纯数学或科学的发展方面，罗马人并没有作出什么努力。罗马科学方面的作家收集希腊前辈的研究成果就已经心满意足了，这些人中包括奥古斯都皇帝（Emperor Augustus）的建筑师马库斯·威特鲁威·波里奥（Marcus Vitruvius Pollio，前85—前26）、《物性论》（*De Rerum Natura*）的作者提图斯·卡鲁斯·卢克莱修（Titus Carus Lucretius，前95—前52？）、尼禄皇帝的老师卢修斯·阿奈乌斯·塞内卡（2—66）、自然史著作汇编者普林尼（23—79）和曾经颇受西奥多里克国王青睐的提乌·曼利厄斯·塞维林·波爱修（480？—524）。

提图斯·卡鲁斯·卢克莱修著有哲学长诗《物性论》。该诗享有盛名，不仅因为文采斐然，更是因为其中展现出了敏锐的科学见解和对于现代科学思想的伟大预测。提图斯·卡鲁斯·卢克莱修是第一位谈到磁铁排斥作用和用铁屑做实验的古代作家，他发现将天然磁石放置在黄铜制成的盆底之下时，盆中的铁屑会活跃起来。提图斯·卡鲁斯·卢克莱修认为热是一种物质，这跟在他之前的希腊哲人赫拉克利特和德谟克利特的观点是一致的。提图斯·卡鲁斯·卢克莱修的长诗中曾谈到"热的几种微粒"，"其跟随着空气一起运动，没有热就没有空气，热和空气是混合在一起的"。这一哲学长诗以最完整、最质朴的语言向我们阐释了古代人对于希腊原子理论的理解——原子是极小且不可分割的颗粒物，它们虽然不尽相同，但是永远处于运动状态，而且数量是没有上限的。现代数学家在这里发现了无限量的概念，这跟现代我们对于诸如不是变量而是常量等术语的定义是吻合的，无限量具备可数的多样性。他使用了它们的整体特性。提图斯·卡鲁斯·卢克莱修认为固体的原子彼此是钩在一起的，所以能够黏合在一起。近代，约翰·伯努利也曾使用互相勾连在一起的原子的假定，此外，19世纪的化学家也采用了这样的假定，以解释化学作用和原子价。牛顿发现提图斯·卡鲁斯·卢克莱修的长诗中清晰地谈到了伽利略自由落体定理。在没有任何阻力存在的真空条件下，所有的原子，无论其重量如何，下落的速度是一样的。提图斯·卡鲁斯·卢克莱修认为世界上各种现象的发生遵循的是某种必然性，或者用我们的话说，遵循的是物理定律。提图斯·卡鲁斯·卢克莱修曾经十分明确且清晰地谈到物质和能量的守恒。近年来一位生物学家发现，这篇神奇的长诗中谈到了孟德尔著名的遗传定律。D．W．汤普森曾经说过，任何一代科学家都可以基于自身的知识来研读这一诗作，并从中获得一些超前的想法。

波爱修写了《论音乐》一书，其中包含了很多关于希腊和声理论的信息。塞内卡曾教授彩虹的颜色跟玻璃块边缘形成的颜色是一样的知识。他观察到，一个装满水的球状玻璃容器会将物体放大，但是他的观察没有得出更为深入的结果，只是认为没有什么比我们的视觉更具欺骗性的了。他的著作中充斥着各种道德和情绪。这也可以解释为什么他所著的《自然科学解疑丛书》第7卷在中世纪被作为物理学的教科书沿用了很长时间。[1]他对力学知识的理解可以从以下其讲述的这个故事中看出：他十分严肃地讲道，一条不足一英尺长的鱼，通过紧紧依附着一条船只，即使是在大风之中，也可以完全停止运动。他指出，在亚克兴角战役中，安东尼厄斯最大的舰船就是通过这种原理稳固地连接在一起的。

克莱奥迈季斯（出生地点和日期不详）很可能是在奥古斯都皇帝统治时期声名鹊起的。同阿基米德和欧几里得一样，他注意到了放在空容器底部边缘的指环会被遮挡起来无法看到，但是当容器中盛满水时就可以看到了。他进一步思考并且指出：同样，当太阳稍稍低于地平线时，人们依旧可以看到太阳。因此他是第一个考虑到大气折射现象的人。

---

① F．罗桑伯格，《物理科学》，第一部分，1882年，第45页。（本书后面引用的F．罗桑伯格的著作指的就是他的这本书。）

阿拉伯人

　　阿拉伯民族的发展史在整个思想史中显得格外非凡。离散而居的野蛮部落，在经历了宗教狂热这个大熔炉的洗礼之后，突然融合成了一个极为强大的民族。在战争和征服停止之后，随即而来的是一个知识活跃时期。大约在8世纪，他们十分迅速地获得了古印度人和希腊人的科学和哲学智慧成果，那些古典书籍从希腊语翻译成了阿拉伯语，化学、天文学、数学、地理等都变成了受人们青睐的学科。阿拉伯人在科学方面作出了一些独创性的贡献，但是大体而言，他们并没有跟那些古老的研究划清界限，他们更多的是在学习知识，而非创造学问。

　　就我们所知，物理学中只有一个分支在阿拉伯的科学土壤中苗壮成长，而且只有一个人在这方面取得了巨大成就。这个分支就是光学，这个人是阿尔·哈森（Al Hazen）（965？—1038），其阿拉伯的全名是阿布·阿里·阿尔·哈桑·伊布恩·阿尔·哈桑·伊布恩·阿尔·海塔姆。他出生在底格里斯河附近的波斯拉，并成功地获得了维奇尔（伊斯兰教国家高官）的位置。之后一位哈里发将阿尔·哈森调到了埃及，因为哈里发听说阿尔·哈桑设计出了一些治理尼罗河的方案，使得每年有丰富的河水用于灌溉。阿尔·哈桑在埃及进行实地考察之后，不得已放弃了自己的计划。此外他还犯了一些其他错误，他失去了哈里发的青睐。他伪装成精神失常的样子，并一直藏匿到这位哈里发去世之后。后来他通过抄写手抄本维持生计，在天文学、数学和光学方面都有著作。

　　阿尔·哈桑的著作《光学》被翻译成了拉丁文，于1572年在贝尔出版。除了从古希腊人那里学到的入射角和反射角相等定律，他还增加了两个角都处于同一平面的定律。他研究了球面镜和抛物柱面镜：通过某一点的光线数量越多，产生的热量也就越大；与球面镜主轴平行的光线在进入到球面镜时会被反射到这条轴线上；镜子上各个点反射的光线都处于一个圆的圆周之内，其跟球面镜的轴线是垂直的，并且这些光线通过的都是轴线上的同一点。他用几个单独的球形环做成一个镜子，其中每个环都有自己的半径和圆心，但是要使所有的环将所有的光线精确地反射到同一点上。接下来就是十分著名的"阿尔·哈森问题"：已知发光点和眼睛的位置，求球面镜、圆柱状镜或圆锥面镜上发生反射的位置。这个问题最初出现在托勒密的光学研究中，在阿尔·哈森对其进行了十分精妙又复杂的论述之后，该问题就开始闻名欧洲，因为这个普遍性的问题带来了一系列几何学难题。[1]

阿尔·哈森重复了托勒密曾经做过的工作，测量了入射角和折射角的角度，但是跟他的前辈一样，他并没有发现真正的折射定律。他所使用的仪器是一个带有刻度的圆形铜环，将其放在垂直位置，并把其一半浸入水中。入射光线通过铜环边上的一个小孔，并且穿过中间穿孔的圆盘。这个仪器跟现在在初级教学中使用的仪器十分相似，其能够让我们十分便捷地读出入射角和反射角的角度。

关于太阳和月亮在接近地平线时，其直径会明显增大这一现象，他认为只是幻觉罢了，因为我们是根据相距较近的地球上的物体来判断这些天体的大小的。即使今天，这样的说法依旧存在，但是它并没有被普遍接受。阿尔·哈森得出的结论是：行星和恒星并不是接收太阳的光，它们本身就会发光。[2]

阿尔·哈森也是第一位详细描述人类眼睛的物理学家，声称自己的解释是根据解剖学著作作出的。眼睛某些部位的名称，起源于译为拉丁文的阿勒·哈增的描述，如"网膜""角膜""玻璃状液"（玻璃体）、"前房液"等术语。

他的一些阿拉伯前辈和其同时代的一些人，包括他本人都强烈反对欧几里得和柏拉图学派的观点，即视觉的产生是因为眼睛发射光线。他们支持业里士多德和德谟克利特的观点，即产生视觉的原因在于被看到的物体。[3]

阿拉伯人还提出了"比重"的概念，并通过实验对其进行了测定。为了进行测定，阿尔·比鲁尼（Al Biruni）使用了一个带有向下方倾斜喷嘴的容器。而后

---

① 了解阿尔·哈森和他的研究，可以参考保罗·博德载《明镜周刊》的《法兰克福物理协会年度报告》，1891—1892年；利奥波德·施奈斯，《阿尔哈森的光学》，1889年；德巴尔曼，《德国早晨》，第36卷，1882年，第195页。E．魏德曼，《魏德曼物理学年鉴》，第39卷，第110—130页；第7卷，第680页。

② 他在这一主题方面出版的德文译版的论文由E．魏德曼翻译发表在《每周地质记录》上，1890年，第17页。

③ E．魏德曼，《魏德曼物理学年鉴》，第39卷，第470页。

向容器中注水，使水达到喷嘴的高度，再把固体放入水中，测出溢出水的重量。这样测出的水的重量与物体在空气中的重量进行比较，就得到了物体的比重。阿尔·哈齐尼在1137年所著的《智慧秤》[①]一书中描述了一个奇妙的杠杆秤：其带有五个秤盘，可以分别测量物体在水中和空气中的重量，其中一个秤盘可以沿着带有刻度的秤杆移动。他指出，空气对物体也有一定的浮力，使得物体在空气中失去一定的重量。[②]

---

① 其摘要译文发表在《美国东方学会杂志》，第6卷，第1—128页；也可以参考 F.罗桑伯格的《物理学史》，第一部分，第81—86页。

② 对阿拉伯水钟感兴趣的读者可以参考 A.维特斯坦的《关于水钟和阿撒切尔星盘》，载《克洛米尔杂志》，第39卷，1894年，第43页。

中世纪的欧洲

3世纪，欧洲的一些野蛮民族开始迁徙。强大的哥特人从北方向西南方向横扫，直穿意大利，粉碎了罗马帝国。随即而来的"黑暗时代"孕育了欧洲各个民族和各种制度。基督教传入欧洲，拉丁语变成了教会和学术界都使用的语言。

中世纪一向以思想上的停滞和奴性、观念上的模糊不清和神秘主义而闻名。科学界的著作家基本上都变成了注释家，从来不考虑通过实验来验证古代作家的想法是否正确。起初，中世纪的科学主要从拉丁语著作中获取的。但是罗马作家经常会谈到古希腊作家，因此人们自然地就想直接阅读希腊作家的著作。这样的想法在12世纪因为获得了阿拉伯文译版的古希腊论文而得到了部分满足。亚里士多德的著作开始为人们熟知，并变成了至高无上的权威。谁胆敢挑战亚里士多德的观点，那必然大祸临头。例如，巴黎的佩特鲁斯·拉米斯（Petrus Ramus，1515—1572）被禁止教授或者写作任何跟这位伟大的哲人意见相左的内容，否则会被处以肉刑。在物理学方面，亚里士多德的权威一直是无可撼动的，一直持续到了伽利略时代。

火药和航海罗盘

这个时期的欧洲人拥有了两项发明，极大地影响了欧洲文明的进程，那就是火药和罗盘。它们的起源还未可知。[①]大约生活在8世纪的马库斯·格拉克斯（Marcus Graecus）和1250年的阿尔伯特·马格努斯（Albertus Magnus）已经知道火药是由硫磺、硝石和木炭制造的。据说在12世纪时，欧洲人已经在爆破时使用

---

① 由于本书成书时间较早，作者对于火药和罗盘起源于中国尚无认识，故此说法欠妥。关于中国古代物理学发展的概况及对物理学的贡献，请参阅编后记。——编者注

火药，但火器似乎在14世纪末期之前都没有出现。[1]

在中国的一些传说中有关于指南车的模糊记录，有人借此认为即使是在极为遥远的古代，陆地罗盘就已经出现并投入使用了。但并没有明确证据表明，11世纪之前出现了陆地罗盘。"关于磁针最早的明确的文献记录"见于中国数学家和仪器制造家沈括的著作，他于1093年去世。[2]同时代的一位中国作家曾经写道："方家以磁石磨针锋，则能指南。然常微偏东，不全南也。"[3]这段文字表明当时的人对于磁偏角已经有了一定的认知。

将磁针应用于航海的最早记录是在1100年之后不久，一位中国作家认为是在1086—1099年，但是最初的使用者并不是中国人，而是在中国广州和苏门答腊岛之间航行的外国海员（可能是穆斯林）。[4]

在欧洲，英格兰圣奥尔本斯的亚历山大·尼卡姆在12世纪第一次提到了航海罗盘。同一世纪末期，一位法国人盖约特·普罗万斯在自己发表的诗歌中提到了航海罗盘，他在其中谈到了一种可以让铁制品转动的难看的黄褐色石头，航海员可以借此确保不会迷失方向。巴勒斯坦的一个主教在1218年说这样的磁针"对于航海而言是必需的东西"。

古老的航海罗盘操作方式十分原始。一位阿拉伯作家在1282年的一本著作中写道，把磁针放在芦苇或者木块上，使它漂浮在水盆之中。当处于静止状态时，指针就会指向南北方向。类似的做法在早期的意大利人中也颇为流行。[5]

磁学知识和罗盘制造方面所取得的显著成就，体现在法国马斯特·彼得·马瑞康特在1269年8月12日写的一封信中。这个人通常被称为佩雷格里努斯（Peregrinus），十分受罗吉尔·培根的推崇，当然是有原因的。他的信中谈到了关于磁极化的内容，指出由一块磁体分成的很多块都具有两个极，并提出了不同极互相吸引的定律，信中还谈到强磁体可以逆转弱磁体的极性。佩雷格里努斯发

---

① F.罗桑伯格，《物理科学》，第一部分，第97页。

② 乔治·萨顿，《科学史导论》，第756、764页。

③ 帕克·本杰明引用，见帕克·本杰明的《电学知识的增长》第75页。（原文见《梦溪笔谈》，卷24。——编者注）

④ 乔治·萨顿，《科学史导论》，第764页。

⑤ 这种方法最早起源于中国，后来通过阿拉伯人传到欧洲。——编者注

明了一种带有刻度和配有中枢磁铁的罗盘，设计了基于磁石相互吸引的永动机，但是他很机智，将失败的责任全部抛给了制造者。他本人在当时是士兵，很可能没有工具用以制造复杂的机器。他的信是在卢切拉（意大利南部的一个镇子，当时被安茹的查理包围）①前线的战壕中写完的。

在佩雷格里努斯之后，带刻度的圆盘被"风向玫瑰（Rose of the Winds）"所取代，它通常包含32个方向点。②近些年来，出现了回归佩雷格里努斯刻度圆盘的趋势。

为了纪念罗盘的发明者弗拉维奥·焦亚（Flavio Gioja），人们在那不勒斯交易所中竖起了一座黄铜铸成的雕像。弗拉维奥·焦亚长期居住在意大利南部阿玛尔菲，他一直被视为罗盘最初的发明人。我们现在知道罗盘在他那个年代之前就已经在欧洲投入使用了，但是他仍然因为在罗盘制造方面作出了许多改良而为人们所铭记。

在罗盘制造方面，一个重要的创新之举是将磁针悬挂在平衡环上，也就是著名的"卡丹式悬置"。但是卡丹（1501—1576）并未声称这是自己发明的，而且设计之初也并不是为了罗盘使用。他描述了一种为皇帝打造的椅子，在驾驶过程中皇室的人坐在这样的椅子上感受不到任何颠簸。卡丹说，这样的设计之前在油灯中就使用了。③

流体静力学

阿基米德原理在解决著名的王冠问题上得到了应用，王冠的制造者声称王

①　佩雷格里努斯的信是在1568年出版的，其再版于《赫尔曼的新作品·流星地图》，柏林，1898年，第10页。也可以参考帕克·本杰明的《电学知识的增长》，第165—187页。

②　关于它们的不同形式，可以参考A.布鲁辛的《直到发明镜面六分仪为止的航海仪器》，不莱梅港市，1890年，第5—24页。

③　《直到发明镜面六分仪为止的航海仪器》，第16页；卡丹的《论精巧》，第17章"艺术与工艺"，1560年，第1028页。1876年，威廉·汤姆逊爵士获得了一种十分出名的罗盘形式的专利。可以参考《大英百科全书》第9版"罗盘"一条。

冠是由纯金制成的，但实验证明其中掺入了银[1]——在10世纪的一份手稿中实验得到了解释。可能是在13世纪写成的一篇论文中解释了，如何通过阿基米德的方式计算出不规则物体的体积，指出一些商品的价值取决于其体积大小，以此来强调这个方法的实用价值。诺特（Thurot）说，"比重"这个词首次在这份文稿中出现。

阿基米德原理和王冠问题成了数学家青睐的课题，但是相对而言却不受哲学家的重视。直到1614年，亚里士多德学派一位十分著名的学者凯科尔曼（Keckerman）作出了下述荒谬的言论："重力是运动的特性，其源自寒冷、密度和体积，由于这样的特性，物体才会向下运动。""水是位置较低的冷和湿的中间元素。"[2]哲学家们认为水在水中或者水面上是没有重量的，因其自身所处的位置，空气在水上也没有重量，水在泵中会上升，因为自然厌恶真空。[3]这些错误的看法是如此根深蒂固，以至于波义耳在发表跟亚里士多德观点相冲突的流体力学实验结果时，不得不在"流体静力学俳谬"的名义下发表自己的观点。[4]

光学

13世纪，欧洲正在吸收从阿拉伯人那里获得的光学知识。科林斯大主教威廉·冯·莫尔贝克（Wilhelm von Moerbeck）在1278年将阿尔·哈森关于抛物柱面镜的论文翻译成了拉丁文。1270年，他的一位朋友即图林根僧人维特洛（Witelo）或威特利奥（Vitellio），以阿尔·哈森的论文为基础写出了另外一本光学著作。虽然这本著作更不为人所知，但是其系统程度超过了阿尔·哈森的论文。维特洛指出星星会闪烁是因为空气的运动，并指出如果通过处于运动状态的水来观察星星，那么这种效果会进一步增强。他指出彩虹的形成并不是亚里士多德所说的仅仅是因为反射，彩虹的产生是因为反射和折射叠加在一起。

---

[1] C.图罗特，《阿基米德原理》，第27页。
[2] W.休厄尔，《归纳科学史》第236页。
[3] 同上，第236页。
[4] 同上，第189、236页。

　　中世纪从阿拉伯著作中汲取智慧的作家，包括大名鼎鼎的培根。他有光学方面的著作，曾被错误地认为是折射望远镜的发明者。毫无疑问，培根设想过设计一种仪器，使得人们通过眼睛就可以在极远的距离之外看到极小的文字。但培根并没有制作甚至都没有尝试制作过这样的仪器，人们以为他发明了望远镜，是因为对其作品中的部分内容翻译有误。①

　　培根是中世纪最具智慧的人之一。他曾在牛津和巴黎接受过教育，之后在牛津担任教授而声名鹊起。他公开蔑视经院哲学和教会人士中存在的不道德，因此被控诉为异教邪端，并遭到了监禁。他在牛津的监牢中发出了对实验科学的呼吁，并说服了他的老朋友克雷芒教皇四世（Pope Clement IV）。但是培根的思想超越了其所处的时代，在当时并没有产生什么太大的影响。他在巴黎遭到了第二次监禁，且长达10年之久。他所处的那个时代在政治和思想上的专制，使得这位伟大人物的天资无处发挥。

---

① E. 魏德曼，《魏德曼物理学年鉴》，第39卷，1890年，第130页。

文艺复兴

16世纪是知识活动兴旺发展的时期。人们的思想挣脱了古代思想的束缚，开始在探索的海洋上自由航行了。

这场运动声势浩大，覆盖诸多方面。我们看到了对经典学习的复兴，看到了米歇尔·安吉洛、拉斐尔和达·芬奇等大师之作。在其他地方，我们看到了与教会权威展开的惊人斗争，也就是宗教改革。那些与世隔绝的数学家为代数学和三角学注入了新的生命。天文学家注视着星空，创造了研究宇宙的新体系。物理学家放弃了经院学派的猜想，开始以实验的方式研究自然。

哥白尼体系

文艺复兴时期在科学方面取得的第一个伟大胜利就是推翻了托勒密体系，建立了哥白尼体系。我们现在暂且停下来，简单地看一下物理学的姊妹学科——天文学，在那时出现的划时代发展，并插入一些关于希腊天文学的评论。

古希腊人关于哥白尼体系的预测

古希腊天文学家不仅认为地球是球体，而且他们中的部分天文学家，特别是本都的赫拉克利德斯和萨摩斯的阿利斯塔克，对于太阳系的见解与现代科学家的观点相似。事实上，阿利斯塔克已经提出了哥白尼假说中的部分内容，而他也因此被称为"古代哥白尼"。[1]他提出了以太阳为中心的假说。阿基米德曾经将他的理论描述如下："他的假说认为恒星和太阳是固定的，地球沿着圆周线围绕着太阳运动，而太阳位于地球运动轨道的中心点上。"普鲁塔克说，阿利斯塔克曾

---

① 托马斯·希斯爵士，《萨摩斯的阿利斯塔克》《古代的哥白尼》，伦敦，1920年。

经说过地球"在围绕太阳运动的同时，还绕着自己的轴进行转动"。在阿利斯塔克之后约一个世纪，希帕克斯否定了以太阳为中心的假说，这很大程度上是因为他认为该假说无法很好地解释行星运动的不规则性（即地球上观测者可以观察到的星体的反向运动），而他认为"本轮说"则可以比较充分地解释这一现象。所以尽管希帕克斯接受了地球是球体这样的说法，但是拒绝接受阿利斯塔克所谓的以太阳为中心的伟大假说，而是回到了以地球为中心的观点。

希腊本轮和偏心说

希腊天文学家欧多克索斯（Eudoxus）和希帕克斯（Hipparchus）曾经用著名的本轮和离心圈理论来解释行星的运动。行星绕地球的运动体现为两种运动的结合：①行星每年围绕一个小圆做圆周运动，称之为本轮；②这个圆的圆心沿着以地球为圆心的另外一个圆做圆周运动。我们知道，后一个圆周大概就是行星绕太阳运动的真实轨道，而本轮的运动仅仅是视运动。这个视运动是因地球本身的真实运动而产生的。如果观察者绕着一个圆运动，那么处于静止状态的物体在他看来会以大小相同的圆周做运动。这个古老的理论由此来看大概是正确的，其错误的地方在于将运动归因于事实上并不存在的行星运动，但似乎能够解释地球的轨道运动。希帕克斯认为这样的本轮理论无法解释行星的运动，除非我们假定地球一定处于上文谈到的第二个圆的圆心。这使得他建立了离心圈理论。

这个古老的体系是由亚历山大城一位著名的天文学家克劳迪亚斯·托勒密（Claudius Ptolemy）得出，并以他的名字来命名。这个体系将地球视为宇宙不变的中心，其他天体均围绕着地球旋转，按照体积由小到大排序分别是月亮、水星、金星、太阳、火星、木星、土星，以及最后由恒星组成的第八个球体。

哥白尼的研究

这个关于宇宙星体的地球中心说经常面临挑战，但是第一次对其构成严峻挑战的人是尼古劳斯·哥白尼（Nicolaus Copernicus，1473—1543）。他很可能有波兰人的血统，出生在波兰边界附近普鲁士的托恩。在23年的时间内，他从事过三种职业，包括教会职务、医生和天文学研究。为了能够得到比托勒密体系更简洁的解释，他积极地研究了能找到的所有资料，发现人们提出了各种各样的观点，并且都取得了进步。毕达哥拉斯学派的人认为地球是处于圆周运动中的，菲洛劳斯（Philolaus）甚至设想过地球围绕太阳转。在这些材料的帮助之下，哥白尼逐渐完善了自己的理论体系。多年来，他一直拒绝出版自己的《天体运行论》（De orbium caedestium revolutionibus），直到1542年他才同意将手稿印刷出版。在书印刷出版之前他就去世了，从而免受迫害。其他人如布鲁诺和伽利略，则因哥白尼体系论而受到了迫害。

哥白尼认为，地球是球形的，其围绕着自身的轴旋转，同时围绕着太阳进行公转。天体的运动要么是匀速圆周运动，要么是圆周运动和匀速运动叠加在一起的。他第一次解释了季节的变化和行星视运动的原因。他的体系中有一个严重的缺陷，他认为所有天体运动都掺杂着圆周运动。我们不能说哥白尼在反对托勒密体系方面作出的论证是终局性的，想要完全推翻这个古老的体系，还需要另外一位极具天赋的人物，他就是开普勒。

就算从现代观点出发，我们也不能轻易认定日心说是"正确无误的"，而地心说是"完全错误的"。这两种观点都是正确的，只不过是从不同的视角出发得出的不同结论罢了。日心说是将太阳作为太阳系中所有运动的参照点（坐标原点），而地心说则是将地球作为所有这些运动的参照点。我们认为日心说要优于地心说是因为在描述整个太阳系的运动时，使用日心说会更加"方便"。

开普勒的归纳研究

约翰尼斯·开普勒（1571—1630）曾经在布拉格做过丹麦天文学家第谷·布拉赫的助手。与第谷·布拉赫不同，开普勒在观测和实验方面没有什么天赋，但他是一位伟大的思想家，同时也精通数学。他接纳了哥白尼的想法，并且很早就在努力解决行星真实运动轨道这个问题。在最初的尝试中，他研究过毕达哥拉斯学派在数字方面的幻想，同第谷·布拉赫的往来使其拒不接受这种神秘主义观点。他研究了他的老师记录下来的行星观测资料。他研究了火星，发现任何圆周的结合都无法与真实的火星运行轨迹相符。在一个例子中，观测得出的结果和他自己计算得出的相差了8分钟，而他知道像第谷·布拉赫这样精准的观测者绝对不会犯这样严重的错误。他试着提出了一个火星运行的卵形轨道，随后又予以否定，而后又尝试了椭圆形轨道，并且发现是合适的。因此，在经历了四年艰辛的计算之后，在尝试了19种设想出的轨道并通过跟观测得出的运行轨迹进行对比，又对它们进行否定之后，开普勒在1618年发现了真相——椭圆形轨道！为什么他之前就没有想到呢？在找到答案之后才发现，这是个多么简单的问题呀！他总结出了我们现在所说的"开普勒定律"，提出了著名的"开普勒定律"，其具体内容如下：①所有行星的运动轨迹都是椭圆形，而太阳则位于椭圆的某一个焦点处（发表于1609年）；②连接太阳和行星的矢径相同时间内走过的面积也是相同的（发表于1609年）；③任何两个行星绕太阳旋转一周所需时间的平方比等于它们与太阳平均距离的立方比，即 $T^2 : T_1^2 = D^3 : D_1^3$（发表于1618年）。[1]从这些定律中我们发现，若假定太阳固定不动且其他行星围绕太阳运动，那么便可以以十分简单的方式表达这些定律。它们跟实际观察结果是相符的，但是跟托勒密的假设是矛盾的，所以这个古老的体系就在逻辑上被推倒了。只有在科学和神学进行了艰苦卓绝的斗争之后，这个新的体系才被人们普遍接受。[2]

力学

斯特芬的平衡原理

16世纪见证了静力学的复兴和动力学的创立。静力学自阿基米德时代以来，一直处于停滞不前的状况，再次将目光投射在静力学上的是比利时布鲁日的西蒙·斯特芬（1548—1620）。他在科学、独立思考方面取得了显著的成就；此外，他极其蔑视权威，这让他十分闻名。1605年，他在莱顿出版了一本用荷兰语写成的著作，并在1608年被译成了拉丁语，书名为《数学文集》（*Hypomnemata mathematica*）。斯特芬精确地测定了在斜坡上维持一个物体所需力的大小，并且研究了滑轮组的平衡。他使用了力的平行四边形原理，但是并没有清楚地将其

---

[1] 开普勒第一、第二定律发表于开普勒所著的《新天文学》；参见开普勒的《歌剧》，弗里希编辑，第3卷，第337、408页；开普勒第三定律发表于《口琴演奏会》，第3章；参见《歌剧》，第5卷，第279页。

[2] 关于这场斗争的描述，可以参考A.D.怀特的《神学和科学之间的战争》，纽约，1896年，第1卷，第114—170页。

表述出来。事实上，在平衡方面，他掌握了一套完整的理论。[1]著名画家达·芬奇、吉多·乌巴迪和伽利略都对静力学有所关注。

伽利略的生平

动力学这门学科的创立要归功于出生在比萨的伽利略（1564—1642）。他最初在比萨大学学习医学，后来放弃医学改去研究自己更喜欢的数学和科学。1589年，他获得了比萨大学数学讲师的职位，为期三年。在这段时间内，他完成了著名的自由落体实验，但是他在实验过程中产生的新观点遭到了强烈反对，迫使他不得不在1591年辞职。1592至1610年，他在帕多瓦（Padua）担任教授。在那里伽利略制造出了望远镜、显微镜和空气温度计。他通过自己制作的望远镜进行了许多重要的天文观测，这些成就给他带来了无比的光荣和声誉。之后，他接受了托斯卡纳大公爵的邀请，离开帕多瓦，并作为一名哲学家和数学家来到了佛罗伦萨。几年之后，他与教会的斗争便开始了。他大胆地宣扬哥白尼的信条，并因此被传唤到了罗马的宗教法庭接受问询，被要求之后不得再进行宣扬。在之后的几年中，伽利略保持沉默，尽管如此，他一直在努力工作。1632年，他违反了1616年的禁令，出版了一部新的作品——《关于把勒密和哥白尼两大世界体系的对话》（以下简称《对话》），极为成功地捍卫了哥白尼学说。这使他遭受了第二次审判。这位当时已年满70岁的老人经历了毫无尊严的对待，遭受了监禁和威胁。他被要求当众下跪，并且要表示"放弃、诅咒并且憎恶关于地球运动的异端邪说"。[2]起初他与自己的家人和朋友一直被隔离开来，后来在他失明并且因生病而变得十分消瘦之后，才被获准了一些自由。[3]

伽利略是最早指出《圣经》不应该成为科学教科书的人之一，但人们接受这

---

① 详情参考 E. 马赫的《力学科学》，麦克·科曼克编辑，第24—34页。

② 引自 A. D. 怀特《神学和科学之间的战争》，第1卷，第142页。在发誓之后，伽利略站了起来，据说他当时嘴里喃喃地说道："但是它还在动。"在细心地研读了众多资料之后，G. 贝托尔德得出结论：这个故事是杜撰的。但毫无疑问，"但是它还在动"表达了伽利略内心深处的信念。参考贝托尔德的文章，载《数学和物理杂志》，第42卷，1897年，第5—9页；R. 沃尔夫，《天文学史》，慕尼黑，1877年，第262页。

③ A. D. 怀特，《神学和科学之间的战争》，第142、143页。

一真相花费了极长的时间。

1632年之后，伽利略先将精力投入在动力学研究方面。1638年在莱顿，他出版了自己关于运动的著作，书名为《关于两门新科学的对话和数学论证》。这本书现在被认为是他最伟大和最卓越的成就。

近些年来，人们的评述主要集中在试图从疑似伽利略生平的传说故事中，筛选出那些真实的部分。比如，伽利略真的在大学师生面前在比萨斜塔上进行了落体实验吗？他真的曾经计算过比萨大教堂中吊灯的摆动吗？他在罗马宗教法庭接受问询的过程中，与之相关的审判、定罪和惩罚有哪些是事实？伽利略的学生维维安尼所著的关于伽利略早期生平的传记是否可信？我们在关于伽利略生平的论述中已经提及了许多相关问题的答案，当然这些问题也受到了许多作家的关注，特别是德国人伍尔威尔[1]和意大利人安东尼奥·法瓦罗（伟大的20卷本《伽利略著作》国家版的编辑）。

伽利略在比萨斜塔上的实验

我们之所以认为伽利略曾经在比萨斜塔上公开进行了自由落体实验，是因为这是其学生维维安尼在其著作中描述过的，但是维维安尼事实上只了解伽利略的晚年生活。伍尔威尔怀疑这只是传说而已，于是他找寻了其他信息来源。他惊讶地发现，与维维安尼同时代的四位作家在描述落体问题时，并没有提及伽利略曾经公开做过落体实验。当然，这四位并没有书写过伽利略生平的作家，没有提及伽利略比萨斜塔实验并不能证明曾为伽利略书写过传记的维维安尼的记录是错的。伍尔威尔本人也坦率地承认，这样的证据并不能完全证明维维安尼的记录是编造的。他还详读了伽利略写过的一篇关于运动的小册子《论运动》，这极有可能是伽利略在比萨做讲师的第一年中写下的。伽利略并没有将这本小册子出版，其第一次出版是在纪念伽利略逝世200周年时，被收录到了安东尼奥·法瓦罗的《伽利略著作》国家版的第1卷中。伍尔威尔认为，这本小册子中记录的只是伽利略一些还未成熟的想法，表明伽利略当时对于运动的想法并不确定。而根据维

---

[1] 埃米尔·沃威尔，《伽利略及其为哥白尼学说而斗争》，第 1 卷，1909 年，第 80—118 页。

维安尼的描述，当时的伽利略已经十分自信，并且敢于应对挑战，于是他在比萨斜塔上公开地完成了落体实验。这两者无疑是存在矛盾之处的。伍尔威尔通过对《论运动》的研究得出了结论，即伽利略从来没有公开地进行过比萨斜塔自由落体实验，但是这跟安东尼奥·法瓦罗得出的结论是背道而驰的。安东尼奥·法瓦罗通过阅读伽利略生平并研究众多其他资料来源的记录得出的结论是，维维安尼的说法是可信的。我们从《论运动》中推导出的结论与伍尔威尔不同。

确实，年轻时期的伽利略在真空中物体运动方面的观点是存在问题的。他受到了当时西班牙籍的阿拉伯裔哲学家阿威罗伊观点的影响，认为在真空中，较轻的物体下落会更快。这种观点其实是猜测过多导致的结果，因为当时无法直接进行这样的实验。但是对于物体在空气中下落这种伽利略能够进行实验的情况而言，《论运动》表明了伽利略在落体方面得出了清晰无疑、准确无误和令人信服的结果。尽管伽利略在自己的著作中并没有特别谈及比萨斜塔实验，但是他在《论运动》中曾多次谈论到物体从塔上落下的实验，包括从塔楼、高塔等。伽利略本人对亚里士多德的观点是持批判的态度的。《伽利略著作》中有10个章节的标题都表明了他对亚里士多德学派学说的强烈反对，如"与亚里士多德学说的对立"和"证明亚里士多德论证有误"等。他嘲笑那些"因为亚里士多德说了这样的话便将其奉为真理"的人。这些便是这位内心有着强烈信念，并且毫不犹豫地在大学师生面前公开证明亚里士多德学说错误的年轻人说过的话，所以我们认为维维安尼关于比萨斜塔自由落体实验的记录是正确的。

对亚里士多德自由落体定律的批判，在这所大学已经遭到反对，伽利略似乎是想给反对者们一些更为直观的证据。他本着年轻人的热忱、勇气和直率进行了这一实验。正如维维安尼所说，伽利略"在大学全体学生及其他教授和哲学家在场的情况下，通过在比萨斜塔上重复进行实验"证明了在考虑空气阻力的情况下，物体的下落速度是相同的。现代关于这些实验的叙述中，真正值得怀疑的是伽利略在试验中所使用铁球的具体重量的记录。这些记录很可能出自伽利略在1638年（大约47年之后）所著的《对话》中的一段话，其中他借沙格里多之口说道："但是我，进行过这个实验的辛普利西奥（Simplicio），可以向你保证，一个100磅或者200磅[①]甚至更重的铁球和一个重量只有半磅的子弹同时从200腕尺[②]的空中落下时，落地时间不会出现任何差别。"[③]

我们必须指出，在伽利略之前，虽然亚里士多德的自由落体定律十分盛行，但并不是所有人都相信这一定律。法国人N. 奥雷姆、葡萄牙人A. 托马斯、牛津教员威廉·海特斯伯格，甚至达·芬奇对落体运动的认识都是正确的。[④]据我们所知，他们并没有进行过实验，仅仅基于对运动物体的大体观察，就得出了关系式即$s=\frac{1}{2}gt^2$。伽利略取得的伟大成就在于，他强调了通过实验来排除所有可能怀疑的重要性。他对于实验的强调在物理学界引发了一场革命。

伽利略《关于两门新科学的对话》

伽利略的《关于两门新科学的对话》[⑤]一个十分有趣的特点在于，不仅只是纯粹地展示了众多实验数据，而且还包含了很多推理论证的过程。例如，在谈论匀加速运动的本质时，出现了下述问题，即速度是否与运动经过的距离成比例。书中对于这一问题的回答并不是通过实际测量而完成的，而是通过类似于思维实验的方式解答的。"如果一个物体通过4码[⑥]距离的速度是其通过2码距离速度的两倍，那么通过这些距离的时间肯定是相同的；但只要是同时处于运动状态，那么4码和2码的距离可以一起通过。但是我们发现物体在下落过程中需要时间，而通过2码的时间要比4码的少，因此速度的增加与下落距离成正比的说法是错误的。"

---

① 1磅等于0.454千克。——编者注

② 腕尺广泛用于埃及，也用于希腊和罗马。一希腊腕尺为46.38厘米，一罗马腕尺为44.37厘米。——编者注

③ 参见亨利·克鲁和阿方索·德·萨尔维奥的译作《两门新科学的对话》，纽约，1914年，第62页。德文版见于《奥斯特瓦尔德的精确科学经典》，第11号，第11、24、25页。

④ 参见H. 维莱特纳的文章，载《数学与科学教育杂志》，第44卷，1913年，第209—228页。

⑤ 该书以对话的形式总结了伽利略在材料强度和动力学方面的研究成果，以及对力学原理的思考。

⑥ 1码等于0.914米。——编者注

伽利略之后作出了第二个假设，即速度跟下落的时间成正比，并且发现这样的假设中不存在自相矛盾的地方，于是他开始通过实验的方式对其进行验证。他取了一块长12码的木板，在上边做了一个1英寸①宽的沟槽，并铺上了十分光滑的羊皮纸。他的实验是用一个细心打磨过的黄铜制成的球体，通过这个斜板，通过设计不同的木板倾斜度和长度，做了将近100次实验。他发现下落的距离始终紧随着时间平方的变化而变化。值得注意的是，伽利略测定时间的方式。精准的钟表在那个年代是不存在的。他在一个水桶的底部安装了一个很小的出水管，在圆球通过一段给定距离的时间内，他让水从桶中流到一个杯子中。之后可以准确地计算出水的重量，圆球滑动的时间就跟称得的水的重量成比例。②

为了表示出速度和距离之间的关系，伽利略提出了以下定理：一个物体从处于静止状态开始以匀加速度运动经过给定距离的时间，等于该物体以通过这段距离后半段路程时的速度做匀速运动通过这整段距离所需的时间。他通过图3展示了这一定理。③图3中，EB表示的是最终的速度，其直接随着AB的变化而变化。ABE这个面积表示的是经过的距离，其面积等于ABFG这个矩形的面积，其中FB表示的是平均速度。这个几何说明图在现代的一些教科书中还保留着。相比之下，更为常见的展示图即图4，表示了一个水平抛出的物体在重力影响之下的运动轨迹。④在有关这一问题的对话中，萨格雷多（Sagredo）天真地说："这个想法确实十分新颖独到，也十分深刻。其依赖于一个假定，即横向运动保持不变，同时自然加速运动也会持续下去，其与时间的平方成正比。这样的运动混合在一起，但是并不会影响、改变或者妨碍彼此，所以最终这个前进运动抛物线一般的

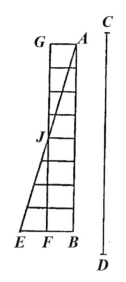

图3　速度与距离的关系

---

① 　1英寸等于2.54厘米。——编者注
② 　《奥斯特瓦尔德的精确科学经典》，第24号，第25页。
③ 　同上，第24号，第21页。
④ 　同上，第24号，第84页。

运动轨迹是不会变的，对我而言理解这样的运动也极为艰难。"

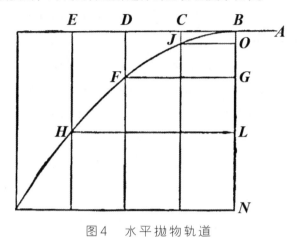

图4　水平抛物轨道

伽利略是第一个提出抛物路径是抛物线的人。在此之前人们都认为炮弹在发射出去之后，先是做直线运动，随后突然就垂直地落到地面。

伽利略认识到了离心力，并且给出了动量的正确定义。将动量视为动力学中的一个基本，量具有极其重要的意义。他用速度和重量的乘积来表示动量，而质量则是之后惠更斯和牛顿提出的概念了。在简单的钟摆运动中，伽利略指出："物休沿着圆弧下落时所获得的动量等于物体上升时经过同样弧度所需的动量。"对于抛物线路径的解释表明了，伽利略已经领会了运动第一定律和第二定律，但是他并没有对这些定律进行概括总结，以使得其可以将这些定律应用于不受地球重力影响的物体上，而这便是牛顿所作出的贡献。开普勒曾用过"惯性"一词，并用其描述处于静止状态的物体。运动第一定律也常被称为惯性定律。

尽管伽利略纠正了亚里士多德运动学说中的部分错误，但是并没有完全掌握运动第三定律，即作用力和反作用力相等的定律。他在《对话》第六天中谈论了这一话题。在这里，我们必须强调伽利略并没有提出运动第三定律，因为20世纪以来的一些通俗科学出版物中，将这一定律列为伽利略的伟大成就之一。

与史蒂芬和他人一样，伽利略也曾研究过静电学。他提出了力的平行四边形原理，但是他并没有完全认识到其所囊括的范围。

伽利略还关注过钟摆定律。跟自由落体的例子一样，伽利略年轻的时候就在这方面作出了很多观察。1583年，他在比萨大教堂祈祷时，注意到了里边一个大灯的运动，其在点亮之后一直朝左边振荡。伽利略用他仅有的计时器，也就是他的脉搏测定了灯振荡的时间，发现在他能够分辨的范围内，即使振荡极大地减弱之后，所需时间依旧是相等的。因此他发现了振荡的等时性。伽利略当时还在学习医学，他将这种振荡应用到测量人的脉搏上，还提议将其应用到天文观测中。后来，他又做了更为细致的实验。在其所著的《对话》一书中，他指出振荡的时间跟钟摆的质量和材料无关，而是取决于摆绳长度的平方根。[①]他在时间测量这门艺术上的最后贡献，是在他失明之后作出的。1641年，他通过口述让他的儿子维森佐（Vicenzo）和他的学生维维安尼（Viviani）绘制出了一个摆钟的图样。这个原始图样一直保留至今，但是维维安尼在1649年制作的摆钟模型已经遗失了。伽利略的发明在当时并没有为人所知，15年之后即1656年，克里斯蒂安·惠更斯（Christian Huygens）独立发明了一个摆钟，并迅速得到了人们的普遍认可。因此，这个伟大的发明应该归功于伽利略和惠更斯。[②]

伽利略1638年的《对话》完全是通俗易懂的大师之作，足以值得我们细细研读。这本书还有很多其他优点。W. G. 亚当斯说："伽利略建立动力学最初的一些原理并向学生展示的方式，才是力学教学的正确方式，实验力学和理论力学二者应该并重。因此教授学生最好的方式应该是为学生同时设置实验和理论课程。"[③]

在与伽利略同时代的人中，他之所以受到称赞是因为他在天空中发现了许多新的东西，但是拉格朗日认为他在天文学上的发现只需要一个望远镜和足够耐心的品性就够了，而在动力学领域，则需要无与伦比的天赋才能够从自然现象中总结出规律。这些现象所有人都能够看到，但是早期的哲学家却都没有找到真正的答案。

---

① 《奥斯特瓦尔德的精确科学经典》，第11号，第75、84页。

② 也有人宣称摆钟的发明者是瑞士的约斯特·伯基（见R. 沃尔夫的《天文学史》，1877年，第369页。伦敦的理查德·哈里斯的《爱丁堡百科全书》，1830年，第11卷，第117页）和另外一些人。但是之后有权威人士否认了这些说法。关于这项发明的历史，可以参考E. 格兰的文章，载《仪器杂志》，第8卷，1888年，第77页；《仪器杂志》，第7卷，第350页、第428页。

③ 《自然》，第5卷，1871年，第389页。

光学

望远镜和显微镜的发明

文艺复兴时期，在光学方面取得的最伟大的成就就是光学仪器的发明。借助这些仪器，观察者可以看到无限远的地方和无限小的东西。当然这指的是望远镜和显微镜。

过去人们一直认为望远镜的发明是个偶然。伟大的克里斯蒂安·惠更斯在自己的《屈光学》一书中断言一个人如果仅依靠自己的思考和对几何原理的应用，并在没有意外事件发生的情况下，发明出望远镜，那他一定具备超人般的天赋。E. 马赫还在这句名言之后做了补充，他说仅仅只是意外事件还不足以产生这样的发明。这个发明者"必须能够识别出新的特征，将其深深地刻在自己的脑海中，将其跟自己的其他思想结合起来。简而言之，他必须具备从经验中成长的能力。"[1]

曾经有许多人被提名为这些不可思议的仪器的发明者。英国、意大利、荷兰和德国这四个国家一直在努力争取，想让这样的殊荣落在自己的国民身上。

就我们所掌握的证据而言，荷兰人更有希望。第一个望远镜很可能是在1608年由汉斯·利普赫制造出来的，他是威赛尔当地人，在米德尔伯格制作眼镜。[2]他制造透镜所用的原料不是玻璃，而是水晶。海牙档案中的一份文件显示，1608年10月2日，他申请了一项专利。有人请他修改他自己的装置，制造一种供双眼使用的仪器。同一年，他就制造出了这样的仪器。他并没有获得专利，但是荷兰政府花了900基尔德（荷兰货币单位）从他手中购买了这个仪器，此后又花了同

---

① E.马赫，《论意外事件在发明和发现中发挥的作用》，载《一元论者》，第6卷，第166页。

② 塞尔维斯博士，《望远镜的历史》，柏林，1886年，第39页。

样的价格购买了他在1609年制造的两个双筒望远镜。①

显微镜的发明和望远镜的发明差不多是在同一个时代完成的。现在我们一般认为是撒迦利亚·约安妮戴斯和他的父亲一起发明了显微镜，但是惠更斯认为是由科尼利厄斯·德乐贝尔发明的。②起初，目镜是由凹透镜组成的，那不勒斯的弗朗西斯科思·丰塔纳似乎是第一个用凸透目镜代替凹透目镜的人，而开普勒则是第一个在望远镜中作出类似改进的人。所有我们在上文中谈到的与显微镜相关的人，在望远镜的制作方面也都十分出名。

这些新仪器的使用很快就在整个欧洲流行开了。在英格兰，数学家托马斯·哈利奥特（Thomas Harriot）拥有一个可以放大50倍的望远镜，他在1610年观测到了木星的卫星，几乎与伽利略同时。③

当时开普勒已经花了很长时间从事光学研究，而望远镜的发明使得他在研究

---

① 《望远镜的历史》，第40页。现在人们已经普遍认为并不是罗吉尔·培根发明了望远镜。著名的投像器发明者意大利人詹巴蒂斯塔·黛拉·波尔塔在自己的《自然魔术》1589年）一书中曾经谈到，将一个凸透镜和凹透镜组合在一起，无论看远处还是近处的物体都会被放大。但是他的实验结果似乎最终只是用于为那些视力有问题的人制作眼镜而已，远远谈不上发明了望远镜。1571年，布里斯托尔的伦纳德·迪格斯在自己出版的书中，解释了将凸透镜和凹透镜组合在一起的现象。这跟詹巴蒂斯塔·黛拉·波尔塔的书有些类似，所有这些论述只能说明是为望远镜的发明打下了一定的基础，不能说成事实上发明了望远镜。1831年之前能够找到的最佳证据都表明荷兰米德尔伯格的撒迦利亚·约安尼戴斯是望远镜的发明者，但是同时他的荷兰同胞艾德里安·美蒂斯、科尼利厄斯·德乐贝尔、德国人西蒙·马吕斯和开普勒以及意大利人弗朗西斯科思·丰塔纳和伽利略的支持者都声称是他们本人发明的望远镜。除了开普勒之外，上述这些人事实上都参与到了望远镜的制作过程中。

② G.戈维认为是伽利略发明了显微镜。通过1610年出版的一份文件，他证明了伽利略曾经修改过望远镜，用以观察极小且距离极近的物体。伽利略在自己1610年年初出版的《恒星使节》一书中说道，他第一次听到望远镜的发明是在大约10个月前，他自己所使用的显微镜是一个修改之后的望远镜，所以他的显微镜肯定是在1609年或者1610年制作完成的。如果我们可以相信荷兰大师伯雷利乌斯在1655年写的信的话，那么撒迦利亚直到1610年才制作成了望远镜，这是在他发明显微镜之后很久的事情了。参考塞尔维斯博士，《望远镜的历史》，第17、18页。据此而言，撒迦利亚是先于伽利略的。

③ 1585年，瓦尔特·雷利爵士委任哈利奥特为测量员，跟随理查德·格伦维尔爵士的远征队前往维吉尼亚。在其使用的诸多数学仪器中，有一些引起了印度人的好奇。哈利奥特有提及，可以通过望远镜看到很多奇景。

方面可以更进一步。1611年，他出版了《屈光学》一书，这是第一本尝试对望远镜理论作出解释的著作。这样的尝试意味着作者必须要了解折射定律。开普勒所拥有的只是一些实践经验，且并不是特别准确。他并没有发现折射定律，但估算出小角度（$i < 30°$）的结果是 $i = nr$，其中 n 是常数，光线从空气中进入到玻璃时 n 是1.5。这跟事实情况十分接近，足以使他建立起来正确的望远镜理论的大致框架。

望远镜在科学研究中的首次应用

最早借助望远镜进行重要科学发现的人是伽利略。伽利略开始从事这方面研究的原因是，他听说在比利时出现了一种仪器，人们借此可以直接看到距离很远的物体。他很有可能知道了这种仪器的原理是将一个凹透镜和凸透镜组合在一起，于是便自己动手制作类似的仪器。根据他所获得的线索以及其对光学知识的了解，不久之后，他成功地制造出了望远镜。他取了一根铅管，将两块镜片（其中一侧是平面，另一侧分别是凹形和凸形）放置在铅管的末端，做成了一个十分粗糙的望远镜。通过这个望远镜，物体的距离会变成原来的1/3，而大小会变成原来的9倍。因此，他开始不计花费、不遗余力地继续制作望远镜，后来他制成的望远镜可以将物体放大将近1000倍，可以使物体的距离变为之前的1/30。[1]

伽利略前往威尼斯，并向那里的贵族展示了这个仪器。他说："许多贵族和议员尽管年岁已高，但是依旧爬到了威尼斯最高的教堂塔顶，通过我的望远镜来看远处的船队，并且在这些船队距离那里的 港口还有两小时的航行距离时就看到了它们。"

伽利略的望远镜受到了追捧，他收到了很多来自学者、王室成员、政府人士的订单，连望远镜诞生的故乡荷兰也不例外。[2]

伽利略使用自己的望远镜观察月亮，发现了许多山脉和火山口；又用它观察木星，发现了木星的卫星（1610年1月7日）；随后观察了土星，看到了三倍大的土星，我们现在知道这是因为土星环的缘故；他也观测了太阳，发现了太阳黑子

---

[1]　参考1610年的《繁星使者》，其再版于伽利略的著作中；也可参考卡尔·冯·格布勒的《伽利略·伽利雷和罗马教廷》，由乔治·思特奇夫人翻译，伦敦，1879年，第17页。

[2]　卡尔·冯·格布勒，《伽利略·伽利雷和罗马教廷》，第18页。

的运动，并且断定太阳也在旋转。所有这些都是在1610年完成的，他的观察似乎证实了哥白尼的理论。与此同时，也出现了很多反对伽利略的声音。一些人拒绝相信他们的眼睛，他们断言用望远镜来观看地球上的物体时是清楚无疑的，但是用来观测天体就显得十分虚假，全都是幻觉罢了。另外一些人甚至拒绝使用望远镜，其中包括一位大学教授。伽利略写信给开普勒说："噢，亲爱的开普勒，我多么希望我们能够在一起开怀大笑！在帕多瓦这个地方，有一个哲学教授，我多次急切地请他通过我的望远镜来观察月亮和其他行星，但是他一直拒绝这样做。为什么你不在这里呢？对于这样的蠢事，要是你在这里，我们一定会捧腹大笑。听一听这位哲学教授在大公爵面前所做的逻辑论述吧，就好像天空中的新行星都是通过魔力变出来的一样。"①人们对于伽利略和他所发明的望远镜的敌意日渐增加，牧师开始谴责他和它使用的方法。神父卡奇尼（Father Caccini）在布道时说道："伽利略，为什么你非要盯着天国不放呢？"他也因为善于讲这样双关的话而出了名。

电学和磁学

吉尔伯特的实验

伽利略被称为"现代物理学的创始人"，与此类似，吉尔伯特被称为"关于磁学的哲学之父"。②英格兰塞克斯郡科尔切斯特（Colchester）的威廉·吉尔伯特（1540—1603）曾经在剑桥的圣约翰学院学习，之后周游了欧洲大陆。在英格兰和欧洲其他地方，他"都是一个享誉盛名的医生"。伊丽莎白女王将其任命为她的常任医师，她还为威廉·吉尔伯特提供年薪，用以支持他的哲学研究。他最开始是研究化学，但是之后花了18年甚至更长的时间研究电学和磁学。1600年，他出版了自己的巨著《论磁学》（De Magnete）。J. F. W. 赫歇尔称赞这本书道："其中包含了众多极为珍贵的事实和经过详细论证的实验。"这是在英格兰

---

① 这个译本选自O. 洛奇的《科学先驱》，1893年，第106页。
② A. D. 怀特的《神学和科学之间的战争》，第I卷，第133页。

诞生的第一本物理学方面的巨著。伽利略曾经评价"这本书优秀到让人嫉妒"，但是在英格兰，这本书并没有受到如此高的重视。[1]在随后的百年间，这本书事实上被人遗忘了。

　　威廉·吉尔伯特的书中充斥着他本人对于经院学者所使用的方法的蔑视。事实上，他并没有大肆批评那些十分伟大的前辈，多年来也不同意将自己的书出版。他在书的序言中写道："为什么我要将这种高尚的、前所未有的且不被认可的哲学公之于众，并且让那些宣誓听从别人意见，那些没有任何思想的腐朽人物，那些看似学富五车实际冠冕堂皇的小丑、语法学家、诡辩家、雄辩家和刚愎自用的乌合之众随便作出评判呢？他们只会进行谴责并将这本书撕成碎片，然后毫不留情地予以谩骂。我这本书是写给那些真正的哲学家，那些从书本和事物本身寻求知识的人。这本书中有着磁学的各种基础，这是一种新的哲思方式。"现代哲学家"不能仅依靠书本获得知识，也不能依赖于从概率和猜想中得来的那些毫无意义的论据"。"即使是那些天分很高的人，在不了解事实的情况下，在缺乏实验的前提下，也很容易犯错误。"威廉·吉尔伯特是第一个使用"电力""静电引力"和磁"极"等词汇的人。他将像琥珀一样会产生吸引力的物体称为"带电体"，将金属和一些其他物体称之为"非带电体"，因为通过摩擦无法使它们产生吸引力。

　　学生在开始学习物理学时，总是难以分清磁作用和电的相互吸引和排斥作用。事实上，一些早期的作家也难以分清这两种现象。米兰数学家尼莫·卡尔达诺（Hieronimo Cardano，1501—1576）是第一个清晰地将二者区分开来的人。[2]威廉·吉尔伯特总是抱怨有些人"无法看清楚天然磁石运动的原因与使琥珀摩擦产生运动的原因是截然不同的"。意大利的巴普蒂斯塔·波尔塔（Baptista Porta）曾说，铁和钻石摩擦之后就会指向北方，就像其在天然磁石上摩擦过一样。对此，威廉·吉尔伯特说道，"我们在很多人面前用75块钻石做过实验，我们使用了很多铁棒和金属导线，用软木塞拖着它们置于水面之上，然后不管怎么实验，都没有看到波尔塔所说的那种现象"。威廉·吉尔伯特向卡丹发起了挑战：卡丹问为

---

　　① 参考威廉·吉尔伯特的《在磁石和磁体上，地球》，由 P. F. 莫特来翻译，伦敦，1893 年，载《传统回忆录》，第 4—27 页。

　　② 参考帕克·本杰明的《电学知识的增长》，纽约，1895，第 249 页。

什么没有其他金属会被任何石头吸引，并回答是因为其他金属不像铁那么冷。如果冷是导致这种吸引力的原因，或者说铁要比铅冷得多，铅既不会朝着磁石运动，也不会转向磁石。这只不过是没有什么意思的废话罢了，跟家庭妇女的闲言碎语没什么区别。"指针在只有火焰为中介朝向磁石运动时，并不比只有空气做中介时移动的快"。他之后作出了一个十分有趣的观察，"但是如果指针本身是灼烧过的，那么其根本不会被磁石所吸引"，尽管其"在温度降下来之后"又会被磁石吸引。一些现在的教科书中还附有威廉·吉尔伯特所做的这个将铁棒或金属导线磁化的实验，其通过拉伸、锤击或者在温度下降过程中对金属进行锤击的方式来看所指的方向。

威廉·吉尔伯特关于地磁的实验具有划时代的意义。关于地球是一个巨大的磁铁这种"新颖甚至今天依旧前所未闻的想法"是他提出来的。[①]威廉·吉尔伯特遵循了佩雷格里努斯曾经使用过的一些步骤，将一些磁石做成了一个球体。通过将带有枢轴的磁针放在这个球体的附近，他观察到了球体对这些磁针施加了指向力和吸引力。通过这个小小的球体，他发现了许多地球的特性。因此，他称这个小球为"特罗拉（terrella）"（图5）或者"小地球"。天然磁石在呈圆形时会产生特殊的吸引力、极性和转动，也会根据整体的规律存在于合适的位置。"就像我们在地球上看到的一样，各个方向上的磁体都会朝向它，并且依附于它"。"像地球，其有赤道，有指向力，能够指出南方和北方"。

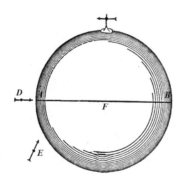

图5　威廉·吉尔伯特的"特罗拉"

① 关于地球具有磁极的理论在 1546 年由格哈德·墨卡托提出，但是他对这个问题的论述一直到 1869 年才出版，其再版于 G. 赫尔曼的著作中。

因为地球有磁极，所以可以从磁作用定律中推导出磁针指向的北方就是地球的南极："出乎所有人意料的是，所有仪器的制造者和航海员都错误地把磁石指向的北方当作了事实上的北方"。威廉·吉尔伯特发现地球是一个巨大的磁体，这十分轻易地就能解释为什么磁针会指向北方。在威廉·吉尔伯特之前，人们也有着其他各种不同的解释。"大部分哲学家在寻求磁运动的原因时，找到的答案与真相相去甚远。马丁努斯·科特修斯（Martinus Cortesius）还幻想着在天国之外，存在着一个具备吸引力的磁点，其会对铁产生作用。佩雷格里努斯认为存在着天极。卡丹认为铁的移动是因为大熊星座尾部的星星。法国人伯萨尔德（Bessard）认为磁针会指向黄道带的极。人类一向如此，总是认为本地的东西都是微不足道的，那些在海外或者遥远地方的东西对他们来说才是宝贵物体，是他们所渴望的。"

威廉·吉尔伯特十分拥护哥白尼体系。他著书的目的之一就是提供更多新的论据，支持哥白尼体系。他从头到尾所做的实验都展现出了惊人的准确性，但是他的实验结果在天文学方面的应用并没有使一切尘埃落定。因此，他竭力想证明地球自转是因为磁极的存在。毫无疑问，正是这些错误的猜想使得人们长久以来忽视了他的著作。

不同地点的不同的磁偏角、磁倾角

中国人早在11世纪就已经知道，磁针并不会指向正南或者正北。哥伦布在其1492年著名的航海日志中明确认识到了磁偏角的变化。之前人们认为，1436年由安德烈·布兰科制成的一本地图集，揭示了各个地方的磁偏角是不一样的，但是贝尔泰利拒绝接受这样的看法，并且以不同的方式揭示了对磁偏角变化的更正。[1]哥伦布是第一个发现了有一处不存在磁偏角地方的人，这个地方距离科尔沃岛（island of Corvo）不远，属于亚速尔群岛。巴普蒂斯塔·波尔塔曾说磁偏角是随着经度的变化而有规律变化的，所有我们可以通过观测到的磁偏角来判断地球上任意一点的经度。威廉·吉尔伯特手头上现成的数据就可以证明"这实在

---

[1] 贝尔泰利，《论佩雷格里诺的书信》，罗马，1868年，第113页。帕克·本杰明的《知识在电力中的崛起》，第197页。

是荒谬到极点了"，但是其本人也错误地假定磁偏角是不变的，地磁赤道和地理赤道是一致的，且假定磁倾线和地球纬线是一致的。这些例子表明，即使是威廉·吉尔伯特这样的伟人，有时候也会在没有"确定实验"结果的前提下，依靠自己的猜想得出结果。

通常认为罗伯特·诺曼在1576年发现了磁倾角的存在，他是布里斯托尔的"一位经验丰富的航海家和天资横溢的能工巧匠"，他在1581年发表的论文《新吸引力》（*Newe Attractiue*）中宣布发现了新的事实。威廉·伯勒（William Borough）在1581年为这篇论文做了增补，其中十分详细地论述了找到磁倾角的规则。赫尔曼认为是格奥尔格·哈特曼（Georg Hartmann）在1544年发现了磁倾角，但是他也承认格奥尔格·哈特曼的测定十分不准确，而格奥尔格·哈特曼的论文直到1831年才得以出版。①

气象学

最早的系统化的气象记录，是由天文学家第谷·布拉赫于1582至1597年由其本人在布拉格的天文台作出的，②当时可以用于天气观测的仪器十分少。古希腊人最早发明了风向标，后来欧洲人将风向标放在基督教堂塔尖处，并且做成了公鸡的形状，因为其是神职人员警戒的象征。③

大约1570年，天文学家E. 丹蒂在博洛尼亚和佛罗伦萨建了很多钟摆式的风速计（图6），用以测定风力。在现代，这种仪器已经在欧洲普遍使用了。经常有人错误地认为是罗伯特·胡克发明了这种仪器。④

---

① 格奥尔格·哈特曼、罗伯特·诺曼和威廉·伯勒的论文再版于G. 赫尔曼的《天与地》，第2卷，1890年，第10页。

② G. 赫尔曼的《天与地》，第2卷，1890年，第113页。

③ 同上，第119页。

④ 同上，第121页；斯普拉特，《皇家协会的历史》，1667年，第173页。

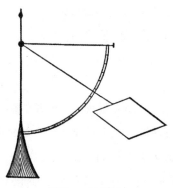

图6　风速计

　　已知最早的湿度计出现在德国主教尼古劳斯·德·库萨（Nicolaus de Cusa，1401—1464）的著作中。他说："如果你在一个很大的天平的一端悬挂大量羊毛，在另一边挂上石头，并使得天平在干燥的空气中处于平衡状态。之后你会发现当空气变得湿润时，羊毛的重量会增加；当空气再次变得干燥时，其重量会减少。"意大利人认为是达·芬奇发明了最早的湿度计。16世纪中叶，米佐尔德（Mizauld）注意到了肠线的潮湿现象[①]。大约在同时，巴普蒂斯塔·波尔塔注意到了野生燕麦芒可以用以检测湿度。他看到孩子们把燕麦芒糊在纸上，随着空气的干湿程度不同，纸片会弯向不同的方向。在17世纪早期，野生的燕麦经常被用作检测湿度的工具。

科学研究的归纳法

　　培根在自己的著作中，强调了观察和实验在科学研究中的必要性。他本人具有无与伦比的文学天赋，在关于科学方法的著作中有很多经典的论述，很多著名的作家十分喜欢用培根的名言来做其著作扉页和章节的标题。不熟悉科学发展史的人们甚至认为，唤醒整个世界、推翻亚里士多德物理哲学权威，以及为科学界引入归纳法等这些功绩，基本上都要算在弗朗西斯·培根和他的《新工具论》头

　　① 《永不停息的报纸》，巴黎，1554年，第49页；G.赫尔曼的《天与地》，第2卷，1890年，第122页。

上。T．B．麦考莱写道："《新工具论》这本书包含了科学的各个领域——过去的、现在的和未来的，2000年来的各种错误，昔日的一切鼓舞人心的征兆和对未来时代的所有光辉的希望。"培根"激励了那些改变世界的有识之士"。

事实上，培根并不是科学家，也没怎么进行过实验研究，也并不具备从细节中追寻伟大真相的科学天赋，即必须直接通过观察和实验来研究自然。他似乎不认同哥白尼体系，并且看不起他那个时代最伟大的两位实验学家即伽利略和吉尔伯特的研究。他曾经说道："吉尔伯特试图在磁的基础之上提出一个一般性体系，并且致力于用不足以打造一艘小船船桨的材料来建造一艘大船。"[1]培根力图建立一个永远正确的法则，使人们只要有耐心就可以借此作出科学发现。我们"必须要通过合适的否定和排除来分析自然，在经过足够多的否定之后就能够得到肯定的结论"。[2]他设想过我们可以不通过假设和科学猜测，而用一些规则来研究自然。对培根所倡导的方法，批评得最严厉的科学家莫过于化学家J．李比希，[3]他曾说："培根认为人们在进行实验时，并不知道他们在追寻的到底是什么，只是在不知道具体动机的情况下进行比较，所以他们所取得的结果也是毫无目的的。""正如培根所设想的一样，真正的方法并不是从众多案例中总结得出的，而是从一个单一案例中得出的；如果这一个案例得到了解释，那么所有类似的案例都可以得到解释。我们所使用的就是古老的亚里士多德式的方法，当然这需要丰富的技巧和经验……""如果使用培根所倡导的方法，得出的结果永远都是零。""研究自然科学的真正方法是要排除所有的偶然性，而这完全是站在了培根所宣扬的方法的对立面。"这些便是这位伟大的德国化学家讲过的格言。E．马赫曾说[4]："在拉加多的斯威夫特学院，学士们都是通过一种口头上的骰子游

---

[1]　培根，《论科学的进步》。

[2]　《新工具论》，第1卷，格言。

[3]　贾斯图斯·冯·李比希，《关于弗朗西斯·培根·冯·维鲁拉姆和自然研究的方法》，慕尼黑，1863年，第11、47、48页。

[4]　《一元论者》，第6卷，1893年，第174页。详见杰文斯的《科学的原则》，1892年，第507页；P．杜昂，卢万，《物理理论的演变》，1896年，第8—10页；贾斯图斯·冯·李比希，《演讲和论文》，莱比锡，1874年，第216页；德雷珀，《欧洲发展史》，1875年，第2卷，第259页；亚里士多德，《论天》，第1卷，第339页。

戏来作出一些伟大的发现或者发明。我不知道这是不是在讽刺弗朗西斯·培根这样宣称用涂鸦做表格的方式进行科学发现的人，如果是的话，那确实找准了讽刺对象。"达尔文[1]、奥古斯都·德·摩根[2]和O.洛奇[3]等人也表达过类似的观点。

如此伟大的称赞和诘责必然意味着培根的方法有着巨大的价值，同时又有着不可忽视的缺点。确定无疑的是，培根是科学研究方面出现得最早的一位杰出的方法论者。培根坚持认为，人们应该记得他们成功和失败的时刻，并且应该尽可能地观察更多的案例，越多越好。他将自己的方法比作一副圆规，其使得所有的初学者都可以借此画出一个完美的圆。无须说，他的方法无法经受住实验的考验。事实上，在物理学研究中，培根所倡导的方法并没有得到普遍应用，但是在动物学和植物学中，在达尔文时代之前，人们普遍地使用了培根的方法，对动植物进行分类。但直到达尔文提出了自己的假说之后，这两门科学才出现了巨大的进展。

培根所提出的对科学研究方法论进行修改的工作后，由约翰·斯图亚特·米尔接手。约翰·斯图亚特·米尔为假说赋予了其应有的地位，但是即使约翰·斯图亚特·米尔修改之后，其依旧是不完善的。他和培根一样，轻视了数学和精准测量的重要性，此外也轻视了科学想象的作用。之后的廷德尔和近些年来的欧内斯特·卢瑟福，才旗帜鲜明地指出了科学想象在科学研究中发挥的重要作用。

---

① 达尔文的协会主席就职演说，见《英国协会报告》，1886年，第511页。

② 德·摩根，《悖论预算》，芝加哥，第1卷，1915年，第82、84页。

③ O.洛奇，《科学先驱》，伦敦，1905年，第136页。

17世纪

宗教改革起初产生的影响，促进了德国科学的发展，但在30年战争（1618—1648）期间及其结束之后，随之而来的是市民和宗教的冲突。德国的政治结构遭到瓦解，变成了一个带有专制意味的松散联盟。因此，德国的科学几乎消亡了。

在法国，亨利四世（Henry IV）即位之后，于1598年颁布了《南特赦令》，这在某种程度上缓和了宗教冲突；法国人民的天赋开始有了发挥的空间。在德国的科学处于凋零之际，法国的科学开始生根发芽了。

在意大利，伽利略的遭遇打消了人们在科学方面的热情；而在英格兰，宗教冲突并未完全吸引人们的注意，在吉尔伯特之后的时代，依旧出现了许多非凡的科学成就。

在17世纪，我们可以看到以下这些活跃的科学人士：意大利的托里拆利（Torricelli），德国的居里克（Guericke），荷兰的惠更斯（Huygens），法国的帕斯卡（Pascal）、马里奥特（Mariotte）、笛卡儿和英国的波义耳、胡克、哈雷、牛顿等人。17世纪是伟大的实验和理论活动的时代。

力学

运动定律

正如我们在上文看到的，伽利略关于真空中抛物体运动轨迹的解释说明，已经成功地掌握了运动第一定律和第二定律。之后笛卡儿在力学上也有论述，但是他很难超过伽利略的成就。笛卡儿关于运动第一定律的论述《哲学原理》（1644）只是在形式上作出了改进，但是他的第三定律从本质上是错误的。伽利略并没有充分认识到物体在受到直接作用时的运动，笛卡儿在这方面的认识也是错误的，正确的表述首先是由克里斯多夫·雷恩（Christopher Wren）、约翰·沃利斯（John Wallis）和克里斯蒂安·惠更斯作出的。现在我们所使用的运动定律的形式来自牛顿的《原理》一书。

相较之下，笛卡儿在几何学和哲学方面取得的成就，要远远超过他在物理学方面的。他是位形而上学主义者，其从十分有限的实验和经验当中自信地推导出了大量的论断，而他本人并不重视他得出的最终结论和事实真相之间可能存在的矛盾，也毫不欣赏伽利略缓慢的研究过程。①

笛卡儿说："伽利略没有考虑到自然的最重要的动因，而只是寻求一些特殊现象背后的动因，这样做是缺乏根基的。""伽利略关于真空中下落物体速度方面的论述是没有根基的。""他的书中没有任何值得我称羡的内容，甚至也没有什么值得我承认的内容。"②根据他自己之前提出的原理，笛卡儿认为，他能够十分轻松地解释伽利略的所有研究内容，但事实上，笛卡儿不了解真正的加速度概念，而且还犯了伽利略没有犯过的错误。

笛卡儿学派和莱布尼兹学派之间的争论

笛卡儿学派和莱布尼兹学派围绕着运动物体功效测量这个问题，展开了一场奇特的争辩。笛卡儿认为功效跟速度成正比，而莱布尼兹则认为功效随着速度的平方变化而变化。③这样的争辩持续了半个多世纪，直到最后达朗贝尔在自己所著的《论动力学》（Dynamique）一书的序言中作出了论述，从而结束了这场争辩。尽管在此之前，惠更斯已经十分清楚地解释过了这个问题。这一场旷日持久的争辩其实只是字面上的争论，而双方的观点都是正确的。如果我们将时间考虑进来的话，那么运动物体的功效是随着速度的变化而变化的。如果以两倍的速度向上抛出一个物体，那么其上升的时间也会变为原来的两倍；而以两倍的速度向上抛出一个物体，其上升的距离则会变成之前的四倍。将时间纳入考量范围，这就引出笛卡儿所说的"运动量"（也就是动量 mv），也让力的概念成为一个主要

① "在 17 世纪初那些容易发现的力学真理中，伽利略作出了很多发现，而笛卡儿作出的发现是只要有天赋的人都能作出的。"亚里士多德的《论天》，第 1 卷，第 338 页。

② 笛卡儿，《信件》，第 2 卷，巴黎，1659 年，第 391 页；卡斯特纳，《数学的故事》，第 6 卷，第 22—26 页。

③ 《令人难忘的笛卡儿误差的演示》，载《教育杂志》，1686 年。

概念。将距离纳入考量范围则引出了"fs"这种表达，它使得"功"成了一个主要概念。前者的观点表述使 $fs = mv$ 成为基本方程，而后者则使 $fs = \dfrac{mv^2}{2}$ 成为主要方程。笛卡儿认为功是一个衍生出来的概念，而莱布尼兹则认为力是衍生出来的概念。[1]笛卡儿所提出的概念，之后被牛顿和现代初级物理学教科书的作者们沿用，力、质量和动量等成了一些最初的概念；而之后被惠更斯和彭色列学派沿用的莱布尼兹的概念即功、质量、活力（能量）成了最初的概念。[2]如果现代思想家所持有的观点，即动能具备客观实在性而力则不具备是正确的，那么莱布尼兹的观点看上去会显得更加具有哲学上的指导意义。[3]

重量和质量之间的区别

教授物理学的老师会发现，那些初学者认为"很难学会"的力学内容，正是物理学发展过程中那些很难攻破的内容。例如，力与能之间的区别或者质量的概念等。早期的作家如伽利略、笛卡儿、莱布尼兹、惠更斯等人并未清晰地认识到质量的概念，而重量和质量通常也是混作一谈。这两个概念在那个时代表示的是一个意思，直到人们发现在地球上的不同地点，重力产生的加速度是不一样的，才意识到两个概念存在着明显的区别。珍·里歇尔于1671年从巴黎前往法属圭亚那的卡宴进行天文观测时，发现原本在巴黎走得十分准时的摆钟到了卡宴之后，每天跟太阳时相比慢了两分半钟。于是他将钟摆缩短了，但是回到巴黎之后他发现钟摆又太短了。[4]眼光敏锐的克里斯蒂安·惠更斯立即找到了原因所在，他

---

① 关于 ft 这个术语，法国人 J．B．贝朗格于 1847 年提议将其称为"冲量"，而麦克斯韦在自己的《物质和运动》一书中也采用了相同的表述。莱布尼兹（1695 年）将 mv^2 称为活力。G．G．科里奥利随后将 $mv^2/2$ 称为活力，现在英国人将这一术语称为动能。科里奥利称 fs 时用了功的讲法，被 J．V．彭色列所沿用，他将千克·米作为功的单位。科里奥利和彭色列等人是最初提倡对理论力学作出改革的一批人。参考 E．马赫的《力学科学》，由科马克编辑，第 271、272 页；玛丽，《数学科学的历史》，第 12 卷，1888 年，第 191、192 页。

② E．马赫的《力学科学》，第 148、250、270—276 页；H．克莱因的《力学原理》，莱比锡，1872 年，第 17、18 页。

③ 参考 P．G．泰特的《物理学最新进展》，伦敦，1885 年，第 16、343—368 页。

④ 玛丽，《数学科学的历史》，第 5 卷，1884 年，第 102 页。

指出部分原因是卡宴地区地球的离心力更大。[1]牛顿在将动力学原理适用于天体时，清晰地认识到了重量和质量的关系。[2]在地球上同一点，重量和质量是成正比的；这并不是一个不证自明的事实，牛顿做了一系列钟摆实验的时候证明了这一点。"通过所能达到的最为精准的实验，我发现物体中物质的量跟它们的重量成正比。"[3]

克里斯蒂安·惠更斯在自己的《论钟表的振荡》（*De horologio oscillatorio*，1673）一书中第一次提出了摆的数学理论，这是一部仅次于牛顿《原理》的伟大著作。这本书开篇对摆钟进行了论述。他在其中提出了一个悬挂点和振荡中心可以互换的新理论，该理论被编入到初等物理学教科书中。

笛卡儿的旋涡说

在谈论牛顿发现万有引力定律之前，我们先简单回顾一下笛卡儿的旋涡理论。在托勒密体系被推翻和古老的晶体天体说遭到否认之后，哲学家们不得不直面这个问题：天体保持其运动轨迹的原因到底是什么？笛卡儿提出的理论得到了极大的认可。[4]所有的空间中都存在着一种流体，或者说是以太，它们的各个部分彼此施加作用力，进而形成了圆周运动。而这样的流体形成了许多大小、速度和密度不同的旋涡。太阳周围存在着一个十分庞大的旋涡，其旋转力使得地球和其他行星围绕太阳转动。密度越大的物体其运动速度越慢，而且受到的离心力越小，它们都朝着太阳这个旋涡中心的方向。而每个行星又都处在另外的旋涡中心，在其作用下产生了重力等现象。更小的旋涡会使物体的各个部分产生聚合力。图7是笛卡儿在自己所著的《原理》中所画的旋涡图。

---

① 根据惠更斯的计算，离心力使得秒针的摆在南北极时比在赤道短 1/289，在赤道的物体的离心力是其绝对重量的 1/289。参考惠更斯的《重量的原因》，由 E. 梅维斯翻译，柏林，1896 年，第 34 页。

② E. 马赫的《力学科学》，第 161、251 页。

③ 《基本原理》，第二部，第 7 页。

④ 有趣的是，笛卡儿提出这样的理论，其主要目的在于调和哥白尼学说和地球保持不动的教条。他说："地球在天空中处于静止状态，但是其所在的天空会带着它一起运动，其他所有行星的情况也都是如此。"

图7　旋涡图

　　这个理论值得我们的关注，因为牛顿正是在这样的信念下成长起来的，英国和欧洲其他各国的大学当时教授的也是这个理论。1671年，笛卡儿学派的雅克·罗奥特（Jacques Rohault）写了自己的《物理学论》，这本书成了法国物理学授课的经典教材，并且在英国和美国使用。塞缪尔·克拉克（Samuel Clarke）1696年翻译的版本，在耶鲁大学一直使用到1743年。[1]克拉克对于原文的注释旨在揭露笛卡儿体系中存在的谬误，并且提倡牛顿的观点。在法国，直到18世纪，牛顿的理论才彻底让人们放弃了对笛卡儿旋涡学说的信仰。[2]

　　笛卡儿的旋涡理论不能算得上是最伟大的科学理论之一，其无法与托勒密体系、哥白尼体系或者"光的发射说"相提并论。笛卡儿也没有尝试过将他的理论跟开普勒体系相调和；事实上，他在任一现象的解释方面都没有做到使人满意，但是其将行星运动归结于力学原因。这个理论的基本特点很容易理解，因为人们很容易想到旋风或者旋涡是什么样子。当然这样的旋涡理论也有助于推翻亚里士

　　① 　《数学教学和历史》，华盛顿，1890年，第30页。
　　② 　伏尔泰于1727年访问了英国，之后成为了牛顿哲学坚定的拥护者。他说："一个来到伦敦的法国人发现哲学上发生了很大的变化，其他方面也是如此。他曾经感觉十分充足的世界，现在空无一物。在巴黎，人们会说宇宙是由微妙的物质构成的旋涡所组成的；但是在伦敦，我们听不到任何类似的言论。"见亚里士多德的《论天》，由 W. 休厄尔翻译，第 1 卷，第 431 页。我们不能责怪欧洲人不相信空间"空无一物"。另一方面而言，牛顿本人并不属于牛顿学派。参考《本特利的通信》，第 1 卷，第 70 页。

多德体系。①

牛顿的青年时代

牛顿（1642—1727）出生在林肯郡的伍尔索普（Woolsthorpe），他出生在伽利略去世的那一年。牛顿12岁时，母亲送他去格兰瑟姆（Grantham）的公立学校读书，在那里，他逐渐表现出了对机械发明的兴趣。他自己制作了水钟、风车和可以驾驶的车子及其他玩具。他于1660年进入剑桥大学三一学院学习。剑桥大学激发了牛顿的天赋。牛顿在读大学的时候，已经研读过许多物理学著作，例如开普勒的《光学》和巴罗的《讲义》等。牛顿所做的一些伟大发现的思想源头都可以追溯到这一时期。1664年，他在光晕方面作出了一些观察。②

万有引力的初步思想

1666年，牛顿说："我开始设想把重力延伸到月亮的轨道上……然后开始将地球对于月亮产生的重力和将月亮维持在其运行轨道之上需要的力做了比较。"③

牛顿产生上述关于引力的思想时，正在林肯郡的家中，因为当时剑桥瘟疫肆虐，他不得不逃回家中。彭伯顿（Pemberton）记录了以下细节："他一个人坐在花园中，整个人沉浸在关于重力的思考中，重力从地球的中心到我们能够到达的任何遥远的地方，都不会出现明显的减弱，无论在最为高耸的楼顶还是在最高的顶峰，都是如此。所以他十分自然地得出结论，重力可以影响的范围比我们通常想的大得多。他自言自语道，为什么其不可以影响到月球呢？如果有影响的话，那么月球的运动就一定会受到其作用；也许正是这样，月球才保持了现在的运行

---

① 约翰·普莱费尔的文章，载《百科全书》的"第四论文"，第1卷，第609、610页；O.洛奇，《科学的先驱》，第152—156页。

② 牛顿，《光学》，1704年，第2册，第四部分，第111页。

③ 《朴茨茅斯收藏集》，第41卷；W.R.鲍尔，《论牛顿的〈原理〉》，伦敦，1893年，第7页。

轨道。"①跟胡克、惠更斯、哈雷和雷恩等人一样，牛顿也猜想，如果开普勒第三定律（所有行星转动的时间都与其跟太阳之间距离的立方成正比）是对的，那么地球和太阳系其他星体之间的吸引力是与其距离的平方成反比。开普勒定律的准确性在当时遭受了怀疑，想证明这个猜想是正确的，需要一个如牛顿一般天资横溢的人。

牛顿推迟20年发表万有引力定律的原因

根据这一发现之前的解释，牛顿在1666年作出的对地球半径的估算是基于一个假定，即纬度1°的对比度是60英里②。这证明了吸引力跟平方成反比的猜测，但是十分不准确，而且为牛顿的新猜测带来了新的可以怀疑的地方。大约在1684年，珍·皮卡德（Jean Picard）测定了子午线弧度的长度（1°为60.5英里），牛顿也因此从他那里获得了更加准确的地球半径的长度。依靠着这个正确测算得出的数据，吸引力跟平方成反比的猜想得以证明。

最近更多研究指出，当时可能的情况是牛顿在过去相当长的时间内并没有意识到60英里的距离是不准确的。1636年，诺伍德在《海员实践》（*Seaman's Practice*）中已经给出了60.5英里的正确数据。斯内尔（Snell）在1617年也给出了十分接近的数据，瓦伦纽斯（Varenius）在自己的《地理学》中曾引用过这个数据，而这本书1672年的版本正是由牛顿本人亲自编写的。但是牛顿之后很多年都没有再次进行测算，为什么会出现这种延迟现象呢？天文学家J. C. 亚当斯阅读了牛顿并未发表的信件和手稿，即《朴次茅斯收藏集》（它一直属于私人财产，直到1872年，它的拥有者将其捐赠给了剑桥大学），并得出了结论，即牛顿面临的困难与我们所设想的在本质上是不一样的；数值上的验证在1666年就已经完成了，但是当时牛顿没办法确定一个球体对于一个外部点产生的吸引力到底是什么。牛顿写给哈雷的信中表明了他并没有假定地球对外界存在着吸引力，就好像地球的所有质量都存在于其中心点一样。因此，他不能断定得到的这些数值是否

---

① 彭伯顿，《牛顿爵士哲学观》，伦敦，1728年；W. R. 鲍尔，《论牛顿的"原理"》，第9页。牛顿因为苹果落地得出万有引力的故事十分闻名，不过人们一般认为这只是杜撰出来的罢了。但是W. R. 鲍尔认为这是真实发生的故事，并且给出了权威性的证据。

② 英美制长度单位，1英里等于1.609千米。——编者注

可以验证重力定律的正确性。尽管如此，对于长距离而言，他可能已经认为其得出的结果是十分接近事实情况的。哈雷在1684年拜访了牛顿，他请教牛顿：如果说万有引力定律是平方比定律的话，那么行星的轨道会是什么样子。牛顿在1679年回答过胡克一个相似的问题，所以直截了当告诉哈雷会是一个椭圆。在哈雷拜访之后，牛顿从皮卡德那里获得了地球半径的新数据，并且重新审视了其最初的测算。现在他可以确定，如果太阳系中两个天体的距离远到我们可以把这两个天体看作两个点的话，那么它们的运动符合引力定律。1685年，他完成了自己的发现，并指出球体任何一点的密度只取决于其与球心的距离，这个球体对外界物质会产生吸引力，就像其全部质量都集中在球心一样。[1]因此也证明了两个球体之间的吸引力跟所有质量集中在其球心情况下的吸引力是相同的。格莱舍说道："我们从牛顿的话中了解到，他在通过数学方法测算出结果之前，并没有想到会有这样美妙的结果。在证明了这个伟大的理论之后，整个宇宙所有的力学原理全都摆在牛顿面前，一览无遗了。"

关于牛顿引力定律的地月验证

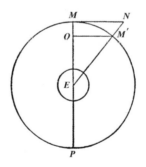

图8 牛顿的测算图

我们通过图8来解释牛顿的新测算。大地测量学给出的地球周长的测量数据是123249600巴黎尺（《原理》，第三卷，论点四）。月球距地球平均距离是

---

① 参考牛顿所著的《原理》一书中的理论，第一部，第8页；也可参考第三部，第8页。关于万有引力定律发现的具体细节，参考 J. W. 格莱舍的《两百周年致辞》中的"剑桥纪事"，1888年。F. 罗桑伯格所著的《牛顿和他的物理原理》一书也值得参考，不过这本书并没有引用《朴茨茅斯收藏集》中的内容。

地球半径的60倍左右。因此如果假设月球的运行轨道是圆形的，那么其长度是123249600 × 60 = 7394976000（巴黎尺）。月亮围绕地球公转的时间是27天7小时43分，或者说是39343分。因此其轨道运行速度是7394976000 ÷ 39343 = 187961.67（巴黎尺/分钟）。我们以MM'表示这个速度，其中M是月球在轨道上的位置点，E是地球的球心。显然，在角度较小时，MEM'与MO几乎相等，NM'指示的是月球每分钟围绕地球移动的距离。因为：

$\overline{MM'}^2 = MP \cdot MO$（见《原理》，第一卷，论点四，第9页）

所以我们可以得知：

$MO = \overline{MM'}^2 \div MP \approx 15\frac{1}{12}$（英尺/分钟）

因为ME等于地球半径的60倍，而根据平方反比定律，一个物体在地球表面每分钟下落的距离应该是$60^2 \times 15\frac{1}{12}$，或者是每秒$15\frac{1}{12}$英尺。更加准确的表述是"15英尺1英寸又$1\frac{4}{9}$英分。"[1]现在，克里斯蒂安·惠更斯通过钟摆试验给出了在巴黎一个物体从静止到下落的每秒距离为"15英尺1英寸又$1\frac{7}{9}$英分"（《原理》第三卷，论点四）"。因此，平方反比定律也就得到了证明。

在第一卷第四命题的注解中，牛顿因自己在上述计算中应用了离心率定律，对克里斯蒂安·惠更斯表示了感谢。

牛顿把自己所著的《原理》一书提交给皇家协会时，罗伯特·胡克（1635—1703）声称平方反比定律是他发现的。牛顿在写给艾德蒙·哈雷的一封信中作出了回复。[2]《原理》一书出版于1687年，其是在艾德蒙·哈雷的指导和出资支持下完成的。

虽然说早在300多年前人们就知道了重力吸引力强度会发生变化的定律，而且科学自那时起实现了前所未有的快速发展，但是我们依旧无法理解为什么石头会落到地面。这在科学发展的过程中确实是一个怪现象。地球和月球在太空中对彼此施加影响力，但没有任何介质在它们之间或者围绕着它们，对于近代物理学家而言确实是难以相信的。牛顿在这个问题上的观点引起了人们的注意。他是否相信"超距作用"，或者说是否相信物质可以作用在没有物质的地方，在写给本

---

① 1英分等于1/12英寸。—— 编者注

② 参考W. R. 鲍尔《论牛顿的"原理"》，第155页。

特利的一封信中，牛顿写道：

"重力应该是天生存在且与生俱来跟物质相互依存的概念，所以一个物体才能在不存在任何介质的真空状态下，对另外一个处于超远距离的物体产生作用力，它们产生的作用力可以通过真空传递到彼此。这种观点在我看来十分荒谬，我不认为任何具备哲学思维的人会误信这样的观点。"[1]

但是与之完全相反的观点，有时也被认为是牛顿提出的。超距作用学说的提出者并非牛顿，而是罗杰·柯特斯（1682—1716）。他于1713年编辑了《原理》第二版，并且在序言中宣扬了这样的学说。当牛顿哲学在欧洲站稳脚跟后，流行于欧洲的观点与其说是牛顿的，不如说是柯特斯的。[2]

液体和气体

在论述液体和气体的力学之前，我们先看一下布莱斯·帕斯卡在液体压力方面的研究。他广为人知不仅是因为他是一位年少成名的数学家和《与乡下人的信》的作者，而且还是一位物理学家。他出生在奥弗涅的克莱蒙特。在他所著

---

[1] 《伦敦皇家学会的程序》，第54卷，1893年，第381页。关于牛顿支持以太假说的其他文章，可以参考牛顿所著的《光学》，第18、22页；也可以参考O.伯奇的《皇家学会的历史》，第3卷，1675年，第249页，

[2] C.麦克斯韦，"论超距作用"的论述，见《自然》，第7卷，1872—1873年，第325页。牛顿《原理》一书，威廉·汤姆森爵士与休·布莱克尔于1871年在格拉斯哥进行了再版，柯特斯为其写了序言。我们无法解释重力，并不是因为尝试得不够。在这一方面最初的一些重要尝试是由惠斯作出的，其写出了《关于引力原因的论述》，而这本书的部分内容是在牛顿1687年完成了《原理》之后写完的。这本书的德语翻译是由鲁道夫·梅维斯于1896年在柏林完成的。力学重力理论是由1724年出生在日内瓦的C.塞奇提出的。参考C.L.塞奇，卢克丽思·牛顿，《科学院回忆录》，柏林，1782年，第404—432页。他认为重力是因为空间之中到处存在的原子流所造成的。之后对于重力的猜想是由克拉克·麦克斯韦、开尔文勋爵、C.埃森克拉赫、黎曼、莱昂哈德·欧拉、C.V.德林斯豪、普雷斯顿、里森纳克、杜·博伊斯－雷蒙德、瓦西、施拉姆、安德森、摩勒和其他人提出的。关于这个问题批判性的历史总结，参考C.埃森克拉赫的《关于重力对吸收的归因》，载《物理和科学杂志》，1892年，第163—204页；S.托尔弗·普雷斯顿的《一些引力动力学理论的比较评述》，载《哲学杂志》，第39卷（5），1895年，第145页及之后；W.B.泰勒的《引力的动力学理论》，载《史密森尼学会报告》，1876年，第205—282页。

的简短的《论液体的平衡》①（完成于1653年，出版于他去世之后一年，即1663年）中，他阐释了著名的"帕斯卡定律"，即施加在液体上的力会不减弱地传输到各个方向，并且以相同的力作用在与其方向垂直的所有相同的平面上。他通过实验得出的结果跟我们现代实验室中通过马森仪器所取得的结果是一样的，即凭借液体重量对一个表面施加的力仅与其深度相关。他将几个形状不同、底部可活动且大小相同的容器一个接一个地悬挂在天平的一臂，而后向容器中注水，使得其压力正好足以压低容器底部，且使得另外一臂上的重物抬起。帕斯卡还取了两个滑动的活塞对处于密封容器中的液体进行按压。第一个活塞的表面比另外一个的大100倍；作用在第一个活塞上的力等于作用在另一个活塞上的100倍。"因此可以看出，一个盛满水的容器代表着一种新的力学原理，一种可以将力增加到我们任选水平的新机械装置。"②

"厌恶真空"

除了望远镜之外，在17世纪没有什么科学发现能够比气压计和空气泵实验更令人称奇的了。在亚里士多德和柏拉图的著作中，我们已经零星地发现有关于空气有重量的论述了，但是直到伽利略和托里拆利的时代人们才知道这一点。人们进行了许多关于真空的模棱两可的猜想。亚里士多德认为真空是不存在的，到了笛卡儿那个时代，他持有跟亚里士多德一样的观点。在过去2000多年的时间里，哲学家谈论自然对真空存在的恐惧感——恐怖的真空，就好像自然真的有感觉一样。因为这种恐惧感的存在，据说自然会用附近的物质迅速填充任何空无一物的空间，以防止真空的出现。甚至伽利略也无法完全摆脱这种非哲学思维的束缚，当听说一个刚制成的带有长吸气管的真空泵无法将水抬高到33英尺以上时，他感到十分震惊。他评论说，恐怖的真空是一种有局限的力，是可以被测量的。他将充满空气的玻璃容器在正常气压下和高压下进行重量比较，发现存在重量差，才相信了空气是有重量的。③他估计空气的密度不到水的1/400。

---

① 《布莱斯·帕斯卡尔全集》，巴黎，1866年，第3卷，第83—98页。
② 同上，第3卷，第85页。
③ 《奥斯特瓦尔德的精确科学经典》，第11、71页。也可参考E.马赫的《力学科学》，第112—114页。

因此伽利略得出结论：①空气是有重量的；②在通过水柱的高度进行测量时，以及在对瓶塞产生抵抗力的测定时，他知道了所谓的对真空的阻力到底是什么。但这两个想法是分别出现在他脑海中的，①之后他的学生托里拆利改变了实验，将两种想法结合了起来，其将空气加入到了可以施加压力的流体行列中。

托里拆利实验

埃万杰利斯塔·托里拆利（Evangelista Torricelli，1608—1647）最初是在一所耶稣会信徒学校展开自己的数学研究的，之后在罗马的本尼迪克特·卡斯泰利（Benedict Castelli）的指导下继续自己的研究。他认真研读了伽利略的手稿，并且发表了一些力学文章。伽利略十分想认识这些文章的作者，并且催促托里拆利到佛罗伦萨与他一起进行研究，埃万杰利斯塔·托里拆利接受了邀请。据说与埃万杰利斯塔·托里拆利的交往和对话，极大地平复了那时已经失明且时日无多的伽利略的心情。伽利略三个月后离世。伽利略的赞助人托斯卡纳地区的大公爵让埃万杰利斯塔·托里拆利以学院数学教授的身份成了伽利略的继承人。

埃万杰利斯塔·托里拆利设计了一个以垂直水银柱来测定真空阻力的方案，他预计水银柱会是相应水柱的1/14。维维安尼（1622—1703）于1643年在佛罗伦萨进行了所谓的"托里拆利实验"，他在17岁时就成了伽利略的学生，后来在埃万杰利斯塔·托里拆利的指导下继续学习。

埃万杰利斯塔·托里拆利从未发表过他的研究成果。他当时完全沉浸在摆线的数学研究中，几年之后去世了。但是他在1644年写给他在罗马的朋友M. A. 里奇（M. A. Ricci）的两封信中描述了他所进行的实验，这些信一直保留至今。②他在信中写道自己研究的目的"不仅仅是为了创造一个真空，而是制造一种可以显示空气密度变化的仪器，即显示空气更重和粘稠，还是更轻和稀薄。"③

1644年，M. A. 里奇给身在巴黎的佩雷·梅森（Pere Mersenne）写了一封

---

① E. 马赫，《一元论者》，第6卷，1896年，第170页。

② 这两封信第一次出版于1663年。

③ 在这封信的结尾，他写道："因此，我的主要目的并没有完全达成……水银柱的高度因为一个我未曾考虑到的原因发生了变化，即冷和热，并且这种变化十分显著。"但是自阿蒙顿的时代（1704年）以来，人们才开始想到必须要对气温作出修正。

信，其中描述了托里拆利实验。佩雷·梅森因为广泛通信，在当时的众多科学家中充当了中间人的角色。这个消息在法国学者间产生了极大的轰动，但是这个实验直到1646年才在法国得以进行（由与帕斯卡有联系的鲁昂的皮埃尔·帕蒂进行），因为在此之前法国没有可以用于进行试验的合适玻璃管。

传到帕斯卡耳朵中的关于这项意大利人的实验肯定是不完整的，因为他发现必须要独立思考这一现象才可以理解。他总结道："真空在自然界中是可能存在的，自然并没有像人们想象的那样极力逃避对真空的恐惧。"[1]

帕斯卡解释道，如果水银柱的抬升仅仅是因为空气压力的话，那么水银柱柱在海拔较高的地方应该更短一点。他在巴黎一座教堂顶部做了实验，但是为了获得更加肯定的实验结果，他写信给自己的姐夫，让他在奥弗涅的一座高山即多姆山（Puy de Dome）上做实验。水银柱出现了高达三英寸的差异，"这让我们内心充满了惊讶和欣喜"。帕斯卡使用了红酒和46英尺长的玻璃管重复了托里拆利的实验（显然玻璃管在这个时候已经比较普遍了）。他用虹吸管进行了实验，并且解释了这个理论。一个装有普通空气的气球，将它带到山上时，它膨胀起来，而下山时又慢慢恢复了原样。

盖里克关于空气压力的实验

帕斯卡分别在意大利和法国进行的实验研究，推翻了所谓的恐怖真空信条。随后奥托·文·居里克在德国也重复进行了这些实验。这位德国研究者最初的一些工作是独立完成的。奥托·文·居里克（Otto von Guericke，1602—1686）出生于马格德堡（Magdeburg）的一个名门望族。他先是在德国的大学学习，后来前往莱顿学习，之后在英国和法国周游。在30年战争期间，马格德堡在1631年被战火摧毁，奥托·文·居里克和他的家人勉强逃过一劫。之后他靠在古斯塔夫斯·阿道夫斯（Gustavus Adolphus）的军中做工程师来维持生计。1646年，他成了马格德堡的市长。

在真空方面的争论引起了他的好奇心，于是他想通过实验来证明。他说："在自然科学领域，雄辩、优雅的言辞和辩论技巧是一无是处的。"1663年，

---

[1] 《触及虚空的新体验》，载《布莱斯·帕斯卡尔全集》，巴黎，1866年，第3卷，第1页；也可以参考《处理空气质量的重力》，第98—129页。

他完成了著作《论真空》（*De vacuo spatio*）的手稿，但是直到1672年才得以发表。[①]

奥托·文·居里克首先使用了一个装满水且密封起来的葡萄酒桶，并通过放置在桶下的一个黄铜泵将桶内的液体排走。但是固定泵的带子和螺丝松掉了，又对其进行了加固，由三个人拉动活塞，最后终于成功地把水从桶中抽了出来。随即他们听到了一阵噪声，就像里边剩余的水剧烈地沸腾起来了一样，并一直持续到空气取代了桶中所有的水为止。

之后，他用铜制成的球体取代了原来会漏气的木桶，像之前一样将水和空气从里边抽出来。实验刚开始的时候，活塞很容易移动，但是后来两个人一起也很难拉动。"突然发出了一声巨响，所有人都吓坏了"，铜制成的球体塌陷了。之后他找了一个更大更圆的球体，将里边的空气都抽了出来（图9）。"在打开活塞时，空气以极大的力量进入到铜球内部，就好像要把边上的人也拉进球体内部一样。尽管你已经与球体保持了相当远的距离，你呼吸的气也会被它吸走。你用手抓住活塞时，肯定要冒着打开活塞时被猛地向下吸引的危险。"

图9　抽真空实验

① 这本著作包含7卷书，其中第3卷中讲述了他所做的实验，近期这本书被译为德文，载于《奥斯特瓦尔德的精确科学经典》，第59页。关于奥托·文·居里克真空泵和实验最初的叙述见卡什帕·肖特的《机械液压气动》，1657年。卡什帕·肖特的《奇特的技巧》，1664年，这本著作于1657年出版之后，罗伯特·波义耳才知道了居里克曾经所做的实验。

　　奥托·文·居里克随后发明了空气泵，其最初的样式如图10所示。其活塞上的嘴是可拆卸的，这样使得用以实验的物体可以放在容器内。为了防止泄露，该装置还有格外的预防措施，即将活塞放置在注满水的圆锥形容器的下边。人们用这个泵做了很多实验：在真空状态下是听不到钟表振荡的声音；火焰放置其中也会熄灭；里边的鸟会张大嘴巴呼吸，然后死掉；鱼在里边也会死亡；葡萄在真空中可以保存6个月。和上边抽空的球体连接在一起，并且一头浸在水中的长管就是居里克所设计的水柱气压计。他解释说，水管中水的上升是因为空气压力。他观察水柱高度的波动，并用这种仪器进行天气预测。一个漂浮在水上的木头小人会在管中上下运动，而它的手指会显示出任意时刻的空气压力。奥托·文·居里克测量空气重量的实验，是用先保持空气充满之后再抽空空气的方式进行测量，这个实验出现在现在的初等物理学教科书中。他所做的"马格德堡半球"实验也写进了教科书中。他制作了一个直径1.2英尺左右的半球，并于1654年德国国会大厦中在皇帝费迪南三世（Emperor Ferdinand III）面前进行了测试。根据他的计算，要克服大气压力把合在一起的两个半球打开需要2686磅的力。他们用了16匹马分别拴在两个半球上，才把半球拉开。他的书中包含了大量的插图，十分清晰地显示了这个实验是如何进行的。

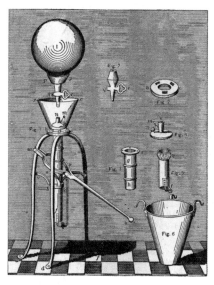

图10　空气泵

当时，奥托·文·居里克还完成了其他实验。有一次他断言，如果你将自己的呼吸呼入一个巨大的抽真空了的容器中，那将是你呼出的最后一口气。这一言论的真实性受到了怀疑。他通过一个新的实验显示了这种"吸"力的强大。他使用了一个带有大泵的圆筒，活塞上系上一根绳子，这根绳子通过一个滑轮，并被分成了很多头，可以由二三十人拉着。当这个圆筒跟抽空的容器连接起来后，活塞在大气压力之下突然下沉，与此同时，所有拉着绳子的人都会被向前拖拽着。

正是在这个时候，奥托·文·居里克第一次听说了托里拆利在11年前所做的实验。①

波义耳的生平

在英国，第一位研究空气力学的人是罗伯特·波义耳（1627—1691）。他出生于爱尔兰的利斯莫尔城堡。在他的自传中，他提及"自己小时候认识一些跟自己年龄相仿的孩子，他们有口吃的毛病，而他因为长时间模仿最终也得了口吃"。"他十分努力地尝试了许多种不同的方法改掉口吃，但是没有成功。"②在伊顿学院度过了近4年时间之后，他在1638年前往欧洲大陆。在日内瓦的某一天晚上，一场可怕的暴风雨让他担心"审判日"马上就要降临。从那时候起，他就开始信教了，他晚午的很多作品都与神学相关。1644年，他回到了自己的家乡，那时他18岁，发现自己的国家处于混乱之中。1645年，他参加了伦敦一个哲学学会组织的会议之后，变得对科学研究兴致勃勃。他称这个学会为"看不见的学院"，文艺复兴之后，这个学会并入了皇家学会。1654年，他在牛津定居下来，在那里他修建了一座实验室，有几个实验人员在他手下工作，而罗伯特·胡克成了他的化学助手。③在研读了奥托·文·居里克关于空气泵的论述之后，他

---

① 奥托·文·居里克曾经使用过的一副"马格德堡半球"在哥伦比亚展览会上展出。至于奥托·文·居里克最初的空气泵的下落，可以参考 G. 贝特霍尔德的《魏德曼编年史》（新编），1895 年，第 724—726 页。据说奥托·文·居里克在实验仪器方面花费了20000 泰勒（德国旧银币名）。

② 《罗伯特·波义耳的作品》，五卷书，该书将作者的生平附在前边，由托马斯·伯奇编辑，伦敦，1743 年，第 1 卷"自传"，第 6 页。

③ 见《英国人物传记辞典》中"罗伯特·波义耳"一条。

让罗伯特·胡克做了更为精致的气泵，并在1659年完成了。早在1660年，罗伯特·波义耳就发表了他的《关于空气弹力的新实验》（以下简称《新实验》）。

1668年，罗伯特·波义耳离开牛津来到伦敦。40年来，他的身体一直十分虚弱。他的记忆力非常差，时不时地就想放弃研究，但他是一位高产的作家，并在国内外享誉盛名。1657年之前，他故意不再"严肃认真和有条理地"阅读伽桑狄（Gassendi）、笛卡儿或弗朗西斯·培根的书，"我必须花些时间找到能够让我思考的东西，在此之前我不能沉迷于任何理论或者原则。"[1]

罗伯特·波义耳将气压计放进空气泵的容器中，观察在排气时加热液体的沸腾和水结冰耗尽的现象。

波义耳和马略特的气体定律

如果不是一个自称物理学家的人的荒谬批判，罗伯特·波义耳可能永远不会发现最终以他的名字来命名的定律。荷兰勒蒂赫（Luttich）的一位教授弗兰西斯克斯·莱纳斯（Franciscus Linus）阅读了罗伯特·波义耳的《新实验》一书，宣称空气是不足以和达到19英寸高的水银柱实现平衡状态的。他还进一步指出自己发现了管子上端有隐形的线（纤维）将水银悬挂了起来，并且当把手指靠近管子上端时，就能够感受到这些线的存在。这样的批评使得罗伯特·波义耳进行了新的研究。"我们现在应该努力通过设计好的实验来证明，空气的弹力要比使我们解释托里拆利实验现象的力大得多。"[2] "我们随后取了一根长玻璃管，通过灵巧的手和加热使其底部弯曲，使得朝上的部分与管子的其余部分差不多平行，并且将较短一端玻璃管上边的口……密封起来，用直纸条将其长度平均分成英寸（每英寸分成8部分），将纸条沿着管子粘上去。"至于较长部分的管子也会贴上类似的纸条。在管子的弓形或者弯曲部分注入水银，使水银在管子两端达到同样的高度。"这一步完成之后，我们开始将水银注入较长部分的管子……直到较短部分管子中的空气受到压缩之后所占空间变为之前的一半左右……我们关注着玻璃管较长的那一部分……我们心满意足地观察到，长管中的水银要比另一部分

---

[1] 《工作》，第1卷，第194页。

[2] 参考《对莱纳斯的辩护》，载《工作》，1662年，第1卷，第100页。

高出29英寸。"这根管子因为意外打碎了，后来又准备了一个新的长达8英尺的管子。这根新管子太长了，无法在室内使用，所以他用绳子把这个管子悬挂了起来，置于一段台阶上方，使其"刚刚能接触到下方的箱子"，最终也得到了小于一个大气压的压强。他使得密闭空气的压力从 $1\frac{2}{8}$ 英寸的水银柱到 $117\frac{9}{16}$ 英寸的水银柱高度变化，从最低到最高要经历40个步骤，每次他都会将观测到的压力结果和"根据压力和膨胀成反比的假设"得出的结果做比较。观测结果和理论数据是符合的。

1666年，罗伯特·波义耳发表了《流体静力学悖谬》，其中花了很多笔墨驳斥旧学说，即较轻的液体对较重的液体不会施加压力。在这个时期出现这样的反驳是必然的，这反映了正确的观念正在缓慢地渗透到液压领域。

罗伯特·波义耳在发表了自己的定律之后，一位著名的法国物理学家马利奥特·马略特（Edme Mariotte，1620—1684）也独立地发现了"波义耳定律"，所以在法国"波义耳定律"也被人们称为"马利奥特定律"。[1]马利奥特在自己1676年的论文《空气的性质》中发表了这一定律。他说："我们使用了一个40英寸的管子，在里边注入了 $27\frac{1}{2}$ 英寸的水银，留出了 $12\frac{1}{2}$ 英寸的空气，然后把管子的1英寸放入到水银中，其余的留在外边。其最终包含了14英寸的水银，而空气则膨胀了一倍，达到了25英寸。"通过多次反复试验，"显而易见，我们可以把空气的压缩与其所受压力重量成正比看作一个定律。"他比罗伯特·波义耳更加清晰地认识到了这一定律的重要性。

实验物理在法国的复兴要归功于马利奥特。罗伯特·波义耳在伦敦皇家学会的组织中发挥了十分重要的作用；同样，马利奥特也是1666年成立的法国科学院最初和最主要的成员之一。通过认真地在一处极深的酒窖中和在巴黎一处高地新建的天文观测台中测量水银柱的高度，他得出了一个用气压计估算高度的公式。他还曾经写过一篇关于振动的重要文章。

---

[1] 玛丽，《数学科学史》，第4卷，1884年，第239—242页。其中谈到了罗伯特·波义耳，但是却没有提及与他相关的定律。马利奥特被称为定律唯一的发现者（见《数学科学史》第176页）。同样的情况可见于A.利伯斯的《物理学发展的哲学史》，巴黎，1810年，第二卷，第134—140、195页。

1674年，丹尼斯·巴本（Denis Papin）描述了一个气泵，其不再使用居里克和波义耳所用过的那种带有活塞的长颈瓶容器，而是使用了板和玻璃罩。人们通常认为这样的改进是由巴本完成的，但是巴本本人指出是惠更斯完成的。现在人们知道了这个改进是由惠更斯在1661年完成的，[1]而丹尼斯·巴本当时是克里斯蒂安·惠更斯的学生和助手。

抛物体的运动

在落体和抛物体运动中，空气阻力使得这些现象更为复杂，研究者总是一头雾水，而且总是成为那些反对者攻击的目标。伽利略考虑到了空气阻力的存在。在大约1670年，马利奥特通过在巴黎天文台进行试验得出结论，阻力跟时间的平方成正比，牛顿也得出了同样的结论，但是拉·希尔（La Hire）则认为其是跟时间的立方成正比。

1679年，牛顿说道："因为地球的自转运动，下落物体应该会偏向东方，并不是通常认为的偏向西方。"在这里我们可以顺便说一句，在法国，梅森和佩蒂特曾竖直向上发射子弹，他们预测子弹落地时会落在远远偏西的位置。[2]但是在偏西的位置却没有找到子弹。他们请教了当时法国的伟人笛卡儿，笛卡儿认真地说，子弹的速度太快了，它们已经失去了重量，飞离了地球。

牛顿的预测不适用于一个向上运动随后落下的情况，而是物体从静止状态下落的情况。与牛顿同时代的罗伯特·胡克做过这个实验，他在向皇家协会报告时说道："他发现在所有做过的实验中，球体都会掉落到跟垂直悬挂的球在地面位置的东南方。"这些实验是在公开场地进行的，结果可能多少有些不一致。胡克说："但是在室内做的实验是完全一致的。"[3]实验得出的结果会奇怪地向南方出现偏离，这可能是因为观测的失误。但是之后1791年G. B. 古列尔米尼（G. B. Guglielmini）在博洛尼亚的一座塔上做了实验，1802年J. F. 本岑博

---

① E. 格兰，《魏德曼编年史》，第2卷，1878年，第666页。

② 如果大气产生的影响可以忽略的话，那么子弹落地应该是偏西的。参考W. 费雷尔的《关于风的通俗论文》，纽约，1889年，第88页。

③ O. 伯奇，《皇家学会的历史》，伦敦，1757年，第3卷，第519页，第4卷，第5页。也可以参考W. R. 鲍尔的《论牛顿的"原理"》，第146、149、150页。

（J. F. Benzeriberg）在汉堡的圣迈克尔塔上做了实验，1831年F. 莱希（F. Reich）在萨克森州弗莱贝格的一个矿井下也做了实验。所有这些更加细致的实验结果都显示了除了预计之内的向东方偏离之外，还会出现一点点向南方的偏离。至此在这方面还没有出现令人满意的解释。[1]

在抛物体运动中，弹道曲线描述的实际路径和伽利略提出的抛物线相比存在着很大程度的偏差，在数学上是难以计算的。在北半球，这个路径会稍微向右偏移，这是因为地球的自转运动。所有打过棒球和网球的人都知道空气阻力使得旋转球体的运动更加复杂。[2]

光学

折射定律

莱顿力学教授维勒布罗德·斯内尔（1591—1626）发现了折射定律。他从来没有公开发表过自己的发现，但是克里斯蒂安·惠更斯和伊萨克·沃斯都声称自己曾经看过维勒布罗德·斯内尔的手稿。他以比较复杂的形式将定律描述如下：在相同的介质中，入射角和折射角的余割之比始终是相同的值，而余割跟正弦成反比。所以这个表述的现代形式就一目了然了。据我们所知，维勒布罗德·斯内尔并没有尝试过做这个定律的理论推导，但是他通过实验证明了这一定律。现在教科书上经常出现的正弦定律是笛卡儿在1637年自己的《屈光学》一书中提出的。他并没有提到维勒布罗德·斯内尔，很可能他是独立地发现了这一定律。[3]笛

---

[1] F. 罗桑伯格，《物理科学》，第三部分，第96、97、432—437页。J. F. W. 格罗诺，《空气阻力理论的历史发展》，但泽，1868年，第1—28页。

[2] 关于地球转动产生的影响，可以参考费雷尔的《关于风的通俗论文》，第27、86页。也可以参考马格努斯力的《波根多夫物理年鉴》，第38卷，1853年，第1页。

[3] 在这一点上有着众多不同的看法。海勒认为是笛卡儿独立地发现了这一定律；波根多夫以及F. 罗桑伯格认为笛卡儿是抄袭了斯内尔的定律。阿拉戈则宣称笛卡儿是这一定律的唯一发现者。参考P. 克雷默的《数学和物理》，第27卷，1882年，第235页，文中对这个问题进行了讨论；而在发现了许多新文件之后，D. J. 科特维格在《形而上学与道德评论》有评论，1896年，第489—501页。

卡儿本人并没有进行试验，但是他从以下这些假设中通过理论推导得出了这一定律：（1）在密度较高的介质中，光速会更快（现在知道这是错误的）；（2）在同一介质中，所有入射角速度的比率都是相同的；（3）在折射时，平行于折射面的速度分量保持不变（现在知道这是错误的）。这些假定肯定不可能都是正确的，这也招致了数学家费尔马（Fermat）和其他人对笛卡儿这些论证的攻击。费尔马从下述假定中推导出了该定律，即光以最短的时间从一种介质传播到另一种介质中，以及光速在密度较高的介质中较小。[①]

光速

17世纪取得的一个重大成就是发现了光的渐进性传播。在此之前，人们一般认为光的速度是无限大的。伽利略是第一个尝试测量光速的人。[②]他通过让A点向B点打信号灯，并从B那边接收返回来的信号的方式测定光速。这个实验是在晚上进行的，两个观察者靠在一起和两人相距1英里[③]时分别进行。如果能够看到时间差，那么就说明光速是有限的。伽利略通过这个实验并没有解决这个问题。但是他在另外一个完全不同的问题上提出了一个建议，这意外地让另一个观察者取得了成功。他提到，木星后边的卫星经常消失，这也许可以用来测定经度。大约在1642年，路易十四召集了包括意大利天文学家乔瓦尼·多梅尼科·卡西尼等在内的一众科学家前往巴黎，参与到一项研究木星系统的长期计划中。大约30年后，一位年轻的丹麦人奥拉夫·罗默（1644—1710）在别人的劝说下来到巴黎定居。他是奥尔胡斯本地人，且在哥本哈根读过书。在巴黎，他与珍·皮卡尔一道研究木卫食。他们注意到，这些卫星在自己轨道转动的时间在一年的各个时期中并不是完全一致的，而且当木星的视像明显减小时，它们的运转时间会超过平均值。最大程度上考虑到实际运动出现这种不均等性是极不可能的，奥拉夫·罗默意识到出现这种不规则性的原因在于光速并不是无限的。图11为奥拉夫·罗默的光速测量法。1676年9月，奥拉夫·罗默向法国科学院报告说，发生在11月份的下一次第一个卫星食要比之前根据8月观测结果作出的计算晚上10分

---

① F. 罗桑伯格，《物理科学》，第二部分，第114页。

② 《奥斯特瓦尔德的精确科学经典》，第11、39、40页。

③ 1英里 =1.609千米。——编者注

钟左右，而这一差异存在的原因在于光从木星传播到地球需要一定的时间。11月9日，木卫食发生在5时35分45秒，而计算得出的结果是在5时25分45秒。11月22日，他向科学院更加详细地解释了这一理论，并且说光需要22分钟才能穿过地球的轨道（现在我们知道更为精确的数据是16分钟36秒）。科学院一开始并没有接受奥拉夫·罗默的理论。珍·皮卡尔支持奥拉夫·罗默的理论，但是乔瓦尼·多梅居科·卡西尼反对。奥拉夫·罗默得出这样的计算结果是基于木星的第一个卫星，他也十分坦率地说，观测另外三个卫星所得出的计算结果可能不会成功。在乔瓦尼·多梅居科·卡西尼看来，这一事实强烈驳斥了奥拉夫·罗默的解释。关于另外三个卫星的情况，奥拉夫·罗默只能说："它们存在着一些不规则性，但是现在还有测定出来。"1668年，乔瓦尼·多梅居科·卡西尼发表了木星卫星月食后的时间表，但在其中并没有谈到奥拉夫·罗默的假说。

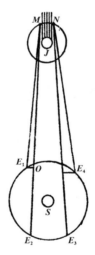

图11　奥拉夫·罗默光速测量法

当地球从E_1移动到E_2的位置时，木星卫星一出现月食的时间要比从其平均运转周期中计算所得的时间晚了几分钟。奥拉夫·罗默认为这几分钟时间就是光经过OE_2所需的时间。当地球从E_3移动到E_4的位置时，月食出现的时间要比预测的早

他预计在6月到12月之间，星体从S'点到S''点会出现表观差运动（图12），而在3月和9月，星体会处于天球的中间位置。但是事实上，星体的位置在6月和12月并没有出现变化。他并没有观测到视差的出现，但奇怪的是，在3月和9月，

星体出现在了不同的位置。

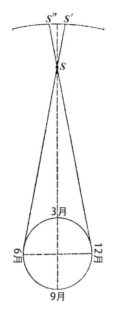

图12 布兰得利试图测量γ星座的视差

年轻的丹麦人奥拉夫·罗默声名鹊起，以至于成为法国皇太子的家庭教师，并且在1681年，克里斯汀五世传召他到丹麦担任皇室的天文学家。奥拉夫·罗默回到自己的故乡之后，巴黎对于他的理论的信心减弱了。我们不知道他在这个问题上又做了多少工作，也不知道他是否解决了其他几个卫星情况不一致的问题。他留下了许多天文观测资料，但几乎所有资料都在1728年哥本哈根这个小镇发生的一场大火中毁于一旦。[①]

在英国，艾德蒙·哈雷极力支持奥拉夫·罗默的理论，而当时牛津大学的萨维里天文教授詹姆斯·布兰得利（James Bradley，1693—1762）用一种人们意料不到的方式证明了奥拉夫·罗默的理论。当时正在努力测量星体视差的詹姆斯·布兰得利意外地发现，星体的移动跟他预计的结果并不相同。他当时几乎已经觉得根本没办法解释了，但是这时一道意外的希望之光出现在了他面前。"大

[①] 我们使用了亚历克斯·韦尼克关于奥拉夫·罗默的一篇文章，载《数学和物理杂志》，第25卷，1880年，第1—6页；也可以参考W.陶伯克的《自然》，第17卷，1877年，第105页。

约是1728年9月的某一天，他和朋友在泰晤士河上乘船，他发现每次船改变方向时风都会转向。他向船夫提了一个问题，这个问题使他得到了一个十分有价值的回答，即桅杆顶部风向标指向的变化仅仅是因为船的行进方向发生了变化，但是风的方向并没有改变。"这就是他所需要的线索。他立刻就想到了，光的传播与地球在其轨道上的运动结合在一起，必然会造成每年看到的天体方向的变化，其中两个天体速度的比例决定了看到天体的方向。[①]通过这种"光行差"（见图13），詹姆斯·布兰得利估计太阳光到达地球所需的时间为8分钟13秒。这个数据跟半个世纪之前奥拉夫·罗默所测定的11分钟相比更加准确了。因此，詹姆斯·布兰得利证实了奥拉夫·罗默的理论，而光的渐进性传播也逐渐为人所接受，成为一个确定无疑的事实。

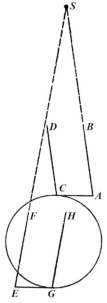

图13　光行差现象

设AB为望远镜的方向。地球在运动过程中使得观察者的位置从A变到了C，光线走过的距离即望远镜的距离。当光线被人眼捕捉到时，望远镜的位置为CD。同样，6个月之后，位于G点的观察者的望远镜方向会指向GH。CD和GH之间约有40秒的偏角差。图13解释了光行差现象

———————————

① "詹姆斯·布兰得利"，见《英国人物传记辞典》一条。

詹姆斯·布兰得利发现，牛顿的光的微粒说可以十分容易地解释光行差现象。光的微粒的运动特性跟垂直落下的雨滴相似，即在我们向前跑的过程中雨滴似乎倾斜地落到了我们的脸上。光的微粒沿着向前倾斜的望远镜管向下运动，与此同时望远镜会随着地球的运动而运动。相较之下，若是想利用奥古斯丁·珍·菲涅尔和托马斯·杨的光的波动说理论对这一现象进行解释，就没有这么简单了。我们不久之后就会看到，这一原因在于涉及以太是否存在及其相关特性的问题。

惠更斯的波动说

1678年在法国科学院举办的一场会议中，奥拉夫·罗默、乔瓦尼·多梅尼科·卡西尼等人都出席了，在这场会议中，克里斯蒂安·惠更斯（1629—1695）公布了一篇引人注意的光理论论文。克里斯蒂安·惠更斯是海牙人，曾在莱顿的一所大学读书。笛卡儿研读过克里斯蒂安·惠更斯最早写的一些数学理论，并且预测他未来一定会成为伟人。在路易十四的劝说下，克里斯蒂安·惠更斯来到了巴黎，从1666年到1681年，他一直定居在这里。与他同时代的一些伟大人物如牛顿和莱布尼兹，都终身未婚。

之前引用过的克里斯蒂安·惠更斯于1678年所著的《光论》（ *Traite de la lumiere* ）一书是1690年出版的。[①]这是最早试图对光的波动论进行解释的尝试。在惠更斯之前，（1665年）罗伯特·胡克已经给出了这样一个理论的大致框架，惠更斯则提出了以他的名字闻名的与光波传播相关的重要原则。围绕着任何振动介质的每个粒子，都会出现波。因此，如图14所示，如果 DCF 是一个球面波，其以 A 为中心，那么在这个球面范围内的 B 点会成为球面波 KCL 的中心，KCL 会与 DCF 在 C 点相遇。

---

① 德文译文再版见《奥斯特瓦尔德的精确科学经典》，第20页。也可参考《克里斯蒂安·惠更斯作品》，由荷兰科学学会出版，1888年。

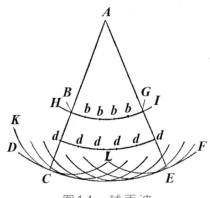

图14　球面波

　　同样，球面*DCL*内的每个点都会形成自己的波，所有这些数不清的微波都是球面波，每个波都会与*DCL*相遇于一点，这就导致其产生。克里斯蒂安·惠更斯认为以太是存在于任何地方的，并且采用了现代教科书中流行的方式即用波动说来解释光的反射和折射。他研究过大气折射和冰洲石中出现的双重折射这种神奇现象。1669年，哥本哈根的伊拉兹马斯·巴托利奴斯（Erasmus Bartholinus）第一次在冰洲石中发现了这种光线分开的情况。克里斯蒂安·惠更斯给出了构建普通和特殊光线路径的方式，并且观察到这些光线是偏振的。他认为以太的振动是纵向的，就像声波一样，因为他无法解释偏振这种奇怪的现象。而且他的理论也无法解释光的色彩起源。他试图从波动说中推导出来光在均匀介质中是以直线传播的，他的论证并不是确定无疑的。牛顿之所以拒绝波动说，主要是因为其无法很满意地解释为什么光是以直线传播的。牛顿一直支持光的微粒说，而他的权威性使得在100多年的时间中，克里斯蒂安·惠更斯的观点被人们忽视了。

牛顿的棱镜实验

　　尽管牛顿所提倡的光学理论现在看来是错误的，但是他在光学方面的研究是最具价值的，并且证明了一些极为非凡的力量。牛顿最初的观测都集中在日冕上，这可以追溯到1664年，那时他还是一个学生。之后他开始进行色散的实验。"1666年，那时我正在磨制除了球形之外其他形状的光学玻璃，我制成了一个三角形的玻璃三棱镜，并用其进行了令人难忘的色彩现象实验。"

　　在此之前很久，人们已经从白光中看到了色彩的形成。塞内卡曾谈到彩虹的颜色跟光透过玻璃片边缘形成的颜色是一样的。布拉格医学教授马库斯·马尔奇、格里马尔迪、笛卡儿、罗伯特·胡克等人也讨论过将白光进行分散或者压缩变成不同颜色的问题。[①]牛顿在剑桥的老师艾萨克·巴罗持有的理论，与马库斯·马尔奇的理论相似，他认为红光是极度压缩之后的光，而紫光是极度稀释后了的光。这些纷繁复杂的状况留待牛顿去解决。在牛顿之前，由棱镜产生的折射被假定为实际上产生了着色，而不是把已经存在的色分离开来。

牛顿在一间暗室的百叶窗上开了一个小圆孔，把棱镜放在孔洞边上，使得光可以折射到对面的墙上。"通过对比这个有色光谱的长度和宽度，我发现了长度是宽度的5倍左右，这个差别如此之大，使我产生了极大的好奇心，让我想弄清楚到底是什么产生的这种差异。"

在得出正确的解释之前，牛顿提出了几个猜想，但是发现这些猜想都与事实情况不符合。如今的大学生可能会对其中一个猜想特别感兴趣，因为这个猜想展示了牛顿深刻的思想是如何关注于现代体育运动中的一个十分出名的项目，即"曲式投球"。当然现代的学生肯定很难理解投球与光学理论存在什么关系。以下是牛顿所说的："之后我开始猜测，这些光线在通过棱镜以后是否是以曲线前进，而后根据它们自己的曲率朝着墙体的不同方向传播出去。我还想到了当网球受到斜拍的力飞出去的时候也是这样一条曲线，我愈发开始怀疑了。拍子击到球之后，球会产生一个圆周渐进式的运动。球拍击到球那一刻，运动产生的那一面上的各个部分肯定更加激烈地挤压空气，因此球拍其受到球拍空气阻力和反作用力也会更剧烈。同样，如果光线也是球体的话，那么其倾斜着从一种介质进入到另一种介质时，会获得某种旋转运动，其在运动发生的那一侧肯定会感受到周围更为剧烈的阻力，因此光会持续地弯向另一侧。虽然这样的猜测听起来似乎有道理，但是在我考察之后，并没有发现光线中出现了类似的弯曲现象。除此之外（其对于我自己的目的而言，已经是足够了），我观察到影像的长度和光线传播通过的小孔的直径，与它们之间的距离成比例。

"我逐渐开始放下这些猜测，并最终做了一个判决性试验，实验如下：我

---

① 金尼阁神甫在其到中国传教的日志中谈到，棱镜因为产生色彩现象，所以价格十分高昂，通常只有达官贵人才用得起，一小块棱镜可以卖到500个金币。普利斯特列，《商业光学》，由 G. S. 克吕格尔翻译，莱比锡，1776年，第132页。

取了两块木板，其中一块放在窗户边棱镜的后边，使得光可以通过板上的一个小孔落到另外一块板上；另一块板放在12英尺远的地方，其上边也有一个小孔，让一些入射光可以通过。之后，我在第二块板后面放上了一个棱镜。绕着轴线转动第一个棱镜，使落在第二块板上的影像上下移动，使得所有光线都能够连续地通过板上的小孔，并且落在它后面的棱镜上，然后记录下光线落在墙上的位置。我发现，在第一块棱镜上折射最严重的蓝光在第二个棱镜上也折射得最严重，而红光在两个棱镜上的折射都是最不明显的。所以像的长度不一样的真正原因就找到了，因为各种光并不是同质化的，而是由许多种不同的光线组成的，其中一些光线更容易发生折射。"[①]（图15）

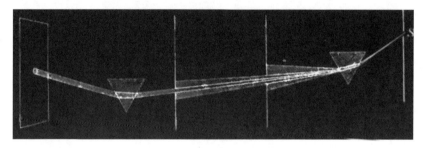

图15　牛顿的光学实验

　　牛顿在进行这些实验时，对改进折射望远镜产生了极大的兴趣。折射望远镜存在的缺陷一直被认为是球面像差，所以牛顿一直在努力试图通过改变透镜的球面来获得更加清晰的影像。牛顿认为，除了球面像差的原因之外，引发问题的另外一个因素是色差。"通过折射望远镜看物体时，杂色光的存在使得人们看到的景象十分混乱，这是因为不同类型光线的折射性不同。"（《光学》，第1卷，命题5。）那么是否能解决这个问题呢？如果不同物质具有不同的色散力，那么就可能解决问题。所以牛顿设计了一个实验。在一个棱柱形容器中盛满水（可能是铅糖溶液），[②]其中放入一个玻璃棱镜，观察光线通过时的情况。通过测试，他认为他可以得出结论，即折射一定是永远伴随着色散出现的。在他看来，可以

---

　　① 《哲学汇刊》，第1卷，第130页。这些实验见于牛顿所著的《光学》，第一部分，第1—5页。
　　② 牛顿的《《光学》，1704年，第2卷，第三部分，第51页；"牛顿"，见《英国人物传记辞典》条目。

消除色差的透镜是不可能成功的。显然，牛顿在这个地方稍微有些不够谨慎，他碰巧使用了色散率相同的玻璃棱镜和水棱镜。如果他当初使用的不是水而是其他液体的话，可能会得出来不一样的结论。从有限的实验证据中，牛顿得出了一些较为宽泛的结论，并且他一直坚持，但是之后的一些实验证明这样的结论是错误的。

牛顿并没有认真考虑基督会列日的信徒亨利·卢卡斯提出的批评。亨利·卢卡斯在用棱镜重复牛顿的实验时发现，光谱的长度并不是牛顿所说的那样是其宽度的5倍，而是3.5倍。这只是简单地对比了光谱长度和宽度之间的比例关系，对于这样简单到极点的测量，两个人所取得的结果竟然存在着如此巨大的差别。为什么这两位杰出的实验者会得出如此不同的结果呢？在这方面，并没有人做过充分研究。毫无疑问，牛顿感觉他的测量结果是经过反复实验得出的，所以绝对不会出错。虽然他对化学有些兴趣，但是他本人并没有想到棱镜的不同类型竟然对实验结果产生不同影响。因此，在其固执脾气的影响之下，他错失了发现光的色散率可变性的机会，也没能够制作出可以消除色差的透镜。

反射望远镜的发明

虽然说牛顿在折射望远镜方面并没有实现预想的目标，但是在反射望远镜的发明方面作出了巨大的贡献。我们可以认为，他是反射望远镜的发明者之一。在那个时代，反射望远镜是一个备受关注的项目。一般认为，罗马的耶稣会信徒尼科洛·祖奇（1586—1670）发明了反射望远镜。法国另外一个耶稣会信徒马林·梅森提议了另一种不同类型的反射望远镜，苏格兰数学家和天文学家詹姆斯·格雷戈里（1638—1675）也曾提出过不同类型的反射镜，但是他们并没有完成自己的设计。牛顿于1668年制成了自己的第一个反射望远镜，长达6英寸，直径为1英寸，可以放大30到40倍。之后，他又制造出一个更大的仪器，并在1672年将其送给了皇家学会，上边留有牛顿的题词"由艾萨克·牛顿爵士发明，并于1671年亲手制成"。这个仪器在国王面前进行了展示，罗伯特·胡克、克里斯多夫·雷恩等人对其进行了检查。这个仪器受到了极大的赞誉，其说明书送到了巴黎的惠更斯手中。[①]这个反射望远镜现保存在皇家学会的图书馆中。

牛顿的进一步研究和他的评论者

牛顿的发现受到了皇家学会的极大认可，但是当这些发现在《哲学汇报》发表之后，牛顿本人受到了一些反对者的批评，其中包括莱纳斯、亨利·卢卡斯、帕德斯（Pardies）、罗伯特·胡克和克里斯蒂安·惠更斯。牛顿对这些批评十分敏感，于是1675年12月9日写信给莱布尼兹："我发表的光学理论引发的讨论使我十分烦恼，我为什么要放弃对我来说如此幸福的平静，而去这么草率地追逐一个影子呢？"

罗伯特·胡克支持光的波动说，同时反对牛顿的光的微粒说。无论是牛顿回复罗伯特·胡克的信，还是牛顿于1672年到1676年与其他人的通信中都表明，他已经十分仔细地考虑了每种理论的支持和反对意见。我们十分容易就能想到这位年轻的科学家是如何思考这两种彼此对立的理论的：当他十分犹豫地想反对波动说时，可能没有想到自己的观点会成为巨大的权威理论，也没有想到物理学家脑海中的偏见竟然使得真正的光理论的发现推迟了整整一个世纪。牛顿曾经用薄板做过色彩实验，[②]他十分清楚地注意到波动说可以用来解释这个现象。"鉴于产生蓝光和紫光的振动要短于产生红光和黄光的振动，那么它们必然可以在更薄的板上反射；这足以解释这些薄板和泡沫上出现的正常现象了，也足以解释组成部分跟这些薄板类似的所有自然物体上出现的正常现象了。这些似乎就是这个假说最清晰、最真实和最必要的条件；它们跟我的理论完全契合，以至于如果反对者能够应用它们，就不需要担心会跟其出现背离。但是，他如何在其他困难面前捍卫这个理论我就不得而知了。"[③]牛顿看到当时所提出的光的波动说存在一个无法克服的困难，那就是其无法解释光的直线传播。他说道："在我看来，这一

---

① D. 布鲁斯特，《艾萨克·牛顿爵士的生平》，纽约，1831年，第40页。

② 关于"牛顿环"的解释见牛顿出版于1704年的《光学》，第二部分。罗伯特·波义耳和罗伯特·胡克都曾观察过薄板的颜色，后者对肥皂泡和挤压在一起的玻璃板之间出现的色环现象作出了正确的解释。

③ 《哲学汇刊》，第1卷，第145页，引自G. 皮科克的《已故托马斯·杨的新作品》，第1卷，第145、146页。

学说的基本假设就是不可能的。与光线一样，任何液体的波或者振动可以以直线传播，同时又不会在它们传播的介质中朝着各个方向出现连续且过度的传播和弯曲。如果实验和理论展示表明这符合事实情况，那便是我错了。"[1]如果光是振动的波，那么跟声波一样，其会"弯进阴影部分"。

另一方面，光的微粒说十分容易就能解释光的直线传播。一个发光体发出由微粒组成的光束以直线传播，光粒会落到人的视网膜上，因此人们就可以看到了。其对于折射的解释是：当这些飞行的粒子靠近折射面时会被吸引，所以沿着法线方向的分速度就会增加。当粒子从密度较高的介质进入到密度较低的介质时，分速度会减小，而跟法线垂直的分速度在以上两种情况中都保持不变。因此光线弯曲的现象也得到了解释，所以粒子的速度在通过密度更高的介质时会更大。[2]在透明物质中，光的反射和折射是同时存在的，而微粒说很难解释这一现象。同一个面怎么可能有时候反射光线有时候又折射光线呢？为了解释这一点，牛顿提出了一种既容易发生反射也容易传播的"痉挛"理论，这种特性是由无所不在的以太赋予粒子的。[3]我们应该注意到，牛顿的微粒说不仅假设存在构成光的飞行粒子，同时还存在着以太，其中包含了波动说成立的所有条件，甚至还要多。

牛顿解释了彩虹现象，而在他之前的安东尼·德·多米尼大主教在1611年出版的一本书中，已经正确地提供了一个大概的解释，此外笛卡儿和惠更斯也曾解释过这一现象。

牛顿在光的衍射（弯曲）方面进行过实验。博洛尼亚耶稣会学院的数学教授弗朗西斯科·玛利亚·格里马尔迪（Francesco Maria Grimaldi）发现了这一现象。他在自己1666年发表的《光的物理数学原理》（*Physico-mathesis de lumine*）一书中描述了这一现象。弗朗西斯科·玛利亚·格里马尔迪通过一个小孔让一束光进入到一个暗室中，并让光束通过的一根杆的影子落在白色的平面上。他十分惊讶地发现，影子要宽于他通过几何计算得出的阴影宽度，而且影子边上会出现一

---

① 《已故托马斯·杨的新作品》第1卷，第152页。

② 牛顿的《光学》，1704年，第2卷，第三部分，第10页。

③ 牛顿的《光学》，1704年，第2卷，第三部分，第13页；也可以参考T. 普勒斯顿的《光的理论》，第2版，1895年，第19页。T. 普勒斯顿很好地解释了微粒说。

个、两个或者有时候三个色带。光线十分强烈时，他还额外发现色彩出现在阴影内部。之后他用带有小孔的不透明板取代了之前所用的杆，假设光是以绝对直线通过这个小孔的边缘的。实际情况与在这种假设下得出的结果相比，光圈要更大一些。这个实验与另外一些实验证明了光在经过小孔边缘时会出现轻微的弯曲现象，他将这种新发现的现象称为"衍射"。[①]

弗朗西斯科·玛利亚·格里马尔迪的实验做得十分巧妙，但是他对于光学理论没有作出什么重大贡献。牛顿对弗朗西斯科·玛利亚·格里马尔迪的实验做了改进，并试图用微粒说来解释这些现象。[②]

值得注意的是，牛顿应该是做了很多太阳光谱的实验，但是没有发现弗朗和费谱线。我们不能说在这一处的失败，是因为他让光通过一处圆孔，因为在一些例子中（《光学》第1卷，命题4，第49页），他也使用过狭缝。当然也不能说是因为他把棱镜放得太靠近圆孔以接收发散光，因为我们在上文中谈到，他曾经把棱镜放置在距离狭缝10英尺或者12英尺远的地方。他在纸上看到了光谱不一定意味着看不到黑线；而他有时候"通过棱镜注视孔洞"（《光学》第1卷，命题2，实验4，第22页）。在这一实验中，牛顿实验的条件与后来渥拉斯顿（Wollaston）发现几条谱线实验的条件几乎是一样的。遗憾的是，在这些实验中发现这些谱线是最容易的，而牛顿依靠的是其一位助手"更加敏锐"的眼光，[③]但是这位助手很可能对意料之外的现象不敏感。

热学

温度计的发展

17世纪，我们看到了温度计最初的发展，这个物理学仪器现在适用的范围可

---

① F. 罗桑伯格，《物理科学》，第二部分，第131、132页。

② 参考牛顿的《光学》，第3卷，第二部分，第113—137页。

③ 参考《牛顿、沃拉斯顿和弗劳恩霍夫》一文，作者亚历山大·约翰逊，载《自然》，第26卷，1882年，第572页。

以说超过了任何其他仪器。现代历史研究一致同意是伽利略发明了温度计。[1]伽利略发明的第一个温度计，包括一个跟鸡蛋那么大的玻璃灯泡，一个厚度跟秸秆差不多的长玻璃管，使用时要先把玻璃灯泡加热，再将其浸入水中，水会沿着玻璃管升高。当然，这个仪器会受到大气压和温度的影响，它其实算是一个温度气压计。伽利略的学生维维安尼指出这个发明是在1593年完成的，另一个学生卡斯泰利说1603年他看到伽利略在实验讲课中使用了这一仪器。所有早期的温度计都包含空气，而且管子上的刻度也比较随意。因为受到大气压的影响，伽利略的空气温度计还存在缺陷。

法国的一位医生珍·雷伊是第一个对这个仪器作出改进的人，[2]他只是简单地将伽利略的温度计进行了倒转，把玻璃灯泡中注入水，让空气留在管中，因此，水变成了用于测量的物质。1632年1月1日，他把这个方法告诉了在科学界充当中间人角色的佩特·梅森。因为珍·雷伊没办法将玻璃管的上端封闭起来，所以一直会因为水的蒸发而出现错误。施温特（Schwenter）说1636年之前，工匠们就能成功地选择合适尺寸的玻璃泡和玻璃管，让液体一年中都能在整根玻璃管中升降。

在一些人看来，温度计的上升下降可以被看作永恒永动的例子，一位作家甚至称这个仪器为显示冷热程度的永动机。

在珍·雷伊作出改进的25年后，佛罗伦萨一些学者提出了将管子密封起来的想法，这可能是在托斯卡纳大公爵斐迪南二世的建议下提出的。他们在玻璃泡中装入酒精，并且在管上作出了刻度。

这些学者（人数不超过缪斯女神）是伽利略的学生，他们使西门特学院（实验学院）得以闻名。这个很小的学院使得伽利略精神在意大利复苏了一段时间，但是这个学院只存在了10年（1757—1667）。这么快就解散的原因是什么呢？根

---

[1] 利布里的《波多根夫的物理年鉴》，第124卷，1865年，第163—178页；F.伯克哈特，《17世纪温度计的发明及其设计》，巴塞尔，1867年；E.格兰，《温度计》，柏林，1885年。我们大量使用了E.格兰发表的文章。曾经有人将温度计的发明归功于著名的荷兰机械工科尼尔厄斯·德乐贝尔、解剖学家桑托里乌斯、克拉科夫的神父保罗、伦敦医生罗伯特·弗拉德和德国人奥托·文·居里克等。

[2] G.赫尔曼，《天地间》，第2卷，第172页；E.格兰，《温度计》，第10页。

据一些作家的观点，[1]该学院的创办人和赞助人大公爵的兄弟利奥波德·美第奇（Leopold de' Medici）要想达到某种目的就必须解散该学院。另外一些作家[2]则认为是因为该学院成员内部发生了矛盾。

该学院成立之前，意大利人在气象学方面已经取得了相当多的成就。除了温度计和气压计的发明，他们还发明了雨量计。1639年，贝内德托·卡斯泰利第一次使用了雨量计。[3]西门特学院研究了如何为温度计挑选两个固定温度，并把间隔分成合适度数的问题。他们效仿了哲学家和医师的做法，选择了冬冷和夏热作为两个固定点，将中间的间隔分为80或者40个相等的小间隔。为了更为准确地确定这些点的位置，他们选择了最寒冷时候的雪或者冰的温度，以及牛或者鹿的体温作为固定点。他们发现冰的融化点是不变的，而根据他们医学标准的测量结果为13.5°。1829年，在一些古旧的玻璃器皿中发现了佛罗伦萨的温度计，利布里（Libri）发现读出冰的融化的温度确实为13.5°。这些温度计在佛罗伦萨用于气象观测有16年之久，通过将其平均温度转变为现代刻度，再与现代观测数据比较，利布里认为可以推断出来佛罗伦萨的气候在过去200年间没有发生变化。[4]

佛罗伦萨学院选择的固定点并不能使人满意，人们也提出了各种完善的建议。达兰塞（Dalence）在1688年采用了结冰时的空气温度和黄油融化时的温度作为固定温度点。直到18世纪才确定下来了将冰融化时的温度和水沸腾时的温度当作固定点，虽然在此之前的1665年惠更斯就提出这样的建议了。[5]

佛罗伦萨温度计开始逐渐闻名。罗伯特·波义耳将其引入英国，随后通过波兰也进入了法国。1657年，大公爵斐迪南二世向波兰女王的一位公使赠送了温度计和其他仪器。波兰女王的一位大臣将其中一个温度计送给了在巴黎的天文学家伊斯马尔·布里奥（Ismael Boulliau），并且说

---

① 利布里的《波多根夫的物理年鉴》，第351页；F.罗桑伯格，《物理学史》，第二部分，第162页。

② E.格兰，《温度计》，第45页；也可参考他的文章，载《魏德曼编年史》，第6卷，第604页。

③ G.赫尔曼，《天地间》，第2卷，第176页。

④ 利布里的《波多根夫的物理年鉴》，第21卷，第325页；也可参考E.格兰的《温度计》，第45页。

⑤ E.格兰，《温度计》，第390页。

"大公爵身上总是带着一个体温计"。①这个温度计大约长4英寸，里边装有酒精。伊斯马尔·布里奥自己在1659年也制作了一个温度计，其第一次用水银（迄今为止就我们所知）作为测量用的物质。近些年，伊斯马尔·布里奥从1658年5月到1660年9月所记录的气温观测资料被发现了，是仅次于佛罗伦萨始于1655年的观测数据，这是现存最为古老的温度记录了。②

运动生热

我们惊讶地发现牛顿之前那一代人已经在研究热学理论了。《热是一种运动模式》是廷德尔的著作（1862），除此之外，笛卡儿、阿蒙顿、罗伯特·波义耳、弗朗西斯·培根、罗伯特·胡克和牛顿等人都把热看作运动的模式之一。当然在17世纪，没有太多的实验可以为这一理论提供依据，否则就不用等到18世纪的哲学家去提出这些学说了。波义耳进行了通过力学方式产生热的实验，并指出热的产生是因为运动受到了阻力，比如说用锤子敲击铁钉会发热。

罗伯特·波义耳观察到了大气压对沸腾产生的影响，并用结冰的混合物做了实验。1701年，牛顿在《哲学汇报》提出了一个假说，即一个物体冷却的速度跟其超过周围介质的温度值成比例。③迪隆（Dulong）和佩蒂特随后用实验的方式检验了这一假说，他们发现只有在很小的温度范围内，这一假说才是正确的。④

电学和磁学

磁偏角的长期变化

人们通常认为是格雷沙姆学院的教授亨利·盖里布兰德（Henry Gellibrand）更正了吉尔伯特磁偏角"在某一给定地方是不变的"的错误主张，同时发现了

---

① 《法国科学院通报》，第121卷，1895年，第230页。
② 《法国科学院通报》，第120卷，1895年，第732页。
③ 参考E.马赫的《热力学原理》，第132页。
④ 安，《物理2》，第7卷，1817年，第225、237页。

"磁偏角的长期变化"。他在1580年指出：巴罗斯先生（Mr. Burrows，具备无可挑剔的数学才能的一个人）发现伦敦附近的磁偏角为11°15′；1622年，艾德蒙·甘特（Edmund Gunter）发现同一个地点的磁偏角为6°13′；1634年，他本人发现这一地方的磁偏角不会超过4°。[1]这一研究引起了艾德蒙·哈雷（1656—1742）的密切关注，德蒙·哈雷时任牛津大学教授，并在之后成为皇室的天文学家。他假设存在着四个固定的磁极，试图以此来解释磁的变化。而这一假设与事实是不符的，所以他再次假设地球是由两个同心的磁壳组成的，地球的磁极处于不同的位置，跟地理磁极并不重合，并且处于内部的磁壳在缓慢地转动。1698年，威廉三世在他的劝说之下，派遣德蒙·哈雷到大西洋和太平洋远航，以此来检验他的假说是否正确。[2]德蒙·哈雷回来之后并未带回预期的证据，但是提供了关于磁变化的许多观察资料。18世纪初，他绘制了相等的磁偏角变化图，这张图十分有名。他最开始绘制的一张图最近出现在英国博物馆中。他似乎公布了两张完全不同的图。[3]

1676年和1684年的《哲学汇报》中记录了一些关于闪电磁效应的有趣观察。1681年有一艘前往波士顿的船只遭遇了电击。人们通过观察星星，发现"罗盘方向改变了"，"北的方向转到了南方"。这艘船在罗盘被逆转了方向的情况下前往了波士顿。

电的吸引和排斥

电的互相吸引和排斥是研究者一直以来感兴趣的且当成娱乐的现象。因此，罗伯特·波义耳观察到，干燥的头发很容易通过摩擦起电。"达到一定干燥程度的一缕假发会被人的皮肤所吸引，我从两位戴假发的美丽女性那里得到了证据：

---

[1] 参考亨利·盖里布兰德的《有关磁针变化的数学讨论》，伦敦，1635年，再版于G. 赫尔曼的《天地间》，第9卷，柏林，1897年。

[2] G. E. 埃利斯，《本杰明·汤普森爵士回忆录——拉姆福德伯爵》。

[3] L. A. 鲍尔的《哈雷最早的等变表》，载《地磁》，第1卷，1896年，第29页；L. A. 鲍尔有关哈雷文章见《自然》，1895年。值得一提的是，德蒙·哈雷在1686年绘制并于1688年在《哲学汇报》中发表了最早的《风向图》，其再版于G. 赫尔曼的《天地间》，第8页。

我发现有时候她们的头发会在她们脸颊上飘打个不停，她们两位都没有化妆。"其中一位女士"允许我做进一步的实验，我让她在合适的距离用她温暖的手拿着一缕假发，其中一端留在空中，她这样做的时候，空中的那缕头发立刻就被吸附到了她的手上"。①

有一次，牛顿描述的一个实验震惊了皇家学会。实验中，他将一片圆形玻璃放在黄铜环上，玻璃被黄铜环从桌子上抬升了1/8英寸高。"用粗糙的抹布快速摩擦玻璃，直到桌面上极薄的碎纸屑开始被吸引，并且来回跳动……跳到玻璃杯上停下来一会儿，然后再跳下去停一会儿，然后又开始上下跳动。"②

马格德堡的奥托·文·居里克通过把手放在一个转动的硫黄球上产生了电。这个曾经十分著名的发明就是摩擦电机的前身。他发现了电感应现象，并且作出了许多其他有趣的观察，但是他在电学方面的猜想——他的"宇宙磁力"就像吉尔伯特的宇宙磁理论一样不幸。

罗伯特·波义耳曾做过一个重要实验，实验表明电的吸引在真空中不会失效。1676年的一个晚上，皮卡德将一个水银气压计从巴黎天文台带到圣米歇尔港口（Porte Saint Michel），这时他发现水银的每次运动都会在托里拆利真空装置中发出微光。出现这种光的原因是一种叫作水银磷的物质。这个名字是以出现的这种磷发出微光的新现象（磷光现象）命名的，其后震惊了整个科学界。弗朗西斯·豪克斯比（Francis Hauksbee）在英国研究了皮卡德发现的这种光的起源。他让上方的空气通过一个浸入在钟形罩下水银盆中的管子进入到真空中，之后观察空气把水银吹起来，"空气猛烈地冲击着玻璃容器壁，四周出现了一种像火焰一样的东西，形成了很多发着光的小水珠，之后又掉了进去"。③从这个和其他的水银实验中，弗朗西斯·豪克斯比得出结论，在没有运动和部分真空的情况下无法形成这种光。他观察到这个现象一直伴随着吸引力，并认为光的产生是因为电。他最先指出电荷只能够停留在物体的表面，而金属通过摩擦可以起电。

① 《罗伯特·波义耳的作品》，伦敦，1738年，第1卷，第506页及之后。
② R. T. 伯奇，《皇家学会的历史》，第3卷，伦敦，1757年，第250页。
③ 《哲学汇刊》，1705年，第303卷，第2129页。

声学

伽利略和马林·梅森都曾研究过振动的弦线。伽利略认为音调取决于一个时间单位内振动的次数。马林·梅森观察到，一根弦线除了有基音之外，还会有两个泛音。在牛津，威廉·诺布尔（William Noble）和托马斯·皮高特（Thomas Pigott）通过在振动的弦的不同位置上放上纸的方式，证明了弦不仅仅有整体的振动，还存在1/2和1/3的振动等。[①]马林·梅森通过在确定距离下开枪的声音和火花的时间差，测定了声音在空气中传播的速度，他测得的结果是每秒1380英尺。皮埃尔·伽桑狄（1592—1655）使用了火炮和手枪，证明了逍遥学派的人所信奉的声音的速度和来源与音调相关的信条是错误的。他测得的结果是每秒1473巴黎尺。巴黎科学院的著名学员D.卡西尼、皮卡德、奥拉夫·罗默、克里斯蒂安·惠更斯测得的结果为每秒1172巴黎尺。

牛顿在他的《原理》（第2卷）一书中发表了关于声速的理论推导。他总结道，这个速度跟"弹力"的平方根成正比，并且与"介质密度"的平方根成反比。这个速度"等于重物匀加速下落到高度一半A的速度"，A是均匀大气的高度，取为29725英尺。这样得出声速为979英尺/秒，而实验证明是其1142英尺/秒。牛顿就实验数据和理论数据存在的差异提出了几个猜想，但正确的解释是在一个多世纪之后由皮埃尔·西蒙·拉普拉斯（1749—1827）提出的。牛顿没有考虑到因压缩产生的热和大气稀薄产生的冷会导致弹性出现变化。他的表达为$v=\sqrt{\dfrac{p}{d}}$，拉普拉斯将其更正为$v=\sqrt{\dfrac{1.41p}{d}}$，其中$p$指的是大气压，而$d$是空气密度。

---

① 《哲学汇刊》，1677年，第2卷，第339页。

18世纪

　　17世纪前80年，物理学取得了非比寻常的发展。这样的发展在早期人类历史上从未出现过，甚至在18世纪也没有出现过如此盛况。伽利略、居里克、波义耳和牛顿，让实验在物理学中占据绝对权威的时代熠熠生辉，但到了18世纪，则出现了相反的情况。总体而言，科学猜测受到了更少的实验束缚和指导。

　　18世纪没有17世纪那么光彩夺目，还有另外一个重要原因。这个时代产生的伟大实验物理学家极少，更没有伽利略、惠更斯和牛顿这样超越时代的伟人。18世纪由于伯努利（Bernoullis）、欧拉、克莱洛（Clairaut）、达朗贝尔、拉格朗日和拉普拉斯等人所做的重要研究，数学和数学天文学的内容得到了丰富，但是物理学领域却没有出现能力十分出众的人物。

　　18世纪科学界的显著特征是唯物主义至上。能量的概念在当时还不为人所知，力则被认为是物质的特性。在那个时代，人们在试图解释物理学和化学领域中存在的隐秘现象时，一般都假定存在着"无法称量的物体"，这些物体不易被人们察觉，以无法称量的物质形式存在。这一术语的使用是用于同普通或者可称量的物体做区分。在18世纪，人们认为存在着7种这样的物质，其中3种是从17世纪或者更遥远的时代继承下来的。但这些物质并不总被认为是没有重量的，从这一角度出发，不同学者的观点之间存在巨大的分歧。

　　历史最为悠久的不可称量的物体是热质，或者叫作热。虽然说"热质"这一术语相对而言是近代产生的，但是热本身可以追溯到古希腊和罗马时期。1789年，化学家拉瓦锡在自己所著的《化学元素特性》中提出了这一术语。在17世纪时，科学界许多领军人物认为热是运动的一种形式。直到18世纪，许多科学家才开始坚定地认为热是一种物质，这种思想一直持续到了19世纪中叶。

　　笛卡儿在1644年提出了星际空间中填充了某种物质，而且它们绕着旋涡进行运动的假说。这一假说提出之后便在欧洲大陆占据了一席之地，并且一直持续到18世纪中叶左右。这种物质从形式上来说是球形的且不可称量。笛卡儿也假定存在两种不可称量的物质形式，即太阳的发光物质和地球的不透明物质。[1]

正如我们看到的，惠更斯、罗伯特·胡克和牛顿都假定存在着会发光的以太。在18世纪，只有极少数科学家认为这种物质的存在是必要的。另一方面，牛顿的光的微粒说中的微粒也是不可或缺的。笛卡儿旋涡学说消失之后，在这一世纪，人们认为星际空间中除了这些飞行粒子之外，全部都是虚空。

18世纪初，巴伐利亚化学家格奥尔格·恩斯特·斯特尔提出了著名的燃素说。在提出这一学说的过程中，他吸收了自己老师J. 比彻的观点。这一学说旨在解释现在所谓的氧化现象。这一学说曾经在学界占据过一席之地，直到1789年被拉瓦锡推翻了。格奥尔格·恩斯特·斯特尔将煅烧氧化物或者金属时，从它们之中逸散而出的物质称为燃素。我们并不清楚他认为这一物质是可称量的还是不可称量的，我们更倾向于他认为这是可称量的。在格奥尔格·恩斯特·斯特尔看来，金属的氧化是分解的过程。他认为在氧化过程中，从金属之中脱离出来的燃素是一种化合物，而遗留下来的则是更为原始的金属土。格奥尔格·恩斯特·斯特尔和众多与他同时代的化学家很少使用天平，否则他们一定会感到困扰，因为木质材料释放燃素后留下的灰烬重量要比木头轻，而金属材料则相反。燃素说和热质说有时候会出现矛盾。一些学者解释金属氧化时重量增加的现象，会假定存在一种可以称量重量的热物质，并将这一过程解释为合成过程而非分解过程，热质在这一过程中进入到物质中。在拉瓦锡推翻了燃素说之后，热质说占据了统治地位，并一直持续了近半个世纪之久。

在电学领域，我们看到迪费和西默认为需要假定存在两种不可称量的流体，而富兰克林则认为只需要假定一种就可以。富兰克林认为电是颗粒状的结构，这跟现代科学观念是相符合的。18世纪人们也通过一些不可称量的流体来解释磁学。欧拉使用的是一种磁流体，而库伦则认为存在两种磁流体。这些流体必须要极其细微，才能够通过玻璃影响到另外一侧的磁针。总而言之，18世纪是唯物主义至上的时代。

---

[1]　参见E.T.惠特克的《从笛卡儿时代到19世纪末的以太和电理论的历史》，伦敦，1910年。

力学

牛顿所提出的力学原则已经足以解释静力学和动力学中出现的任何实际问题，然而人们发现可以推导出一些特定的定律，然后通过这些定律就能用常规方式来处理某些类的特殊问题。例如，达朗贝尔原则、动量守恒定律、重心守恒定律和面积守恒定律等。18世纪，在这些原则的发展方面作出了很大贡献，使得人们能够从新的出发点来看待力学问题，但是这些主题和力学分析发展产生的影响超过了这些工作本身的范围。①

需要我们注意的只有乔治·阿特伍德（1746—1807）为了研究落体定律而制造的新发明。伽利略通过倾斜的沟槽来减慢落体的速度，以此来推进自己的落体实验。乔治·阿特伍德则是通过一根绕过容易滑动的滑轮的线悬挂两个重物的方式来减慢落体速度。

乔治·阿特伍德是剑桥三一学院的研究员和老师，他在实验哲学方面的公开课十分有名，不仅因为他授课十分流畅，更是因为他独到的实验论证。1784年，他发表了自己的论文——《论物体直线运动和转动》，他在其中描述了阿特伍德机。

光学

放弃波动说

17世纪，我们看到关于光的两种理论出现了冲突，也看到牛顿从当时已知的事实出发，如何在赞成和反对之间做平衡，最终犹豫地选择了支持光的微粒说。而在欧洲大陆，与牛顿同时代的另一位伟人惠更斯则选择支持光的波动说。S. P. 兰勒说："这两位伟人，每位都凭借着自己手中的灯光在黑暗中摸索着前进，灯光之外的地方就完全凭运气所得。而命运使灯光照得更远的牛顿刚好看到了错误方向的入口，他得出的结论我们都知道，不仅在光学方面是错误的，而且对整个热学理论产生了极为不利的影响，因为如果光被视为物质，那么从属于光

---

① 可以参考 E. 马赫的《力学科学》，由 T. J. 麦考马克翻译，芝加哥，1893 年。

的辐射热就肯定也是物质。但牛顿产生的影响如此长远，以至于100多年之后与赫歇尔同时代的科学家们也从他的实验中得出了这个奇怪的结论，似乎这个不适当的微粒说产生的影响要比我们平常想的更加深远。"[1]

18世纪倡导光的波动说的杰出科学家只有莱昂哈德·欧拉（1707—1783）和本杰明·富兰克林。[2]虽说他们倡导这样的学说，但是只做了理论上的考量，而且没什么人信任他们的主张。1750年，莱昂哈德·欧拉发表了《写给德国公主关于物理学问题的信》（*Lettres a une Princesse d'Allemagne sur quelques sujets de physique*）。这部作品的德文翻译认为有必要加入一些解释，以免一些天真的读者相信这个迄今为止（1792年）没有"任何一个杰出的物理学家"认可的理论。[3]莱昂哈德·欧拉通过振动持续时间的不同来解释颜色的多样性。他猜测人眼睛中的不同介质可以阻止色散的出现，并建议用两种不同的物质来制作透镜，以此来消除色差。他还提出过如何制作的理论，但是并未成功地制造出可以消除色差的透镜。莱昂哈德·欧拉将失败归咎于精确制造透镜方面存在的困难。

消色差透镜的发明

莱昂哈德·欧拉在这方面努力的唯一意义，在于他引起了乌普萨拉（Upsala）一位教授塞缪尔·克林根施蒂娜（Samuel Klingenstierna）的好奇心。他开始重新做牛顿在消除色差方面的实验，其得到的结果跟牛顿的实验结果不同。在这个时期，一位伦敦的光学仪器制造者约翰·多朗德着手进行了一系列测试，这些实验结果也跟牛顿的实验结果相矛盾。约翰·多朗德之后测试了不同类型的玻璃，并于1757年给塞缪尔·克林根施蒂娜写了一封信。信中，他指出入射角正弦与平均折射角的正弦之比在冕牌玻璃中是1.53，而在燧石玻璃中是1.583。[4]因此他得出结论，可以消除色差的透镜是有可能成功的。想要真的制造出来这样的透镜肯定是十分困难的，用他的话来说就是需要"极为强大的毅

---

① S. P. 兰勒，《信条的历史》，1888年，第4页。
② 论文发表在《柏林学院回忆录》上，第1746、1752页。
③ F. 罗桑伯格，《物理科学》，第二部分，1895年，第332页。
④ H. 塞尔伍斯，《望远镜的历史》，1886年，第83页。

力"。[1]1758年，他终于取得了成功，并且将消色差的望远镜送给了皇家学会。这样的发明轰动了整个欧洲。约翰·多朗德的成功似乎表明欧拉的色散理论是错误的，但也使其面临尴尬的处境。

1761年在约翰·多朗德去世之后，他的儿子彼得·多朗德（和机械师拉姆斯登一道）制作了优点十分突出的折射透镜。经历过多次实验失败之后，消色差透镜也得以成功地应用在了显微镜上。

消色差望远镜的出现，极大地促进了现代天文学的发展。我们回想起惠更斯曾经用焦距很长的透镜来消除色差的方式：他制造了一个极长的无管折射望远镜（物镜放置在很高的杆上），这种仪器十分笨拙，而且所取得的光学实验效果极差。跟这个一比较，我们就能看到新仪器具备多大的优势。惠更斯曾经送给皇家学会一个焦距长达123英尺的物镜。

约翰·多朗德的望远镜成名之后，另外一个人也向外界公布了自己的望远镜。早在1729年，埃塞克斯的切斯特·莫尔·霍尔在研究人眼机制时，就曾设计了没有色差的透镜。他雇用了几个光学仪器制造者来帮助打磨他的透镜，并且制造出了几个物镜。也许他此前一直没有透露这样的消息，希望能够进一步完善这些仪器。总之这个发明属于别人了，约翰·多朗德的工作是完全独立于切斯特·莫尔·霍尔的研究的。[2]

反射望远镜和折射望远镜的竞争

在消色差望远镜取得早期发展的同时，大型反射望远镜也制造出来了。英国人再次展示出了极高的工艺水平。1723年，大约在牛顿制作自己的反射望远镜半个世纪之后，约翰·哈德利（John Hadley）给皇家学会赠送了一个6英尺长的反射望远镜，其效果与克里斯蒂安·惠更斯长达123英尺的反射望远镜一样。爱丁堡的詹姆斯·肖特，特别是威廉·赫歇尔（1738—1822）在凹面镜的设计方面取得了进一步进展。为进一步提高"空间穿透力"，威廉·赫歇尔使用了更大的镜面

---

① 参考《哲学汇刊》，第50卷，1758年，第733页。

② D.布鲁斯特，《艾萨克·牛顿爵士的生平》，纽约，1831年，第64—67页。关于切斯特·莫尔·霍尔和消色差性的进一步细节，可以参考《大英百科全书》第9版"望远镜"一条，以及《爱丁堡百科全书》"光学"一条。

来增强聚光力。他以前所未有的热情和技巧，在凹透镜的塑形和打磨方面进行了许多实验，制成了焦距为10英尺、20英尺、30英尺，最后长达40英尺的凹透镜，最终于1789年制成了直径4英尺、重达2500磅的望远镜。这个望远镜使得赫歇尔成功发现了距离土星环最近的两个卫星。1745年，爱尔兰帕森斯城的罗斯爵士制成了一个巨大的反射望远镜，其透镜横切面为6英尺，镜筒长58英尺，直径长达7英尺。因为镜筒巨大，皮科克甚至高举着伞在它里边走来走去。[①]这个"捕光器"能够十分清楚地显示出天体的影像。詹姆斯·苏斯爵士（Sir James South）大喊道："我一生中从来没有看到过这样绚烂的天体图！" 这便是20世纪之前制成的最大的反射望远镜。近些年来更好的反射望远镜包括：加利福尼亚利克天文台的克洛斯利和米尔斯反射望远镜、加拿大道明天文台72英寸的反射望远镜以及加利福尼亚威尔逊山天文台100英寸的胡克反射望远镜。乔治·E. 哈勒认为，在制作望远镜镜片时，镀银的玻璃质量要胜过金属，"这主要是因为玻璃更容易进行打磨，并且如果镀银表面逐渐失去光泽，那么更换起来也会更加简单"。纯银镀层必须"每年更换数次，并且要时刻保持高度的光泽"。乔治·E. 哈勒继续补充说："追溯反射望远镜和折射望远镜优越性的漫长历史肯定十分有趣，在各自发展的不同阶段中，它们似乎都是无与伦比的。在现代天文观测台中，两种类型的望远镜都在使用，每种都会用于最适合它的地方。例如，对星云进行照相或者研究较暗的星体时，反射望远镜的优点会更加突出一些。"

热学

阿蒙顿的空气温度计

纪尧姆·阿蒙顿（1663—1705）在1702年改进了伽利略的空气温度计。纪尧姆·阿蒙顿年轻的时候失聪了，但是他并没有将其视为痛苦，因为这可以让他更好地投入到科学研究中去，较少地受到外部世界的干扰。他在巴黎政府中担任职位。他改进后的空气温度计的体积是恒定的，由一个U形管组成，管较短的一臂

———————————

① A. M. 克拉克，《天文学通俗史》，纽约，1893 年，第 145、147 页。

接在玻璃泡上，而较长的臂足有45英寸长。长臂中水银柱的高度用以显示温度的变化，同时长臂需要保持恒定的体积。这一仪器被视为标准仪器，比如我们可以把在巴黎的水银温度计和在彼得斯堡的温度计进行对比，而不需要将水银温度计从一个地方带到另一个地方了。但是这个发明并没有得到多大支持，因为他选择了水沸腾时的温度作为固定点，没有考虑到大气压会对水的沸点产生影响，所以测得的结果并不是绝对准确的。[1]一个十分有趣的事情是，纪尧姆·阿蒙顿研究得到了一个关于气体定律的实验证据，也就是现在以查理斯和盖-吕萨克命名的定理，而且他第一次得到了绝对温度的概念。他说："似乎这个温度计最冷的点是通过空气弹力使得空气完全不承受任何负荷，而这个温度要比我们通常所认为的冷的概念要冷得多。"从纪尧姆·阿蒙顿的数据中我们看到，他认为绝对零度是-239.9℃。此后兰伯特以更高的准确度重复了纪尧姆·阿蒙顿的实验，[2]得到的结果是-270.3℃。现在测得的这一数值是-272.1℃。兰伯特说："现在等于零的热度真的可以被称为绝对零度。因此，在绝对零度时，空气体积为零，或者跟零一样。这也就是说，在绝对零度时，空气会紧密地压缩在一起，各个部分接触到一起，空气就会不透水了。"

华伦海特温度计

在纪尧姆·阿蒙顿研究的激励之下，加布里埃尔·丹尼尔·华伦海特（Gabriel Daniel Fahrenheit）开始研究如何更为准确地制造温度计。他是但泽[3]人，但是在阿姆斯特丹接受了商学教育，对物理十分感兴趣，曾周游过英国、丹麦和瑞典。他曾制造过一些气象仪器，获得了十分显著的名声，并于1724年加入了伦敦皇家协会。同一年他用拉丁文在《哲学汇报》上发表了5篇短论文，第一次向外界披露了他制造温度计的过程。[4]加布里埃尔·丹尼尔·华伦海特与奥拉

[1] E.格兰，《关于阿蒙顿和兰伯特的温度测量服务》，见 E.格兰《乐器学》，第8卷，1888年，第319—322页。摘要见《波斯克杂志》，第2卷，1889年，第142、143页。

[2] 兰伯特，《高温计》，柏林，1779年，第29页；E.格兰，《乐器学》，第8卷，第322页。

[3] 但泽，波兰语为格但斯克，是波兰波美拉尼亚省的省会，德语称但泽。——编者注

[4] 这五篇论文和勒奥默与摄尔西乌斯论温度测量的文章的德文译文见《奥斯特瓦尔德的精确科学经典》，第57卷，莱比锡，1894年。

夫·罗默保持了通信，有可能他还在哥本哈根拜访过罗默。据说在1709年那个寒冬，两人曾经一起记录过温度变化。

加布里埃尔·丹尼尔·华伦海特对阿蒙顿关于沸点恒定的观察（之前惠更斯、牛顿和哈雷都对此进行过观察）十分感兴趣。他十分想知道其他液体会出现什么样的情况，于是他做了一系列测试，发现像水一样，其他液体的沸点也都是固定的。[①]之后他注意到，水的沸点会根据大气压的变化而变化。[②]观察到这一点，对准确的温度测定的意义非常重大。在温度计中普遍使用水银这一现象，在很大程度上要归功于华伦海特。（我们不能忘记，最初在玻璃管中装入水银制成温度计的是伊斯梅尔·布里奥。）华氏水银温度计的成功很大程度上是因为他发明了一种使水银净化的方式。

加布里埃尔·丹尼尔·华伦海特制造了两种不同类型的温度计：一种填充的是酒精；另一种填充的是水银。不同温度计其玻璃管的长度也不同。1724年，他写道："只用于气象观测的那些温度计的刻度从0开始，到96结束。这个刻度取决于三个固定点的测定，其测定方式如下：第一，最低点……是以冰、水和氯化铵或海盐的混合物来确定的，如果将温度计浸入到这样的混合物中，液体就会下降到0这个刻度。这个实验在冬天要比夏天更成功。第二个点确定的方式是将水和冰混合在一起，不加入海盐，将温度计浸入这样的混合物中，其刻度为32；第三个刻度是96，将温度计放在一个健康人的口中或者腋下，酒精就会达到这一刻度。"[③]

在他的第五篇论文中，他写道："我在描述几种不同液体沸点的实验中曾提到，当时我所测得的水的沸点是212℉[④]；后来通过其他观察和实验，我认识到这一温度只存在于大气压固定不变，如果大气压不相同的话，那么这一数值会发生变化。"由此可见，在1724年所测得的212℉这一数据并不一定会出现，只是碰巧在那时，水在沸腾时将水银柱抬升到了那一刻度。如果我们对华伦海特1724年

①　《奥斯特瓦尔德的精确科学经典》，第57卷，第3页。
②　同上，第57卷，第17页。
③　同上，第57卷，第6、7页。
④　℉为华氏度，是温度的一种度量单位，其发明人为加布里埃尔·丹尼尔·华伦海特。
1℉ =-17.22℃，1℃ =33.8℉。——编者注

论文的解读是正确的话，那么他也是碰巧将32℉定为了水的冰点。我们可以预想到，在之后的实践中，华伦海特会受益于自己的实验结果，即他会抛弃自己在第一篇论文中所确定的那两个固定点，并且会选择水的冰点和沸点作为更加便捷的固定点。但是我们没有直接也没有确切的信息来源可以证明，他或者他在阿姆斯特丹的合作者真的迈出了这一步。他赠送给克里斯蒂安·沃尔夫的两个温度计在1714年《博学通报》上的说明书表明，华伦海特首先将结冰的盐水到血液温度分为24个大刻度，随后每份细分为4个刻度，总计有96个刻度。

　　尽管荷兰和英国采纳了华伦海特的温度计，但是其他国家却迟迟没有看到这一仪器的价值所在。在法国，勒奥默设计了温度计。勒奥默（1683—1757）出生于罗谢尔，在贝莫迪埃去世。他因在动物学、植物学和物理学方面的研究而闻名，但是他并不知道华伦海特取得的成就。他对阿蒙顿发明的空气温度计很不满意（在当时他觉得这一温度计是唯一可以投入使用的），并且强烈反对使用水银，因为其膨胀系数小。他致力于用酒精制造一种既方便又准确的温度计。通过实验，他意外发现液体体积出现了收缩，这可能是液体混合的缘故。[1]他发现酒精（跟1/5的水混合）在水结冰温度和沸腾温度之间的体积从1000膨胀到了1080，所以他将玻璃管上的刻度分为了80个间隔。但是勒奥默的温度计并不是很成功。他的温度计上出现了各种各样不可思议的读数，而且各种仪器测量的结果是不一致的。珍·安东尼·诺莱致力于改善勒奥默的温度计，但是日内瓦的珍·安德烈·德吕克（1727—1817）在这方面取得了更大的成就。他重新开始使用水银，并且通过论证极力强调水银的优越性。甚至一位物理学家热情高呼："毫无疑问，自然界创造水银就是为了用来制造温度计的。"[2]

　　另一方面，日内瓦另一位科学家米歇利·杜·克雷斯特（Micheli Du Crest）除了在校准毛细管外没有使用水银。他和在彼得斯堡的德·伊斯尔（De l'Isle）差不多同时使用了这样的方法。[3]1757年，米歇利·杜·克雷斯特通过将酒精放置在玻璃容器上方加大的密闭空间中，提高了酒精的沸点。在百进制刻度的设计

　　① 《奥斯特瓦尔德的精确科学经典》，第57卷，第100—116、127页。勒奥默关于温度计的三篇文章的德文译文见《奥斯特瓦尔德的经典》第57卷，第19—116页。
　　② 德吕克，《大气改造研究》，日内瓦，1772年，第330页。
　　③ J. H. 格拉夫的文章，载《物理与地理》杂志，1890年，第114页。

方面，他要早于摄尔西乌斯。他没有采用水结冰时的温度作为固定点，而是通过在巴黎天文台的一处深达84英尺的地窖中测得的大地温度作为固定点。这对他来说并不是什么新颖的想法，因为罗伯特·波义耳曾经谈到过在很深的地窖中温度恒定的说法。达朗塞是第一个将这样的温度应用于体温计的人。米歇利·杜·克雷斯特将这一温度与水沸腾的温度中间的间隔分为100个刻度，其所制定的刻度与勒奥默的十分相似。他的部分物理研究是在他长达20年的政治监禁中完成的。

百度温标的采用

在米歇利·杜·克雷斯特之后，摄尔西乌斯和斯特莫（Stromer）采用了摄氏温标。安德里亚斯·摄尔西乌斯（1701—1744）是乌普萨拉的一位天文学教授，他的研究主要集中在天文学方面。他在1742年的一个出版物[1]中描述了自己设计的温度计，其中在水的冰点和沸点之间设计了100个刻度。其把沸点记为0℃，把冰点记为100℃。8年之后，亚斯·安德里摄尔西乌斯的一位同事马滕·斯特莫将这个刻度进行了颠倒，将沸点记为100℃，将冰点记为0℃。因此我们现在所使用的摄氏温标并不是出自摄尔西乌斯之手，而是出自马腾·斯特莫之手。[2]

18世纪真正投入使用的不同温标大大增加了。1740年，乔治·玛蒂娜（George Martine）谈到存在着13种不同的温标，1779年J．H．兰伯特列出了19种不同的温标，[3]但只有3种保留了下来。在美国和英国，华氏温标占据了主导地位；在德国，勒奥默的温标占据了主导地位；在法国，占据主导地位的是摄氏温标。科学界最终普遍接受了摄氏温标。

最早依靠金属棒膨胀收缩的温度计是在1747年由莱顿的皮耶特·万·米森布鲁克发明的，后来德札古利埃对其进行了改进。35年之后，约西亚·韦奇伍德发

---

① 《奥斯特瓦尔德的精确科学经典》，第57卷，第117—124页。

② 当然也有人说将这一刻度倒转的功劳属于里昂的一位教授克里斯汀。参考《波根多夫的物理年鉴》，第157卷，1876年，第352页。摄尔西乌斯和斯特莫可能是受到了植物学家林内的影响才对温度计作出了改进。林内曾在一封信中写道："我是第一个提出在温度计中将0℃作为冰点，将100℃作为沸点的人。"此外，我们还要记得最初提议将这些温度作为温度计上固定点的人是克里斯蒂安·惠更斯。

③ 马丁尼，《医学和哲学论文》，伦敦，1740年；兰伯特，《高温计》，柏林，1779年。

明了高温计，[1]其使用了耐火土做成的土块，土块大小在某些方向上的减小可以
测定熔炉中的高温。[2]

蒸汽机的早期发展

1705年，出现了第一个可以实际利用蒸汽的重要发明。在赫伦发明汽轮机之
后的长达1000多年的时间中，蒸汽应用方面没有取得丝毫进展。17世纪设计出了
蒸汽喷泉，但它们只是对赫伦的引擎做了一些修改而已，而且很可能只是用作装
饰。[3]莫兰、巴本和萨弗里也曾经努力想发明出可以实际用于提水或者研磨的机
器。第一次成功地将那个时代力学原理和形式结合起来，制造出经济实用机器的
人是英国达特茅斯的一位铁匠托马斯·纽克曼。很可能他听说过萨弗里的引擎，
萨弗里居住的地方距离纽克曼的住所只有15英里。在约翰·加利（John Galley）
的帮助之下，诺克曼制造出了一个引擎——"大气蒸汽机"。他在1705年获得
了一项专利。1711年，伍尔夫汉普顿大学安装了一个这种仪器，用于提水。从
锅炉进入到汽缸中的蒸汽会推动活塞，跟外部的大气压对抗，直到汽缸和锅炉
之间的通道被旋塞堵上为止。之后，汽缸内的蒸汽会被水流压缩，这样就会在
里边形成部分真空，上边的空气就会把活塞往下压。活塞处于悬空状态，连接
着上方的横杆，而横杆的另一端则连着活塞杆。德札古利埃曾讲过一个故事，
一个名为汉弗莱·波特的小男孩负责每次撞击发生时，打开和关闭汽缸和锅炉
之间的活塞，他使用了钩子和绳索使这个活塞可以自动运动。[4]乔纳森·于尔斯
（Johnathan Hulls）于1736年在其中引入了飞轮。之后，苏格兰的詹姆斯·瓦特
（1736—1819）又对其作出了重大改进。詹姆斯·瓦特是一位数学仪器制造者，
1760年，他在格拉斯哥开了一个小店。他对蒸汽引擎及其历史十分感兴趣，于是
便开始进行科学实验。他学习了化学，在研究中，他得到了"潜热"[5]的发现者

---

[1] 《哲学汇刊》，第72卷，1782年；第74卷，1784年。

[2] G.T.哈洛韦，《温度计的演变》，《科学进展》，第4卷，1895—1896年，第417页。

[3] R.H.瑟斯顿，《蒸汽机发展史》，纽约，1893年，第20页。

[4] 《蒸汽机发展史》，第61页。

[5] 同上，第83页。当时和那之后很长一段时间中，热学研究属于化学领域，而非
物理学的范畴。

约瑟夫·布莱克先生的帮助。他观察到诺克曼设计的引擎在每次撞击时，水流会使得汽缸降温，造成极大的热量丧失，所以他开始思考如何使汽缸"永远保持像刚进入其中的蒸汽那样的热度"。他讲述了最终他是如何得到这个美妙的想法的："我走到夏洛特街入口的大门处，经过了那个老旧的洗衣房。我当时正在思考引擎的问题，走到了牧人所在的房子那边。突然我想到，蒸汽是具有弹力的物体，其会冲进真空中，如果在汽缸和排气装置中间加入一个联通装置，那么蒸汽就会直接进入这个装置进行压缩，而不再使汽缸降温。"[1]这样活塞就是因为蒸汽的膨胀而被推动，而不像在诺克曼的引擎中被大气压所推动。瓦特引入了一个独立的冷凝器、一个蒸汽套管和其他改进手段。在所有参与到蒸汽引擎发展过程的人之中，他所作出的贡献也是格外突出的。

热的热质说

17世纪主要的科学家或多或少都认为热是分子运动的结果，但是这个正确的观念在18世纪却被抛弃了，人们转而相信了唯物论。在这里我们可以看到科学的发展道路并不总是笔直向前的——不像军队一样一直朝着某一方向行进。兰勒说："我认为用遵守命令行进的军队跟科学的发展来做比较，其中错误的地方要比正确的地方更多。尽管来说，所有的比喻当中都多多少少有错误的成分在内。我更想让大家这样设想：有运动的一群人，这群人整体的运动方向是其中所有个体的运动方向以某种方式产生的。这有点儿像一群猎犬，或许它们最后能够成功地捕获猎物，但是捕猎过程中总会出现问题。出现问题时每个猎犬就会单独行事，依靠它们的嗅觉而不是视觉来寻找猎物，有的向前走，有的向后走，某些叫喊声比较大的猎犬会吸引其他猎犬跟着它们。它们有时候会走在正道上，有时候会走入歧途，甚至有时候一整群猎犬会因为嗅觉出错而整体偏离正道。"

认为热是一种物质的理论最早可以追溯到古希腊，如德谟克利特和伊壁鸠鲁。在现代，曾经在巴黎皇家学院担任数学教授的皮埃尔·伽桑狄（1592—1655）曾提倡过这一理论。皮埃尔·伽桑狄是一位能力出众的人，但是在物理学方面，他更多是做猜想，而非做实验。[2]此前哈雷大学的教授格奥尔格·恩斯

---

① 《蒸汽机发展史》，第87页。

② G．贝特霍尔德，《伦福德与温热理论》，海德尔堡，1875年，第2—5页。

特·斯特尔（Georg Ernst Stahl）引入了关于燃烧的错误学说，其促使了人们进一步接受热是一种物质中介的理论，这一错误学说认为燃烧的物体会散发出一种叫作"燃素"的物质。1738年，法国科学院就热的本质问题进行悬赏，这场悬赏的赢者（欧拉就是三位赢者之一）支持热的唯物论。[1]起初对于这种叫作热的物质中介的性质具有高度的弹性，且其微粒相互排斥。通过这个排斥作用，发热物体散发热的现象得到了解释。之后，人们假定热微粒可以吸引普通物质，并且认为分布在物体中热的量跟它们之间的吸引力（或者是它们的热容量）成比例。18世纪末，所有人基本上都接受了这一理论。之后在法国大革命中，大名鼎鼎的马拉在1780年从牛顿光的微粒说谈起，介绍了这一理论。第一位强烈反对这一理论的人是美国人拉姆福德伯爵，但是直到1856年，第8版《大英百科全书》中对"热"这一词条的解释依旧更倾向于物质说而非动力说。

热的最早量度

尽管出现了这样错误的理论，但是在热学方面依旧发现了一些新的事实。约瑟夫·布莱克发现并命名了"潜热"和"热容量"（比热）。约瑟夫·布莱克（1728—1799）出生于波尔多，他的父亲是一名红酒商人，出生于贝尔法斯特，在波尔多那里定居了下来。约瑟夫·布莱克本人在格拉斯哥担任教授，1766年之后在爱丁堡当教授。他是气体化学的奠基人，并因此而闻名。

1756年，约瑟夫·布莱克开始思考冰融化为水和水沸腾时蒸发的缓慢进程这一让人困惑的现象。他最终得出结论，这些状态的转变会消耗大量的热，而且温度甚至都没有出现什么变化，而热消失的原因是物质的微粒和称之为热的细流之间差不多可以被称为化学反应的东西。根据他的观点，热是"潜在的"；现代的观点则认为没有什么"潜热"，而是发生了能量转换，热能转变成了赋予物质粒子的势能。[2]现在的学生没必要因为他们没能够立即发现水的汽化热的精确数值而沮丧。著名的约瑟夫·布莱克和他的学生欧文测得了这一数值，其为417，之后又测定为450；而正确的数值（在标准大气压下）为536。而至于冰融化的温度

---

① 《伦福德与温热理论》，第6页。
② 见《英国人物传记辞典》"约瑟夫·布莱克"条。

值，他通过混合物方式测定为77.8，而更准确的数值为80.03（由本生测定）。

在约瑟夫·布莱克的一生中，他在热学方面作出的重大发现都没有发表，但是1761年之后，他在自己授课时对这些发现作出了解释。他十分严肃地解释了在检验和调节自然过程中的排列的亲和效应。[①]他的发现不仅构成了量热学的基础，而且还为瓦特在蒸汽引擎方面做出改良提供了最初的动力。

约瑟夫·布莱克不喜欢公布自己的作者身份，也没有为自己在这些发现上的优先权做辩护。我们可以想到，其他人也提出过相同的想法。巴黎的珍·安德烈·德吕克和瑞典的约翰·卡尔·维尔克都曾研究过相同的内容。

在法国大革命期间被斩首的伟大化学家安托万·劳伦特·拉瓦锡（Antoine Laurent Lavoisier，1743—1794）可以被看作约瑟夫·布莱克的学生。拉瓦锡与拉普拉斯（1749—1827）在1783年左右共同测定了众多物质的比热，设计了现在所知的冰量热器，但是约瑟夫·布莱克和维尔克在他们之前就已经使用了冰量热器的方法。[②]

电学和磁学

电火花、莱顿瓶的发明

18世纪没有哪个物理学分支的发展比电学更加成功。大约在1790年之前，人们在这方面的研究只局限于静电学，但是之后对电流的研究就开始了。

在英国卡尔特修道院租房求学的史蒂芬·格雷（？—1736）发现了电传导性方面存在的差异，并不取决于物体的颜色或者类似的性质，而是由构成物体的材质决定的。因此，金属导线可以导电，而丝绸不能导电。他证明了人体是导体，并且是第一个使人体导电的人（1730）。通过用丝绸绳子把一个小男孩悬挂在空中，史蒂芬·格雷观察到树脂块可以把导体隔离开。

在法国，格雷的实验吸引了查尔斯·弗朗索瓦·德·西斯特内·迪费（1689—

---

① 见《英国人物传记辞典》"约瑟夫·布莱克"条。

② 拉瓦锡和拉普拉斯的联合论文见于《学院回忆录》，1780年，第355页。德文译文再版于《奥斯特瓦尔德的经典》，第40卷。有关维尔克的内容见再版的第22页。

1739）的注意，他此前接受的是军事教育，但是成年后一直投身于科学研究。通过实验他得出了一个预料之外的结论，即所有物体都是可以带电的，换句话说，所有物体都具备长期以来被人们视为琥珀所特有的性质。因此，人们将物体分为（吉尔伯特所引入的概念）"带电体"（能够摩擦起电）和"非带电体"（不具备这一特性）的说法是没有科学依据的。迪费注意到了火焰可以释放电力。于是他效仿了格雷的方法，用丝绸绳子将自己吊起来。他观察到，当他自己带电之后，另外一个人靠近他时，他身上会发出产生刺痛感的流，并且发出噼里啪啦的噪声。在黑暗中观察时，这些流就是很多小火花。"诺莱说他永远也忘不掉第一次受到刺激之后，迪费和他身上出现的第一个电火花，真是太令人震惊了。"[1]

查尔斯·弗朗索瓦·德·西斯特内·迪费发现存在着两种电，他将其分别称为玻璃电和树脂电。之后费城的埃比尼泽·金纳思利（Ebenezer Kinnersley）也独立地作出了这个发现。为解释电的相互吸引和排斥作用，迪费猜测存在着两种流，通过摩擦可以将二者分开，而它们结合在一起的时候就会中和。这是在电现象理论方面最早进行的重要尝试。作为富兰克林单流理论的对手，英国人罗伯特·西默对其进行了更为全面和详细的解释。

当时人们在摩擦起电机器的完善方面投入了极大的精力，这在当时也是众多实验室的工作重点，直到霍尔茨和托普勒的感应起电机取代了它。爱尔福特的安德鲁·戈登用玻璃量筒取代了豪克斯比的玻璃球。瑞士格里森（Grison）的马丁·普兰塔以及之后伦敦的光学仪器制造者杰西·拉姆斯登引入了圆形玻璃板。莱比锡城的约翰·海因里希·温克勒（Johann Heinrich Winkler）加入了一个皮革制成的垫层橡胶，用弹簧把它压在玻璃上，取代了压住玻璃转动的手。1762年，约翰·坎顿在橡胶中加入了锡汞，使得工艺更加完善了。[2]

大约在1745年，电实验变得十分流行，德国和荷兰还进行了一些公开展示的实验。许多人为了娱乐也进行了这样的实验，这些人中就包括博美拉尼亚卡曼大教堂的主任牧师埃瓦尔德·格奥尔格·文·克莱斯特（1748年去世）。1745年

---

① 普里斯特利，《电的历史》，伦敦，1775年，第47页。

② 关于各种机器的设计图纸，可以参考《电工学报》，1885年，第20—30页；也可以参考普利斯特列《电的历史》，第4—8页。

时，他曾试着用传导的方式让一个瓶子带电。他观察到，用手握着一个放入铁钉
的小玻璃瓶，在接触到机器的导体时，铁钉会强烈导电，再用另外一只手触碰时
会受到电击，胳膊和肩部会感受到震击。1746年，在荷兰的莱顿，有人用十分相
似的方式观察到了同样的现象。一位名声在外的物理学家彼得·范·姆森布鲁克
（1692—1761）试图让装在瓶中的水导电。在一次实验中，他的一位朋友库娜厄
斯（Cunaeus）一手持着瓶子，过了一会儿之后，用另一只手把跟水相连的铁丝转
移到主导体上，突然间他感到自己的手臂和胸口受到了震击，因此发现了我们现
在所谓的"莱顿瓶"。[1]彼得·范·姆森布鲁克重复了这一实验，并写信给勒奥
默说："为了法兰西王国，我不能再亲自实验遭受电击了。"威滕伯格的博塞教
授表现出了更为英雄的气概，他希望自己可以死在这样的电击中，因为他的死可
以给法国科学院的备忘录中增加一篇论文。[2]

莱顿瓶的发明使更多人将目光转移到了电学方面。几乎在欧洲的所有国家，
都有人靠着在街头各处展示这些实验而谋生。莱比锡城的温克勒证明了文·克莱
斯特假定人体在莱顿瓶放电中起了重要作用是错误的，他指出任何一个可以把莱
顿瓶内外连接起来的导体都能达到这一目的。

彼得·范·姆森布鲁克写给勒奥默的信并没有使法国哲学家放弃实验。诺莱
在自己身上重复了莱顿瓶的实验，而他本人在法国的名声比彼得·范·姆森布鲁
克在荷兰的名声还要大。之后在国王面前，他让电流经过了180个卫兵的身体。
再之后巴黎女修道院加尔都西会的僧人组成了一个长达900英尺的队列，每两个
人之间用金属线连起来。当莱顿瓶开始放电的时候，整个队伍的人突然间同时跳
了起来。而这样一群严肃的僧人作出这样的举动肯定是滑稽到了极点。法国和其
他一些国家的实验是用莱顿瓶放电，杀死一些鸟类和其他动物；他们让电流通过
了极长距离的河流和湖泊，让针磁化并用其使金属细丝融化。莱顿瓶的发现被视
为科学上的重大进步。

---

[1] 还有另外一种解释，即库娜厄斯在看完了姆森布鲁克所做的实验之后，自己在家
中重复了这个实验，并发现了这一现象。

[2] 《电的历史》，第86页。

在美国的实验

18世纪，在遥远的美洲大陆，本杰明·富兰克林（1706—1790）做了一些最为大胆的研究，作出了一些最为深刻的理论。尽管他年轻时候只是一个印刷工的学徒，但是后来成了一个具备非凡才能的人，不仅在政治和外交领域，在物理学研究领域也是如此。他40岁时，碰巧在波士顿看见苏格兰来的斯彭斯博士做了一些电学实验，之前他从没有见过这样的实验。回到费城之后，该市的图书馆公司从一位伦敦商人和皇家协会成员彼得·克林逊那里获得了一个玻璃管及其在光学实验中应用的指导意见。富兰克林的好奇心被勾了起来，他开始阅读沃森的实验，自己也开始做实验。[①]1747年3月28日，在写给柯林森的第一封信中，富兰克林对这个"电管"表示了感谢，并说道："我之前所做的任何研究，都不如最近这个研究使我能够完全集中注意力，并全力投入我的时间。"[②]经常有一些好奇的人去探访他。富兰克林、埃比尼泽·金纳思利、托马斯·霍普金森和菲利普·西恩组成了一个小的研究团体。1747年，在写给柯林森的另一封信中，富兰克林描述了"带有尖端的物体在吸收和释放电火花方面会产生极好的效果"。其他人也曾观察到尖端物体的这种放电效应，但是富兰克林是第一个全面意识到其重要性并将其投入使用的人。

在这封信中，富兰克林还提到了自己的电学理论，跟当时的其他学说相比，更好地解释了电学现象。他假定"电火花是一种共同的元素"，其存在于所有物体中。如果一个物体获得了超过其正常电量的电，它就被称为带"正电"，如果相反，那就是"负电"。因此，富兰克林倡导的是单流理论，而非查尔斯·弗朗索瓦·德·西斯特内·迪费的双流理论。今天我们所使用的正电和负电的概念都是来自富兰克林。这个物质理论一直持续到了法拉第和麦克斯韦的时代。富兰克林将带电的莱顿瓶解释为在其某一面上裹着过剩的电流"充满了电火花"，而另一面上则是"相同的火花的虚空"，但是其包含的电的数量并不比带电之前多。[③]他通过实验方式显示了"莱顿瓶的全部力量和产生电击的理论都在于这个

---

① 《富兰克林著作集》，由杰瑞德·斯帕克斯编辑，波士顿，1837年，第5卷，第173—180页。这一卷书收录了富兰克林在电学方面的著名信件，还包括了一个附录，其附上了诸多科学家关于富兰克林发现的通信。

② 《富兰克林著作集》，第5卷，第181页。

③ 《电的历史》，第191页。

玻璃瓶本身"。

1748年，富兰克林卖掉了自己的印刷店、报纸和年鉴，他想退出商界，全身心投入到电学实验中。他为自己的实验配备了新的装置。他的朋友金纳思利证明了除了内部的电火花可以让莱顿瓶起电之外，其他也很容易被外界通过的电火花起电。1749年，在写给柯林森的一封信中，富兰克林写道："夏天就要到了，电学实验就没有那么让人愉快了。"他还提议用一场电学盛宴来结束这个季节。"要用电击杀死用作晚餐的火鸡，先用电热来烤火鸡，之后再用电瓶点火烤"。但在1749年夏天之前，他进行了一些更为严肃的思考。

闪电是一种电现象

那时，富兰克林第一次提出要用电学原则来解释闪电的想法。他认为闪电的性质和电火花的性质是一样的，而这样的猜想之前也有人提出过。格雷、沃尔、诺莱、弗里克、温克勒都表达过这种想法。[1]富兰克林可能之前不知道这些猜想，尽管这样的猜想跟当时盛行的闪电理论并不符合，但是确实有人以此为根据进行了实验。雷和电通常被认为是气体爆炸产生的现象，但是人们就这些气体的性质达不成一致意见。1737年，富兰克林认为，闪电是"由一种易燃的硫化铁矿气息产生的现象，其是硫黄的一种，自身能够产生火焰"。正如之前所谈到的，在1749年初夏，富兰克林提出了电学理论，并设计了一些极为大胆的实验。夏天的高温并没有阻止他和金纳思利进行实验。1749年11月7日，富兰克林在自己的笔记中记录了以下这一段话："电流和闪电在以下这些特征方面是一样的：（1）发光；（2）光的颜色；（3）方向是弯曲的；（4）动作迅速；（5）可以通过金属传导；（6）会发出噼里啪啦或者爆炸时会发出噪声；（7）在水中或者冰中也可以存续；（8）会劈开其通过的物体；（9）杀死动物；（10）熔化金属；（11）点燃易燃物质；（12）有硫黄的味道。"那么闪电是否会像莱顿瓶中的电流一样被尖端物体所吸引呢？"鉴于它们在这么多方面都存在相似之处，我们可以对它们进行类比，很有可能它们在这一方面也是类似的。让我们做一个实验吧。"他提议通过尖端作用将闪电引导下来——"在一个尖塔或者高塔的顶

---

[1]　《本杰明·汤普森爵士回忆录——拉姆福德伯爵》，第575页。

部，安置一种类似于岗亭的东西（见图16），大小足以容纳一个人和一个带电的凳子。让一个铁杆经过这个凳子的中间位置，使其弯曲地伸向门外，然后垂直竖起20或者30英尺，上部是一个尖端。如果带电的凳子干净而干燥，让一个人站在上边，当云层降低之后经过这边时可能产生电火花，铁杆就可能把火从空中引到这个人身上。""如果可行的话，那么了解关于尖端的知识不是可以用以保护房屋、教堂、船只等不被闪电摧毁吗？"①

图16　尖端闪电引导实验

　　这是富兰克林1750年7月在写给柯林森的一封信中提及的观点，柯林森后来将这封信送交了皇家协会。皇家协会一开始对于这样的新思想充满了嘲讽，认为这样的计划只是空想。②皇家学会只发表了一份关于富兰克林研究的简短介绍，柯林森决定不经过出版商，自己出版这些信件。柯林森将这封信和之后寄给他的信件放在一起做成了四开本，并且出了5版。在第1版出版了17年之后，普利斯特列写道："在电学方面的作品中，整个欧洲还没有其他著作能比这些信件的接受人群更广，受到更多的赞誉。这些信件几乎被翻译成了欧洲的所有语言，似乎这

---

　　① 《富兰克林作品集》，第5卷，第236、237页。

　　② 三年之后（1753年），富兰克林的研究得到了一些法国科学家和法国国王的认可，皇家学会授予了他柯布利勋章。在颁发这一勋章时，主席进行了致辞，其见于《富兰克林作品集》，第5卷，第499—504页。1756年，富兰克林当选为皇家协会的成员。

样还不足以使这些信件广为人知，最近这些信件还被翻译成了拉丁语。"①

在美国，公众更是燃起了极强的好奇心。金纳思利开始做巡回演讲，展示电学实验，并且赢得了赞誉。在纽约、纽波特和波士顿，这些演讲造成了极大的轰动。"法尼尔厅中回荡着他的玻璃瓶和玻璃球产生的噼里啪啦声，而同样热闹的场景出现在很久之前，那时人们还在为了革命演说家们激动人心的演讲而欢呼。"②

富兰克林认为费城的所有建筑物或者附近的小山都不够高，没办法进行他的岗亭实验。在富兰克林试图通过彩票行业筹集资金建造一个尖塔的时候，突然传来消息说在巴黎附近的马尔利市镇，在法国国王的赞助之下，达利巴尔成功地完成了这个实验。那么这是如何完成的呢？实验仅仅用了一根40英尺高插在底部绝缘体上的铁杆，将其放置在一个小屋内的一张小桌子上。达利巴尔训练了一位老骑士来观测云层，还准备了一根插在玻璃瓶中的黄铜丝，用来从铁杆中引出电火花。在等待了几天之后，1752年5月10日，雷雨层开始汇聚，这位骑士将黄铜线靠近铁杆，花火发出了激烈的噼里啪啦声，并且出现了令人厌恶的火焰和硫黄的味道。骑士害怕得丢掉了铜线，并向他的邻居大声喊道，把这个消息告诉村里的牧师。牧师的胆子要比这个骑士大多了。他开始自己进行实验，并且从铁棒上引出了火花。他向达利巴尔汇报了实验结果。③达利巴尔写道："富兰克林的想法现在不再是一个猜想了，在这里已经实现了。"一周之后，狄洛（Delor）在巴黎用一根高99英尺的铁杆重复了这个实验。

富兰克林并不认为在法国做的这些实验完全证明了这一点，因为他并不完全相信这些法国人实验用的铁棒是被闪电击中而带电的。这些铁棒并没有深入到云层之中。一个新的想法击中了他：为什么不让一个风筝飞到云层内部，然后通过风筝线将闪电引导下来呢？于是他准备了一个风筝。他在之后写给柯林森的信中写道："用两根轻的雪松条做成一个小十字架，这两根木条的长度正好能够到达一个大而薄的四方手帕的四个角，将手帕的角跟木块的末端系在一起，这样就完成了风筝的主体……将方向朝上的木条的顶端固定上一个尖端导线，使其比木条

———————————
① 《电的历史》，第164页。
② 《本杰明·汤普森爵士回忆录——拉姆福德伯爵》，第585页。
③ 牧师的信和达利巴尔与法国科学院的通信见于《富兰克林作品集》，第5卷，第288—293页。也可参考《本杰明·汤普森爵士回忆录——拉姆福德伯爵》，第588页。

要高1英尺或者更多。将靠近手的线的一端系在一条丝绸绳子上，在丝绸和风筝线连接的地方固定上一把钥匙。"[1]带上这个装置，富兰克林和他的儿子去了一片空地。他在一间小屋子中避雨，同时把风筝放飞了起来。一片雷雨云经过了这里，但是并没有出现带电的迹象。他几乎要绝望了，就在这时突然他观察到线头松开的纤维都竖了起来。他用指关节靠近钥匙，感受到了一个强烈的电火花。[2]这个火花肯定带给了他极大的兴奋感。之后他看到了更多的火花，莱顿瓶充满了电，也产生了电击等。他由此证明了闪电是一种电现象。

富兰克林说："1752年9月，我竖起了一根铁棒，将闪电吸引到我的房子中。为了拿它来做一些实验，我安置了两个铃，只要铁棒导电铃声就会响起。"[3]他做了很多实验，并且得出结论，"雷云一般而言带的电都是负电，但是有时候也会带正电"。[4]因此，"在大多数情况下，雷电是大地的电进入到云层中，而不是云层中的电击打到地面"。

之后世界各地都在重复富兰克林在大气电方面的实验。法国物理学家路易斯·纪尧姆·勒莫尼耶发现大气总是带电的，即使在看不到云的情况下，也是带电的。圣彼得斯堡的格奥尔格·威廉·里奇曼（Georg Wilhelm Richmann）在1753年做雷电实验时被雷击致死。许多科学学会发表了雷击对他身体器官产生的影响的细节报告。普利斯特列说[5]："没有哪位电学家会像里奇曼一样以这样一种光荣的方式死去。"

富兰克林的避雷针

富兰克林用避雷针保护建筑物的建议在1754年由摩拉维亚普林迪茨的一位神职人员普罗科匹厄斯·迪维什（Procopius Divisch）首次付诸实践。1760年，富兰克林在非常高的一座大楼上竖起了一根避雷针。1762年，威廉·沃森在英国立起了第一根避雷针。1782年，费城总计有近400根避雷针。一开始，一些神学家反

---

① 《富兰克林作品集》，第5卷，第295页。
② 同上，第5卷，第175页。
③ 同上，第5卷，第301页。
④ 约翰·坎顿在此之前就已经注意到大气电的性质是会发生变化的。
⑤ 《电的历史》，第86页。

对在建筑物上装避雷针，他们认为雷电是神怒火的象征，干扰其破坏力是对神的不敬。[1]对于这样的论述，哈佛大学的首位物理学教授温思洛普对此进行了符合常识的回答："我们也有责任使用上帝赋予我们的手段，去保护我们不受雷电的伤害，与我们预防风、雪和雨是一样的道理。"[2]

不久之后的经验表明，避雷针并不能完全避免所有的雷击伤害，失败的原因在当时及之后的很久都被归咎于与地面连接不够好或者尖端不过尖锐。人们更是提出了许多用以改进的建议，[3]但是直到近一个世纪之后，人们才意识到真正的问题所在。富兰克林关于避雷针的理论是不健全的。现在我们开始意识到，即使是细心竖起来的避雷针也会失效的原因在于放电可能是振荡的。[4]

1703年，荷兰旅行者从锡兰那里带回了电气石。他们观察到这样的石头能够吸引灼热的泥煤上的细灰。法兰斯·乌利齐·特奥多尔·爱皮努斯（Franz Ulrich Theodor AEpinus）和约翰·卡尔·维尔克确定了这种石头的特性，他们认为其是因为加热产生了电，其两端带有相反的电荷。1766年，贝格曼证明了电气石之所以能够产生电不是因为加热，而是其各部分存在的温度差，在冷却的过程中，其两端的电荷会倒转。本杰明·威尔逊和约翰·坎顿发现其他晶体也具备电气石的带电性质。

---

[1] A.D.怀特，《科学与神学的战争》，1896年，第1卷，第366页。

[2] 关于约翰·温思罗普的描述，参考W.J.尤曼斯的《美国科学先驱》，纽约，1896年。

[3] 可以参考罗伯特·帕特森的相关论文。

[4] 富兰克林为哈佛大学提供了许多电学仪器。在1753年的一封信中，他谈到了莱顿瓶的货运。在这之前，哈佛大学在电学方面的教育肯定少得可怜。1750年约翰·温思罗普准备的演讲手稿中，很多是关于天文学的，一些是关于光学和电学的，而关于电和磁的只有一篇。特洛布里治提供了这些讲稿中注解的一部分内容："如果将一根亚麻绳拉长，在一端接上一个受激的管子，在另一端1200英尺之外的轻的物体就会被吸引。自1743年以来，这种电在世界上引发了热议，人们还假定自然界中（到现在为止）一些未被发现的现象是由这种电所决定的……人们在如此带电时，他们的头和身体周围会出现亮光，就像绘画中圣人头部后面出现的亮光一样。"特洛布里治补充道："哈佛大学直到1820年，可以用于研究电和磁现象的所有仪器只有富兰克林送的两台电学机器、一些莱顿瓶和用木髓小球或者相似的轻物体来演示电的相互吸引和排斥的小装置。"参考约翰·特洛布里治的《电是什么？》，1897年，第26页。

卡文迪什的经典测量

18世纪下半叶，人们终于在精确测量静电方面迈出了重要几步。在这个领域做研究，绕不开两位伟人，即亨利·卡文迪什和库仑。亨利·卡文迪什[①]（1731—1810）曾就读于剑桥的彼得豪斯学院，之后基本上居住在伦敦。关于他私人生活的这段历史十分模糊，所以我们无法知道到底是什么样的事促使他投身到了实验科学之中。他在化学、热和电方面都进行过实验，但是他没有煞费苦心地去发表自己的研究结果，从而确保自己可以在这些发现中占有优先权。他过着一种奇怪的隐居式生活。他为人十分节俭，大部分的收入都存了起来。"他从不在自己的住所接见陌生人。每天他把字条留在餐桌上订餐。他为人十分羞怯，甚至到了病态的程度，他拒绝跟女佣任何交流。"[②]"在他的一生中，他所说过的话可能比有史以来任何活到80岁的人说的话都少，甚至包括塔伯特修道院（La Trappe）的僧人们。"[③]亨利·卡文迪什的一生基本上都是在他的图书馆和实验室中度过的。[④]他在静电学方面的实验在1773年年底之前就完成了，但是一直没有发表。他只发表过两篇电学论文，但是这两篇谈论的都是一些较为次要的问题。大约一个世纪之后，在1879年，詹姆斯·克拉克·麦克斯韦出版了一本书，书名为《尊敬的亨利·卡文迪什的电学研究》（*Electrical Researches of the Honourable Henry Cavendish*），这本书是在1771年到1781年间完成的。詹姆斯·克拉克·麦克斯韦说："现在科学界通过库仑和法国哲学家手稿研究出来的电学领域的所有发现，亨利·卡文迪什在那个时代就已经预料到了。"亨利·卡文迪什研究了电容器的容量，并且自己制造了一整套容量确定的电容器，借此他测量了不同仪

---

① 参考《英国人物传记辞典》"亨利·卡文迪什"条。

② 见《英国人物传记辞典》"亨利·卡文迪什"条。

③ 布鲁厄姆勋爵，《哲学家的生活》，伦敦，1855年，第106页。

④ 亨利·卡文迪什有一次吃晚餐时恰好坐在威廉·赫歇尔边上，威廉·赫歇尔当时正在制造图像放大程度和准确程度都前所未有的望远镜，甚至可以看到没有"光线"的行星。亨利·卡文迪什慢条斯理地对这位天文学家说："赫歇尔先生，您真的可以看到圆形的星星吗？"威廉·赫歇尔大声说道："没错，跟纽扣一样圆。"对话就停止了，一直到晚餐快结束时，亨利·卡文迪什再次问道："跟纽扣一样圆吗？"威廉·赫歇尔兴高采烈地说道："没错，跟纽扣一样圆。"对话到这里就彻底结束了。参见《英国人物传记辞典》"威廉·赫歇尔爵士"条。

器的容量。他发现49个莱顿瓶组成的电池容量是321 000 "电英寸（大约1/2微法拉）"。他的 "电英寸" 的概念表示的是相同电容量的球体的直径。我们现在的电容量经典测量跟这个的差异只在于我们用 "厘米" 和 "半径" 取代了他所使用的 "英尺" 和 "直径"。亨利·卡文迪什在不同物质电容率的发现方面要早于法拉第，他还测量了几种不同物质的电容率。他测得的石蜡的电容率为1.81~2.47；而最近玻尔兹曼给出的数值是2.32，维尔内给出的数值是1.96，戈登给出的数值是1.994。[①]上述这些观念是以电势概念的存在为先决条件的。这个概念也是卡文迪什提出的，不过他提出的名字是 "电化程度"。他证明了静电存在于导体的表面，电力与距离的平方成反比，或者至少和这个比例的结果相差不会超过1/50。1781年，他完成了一项研究，这就是之后的欧姆定律。[②]

十分遗憾的是亨利·卡文迪什并没有向他同时代的科学家展示其所做的那些影响深远的研究结果。值得我们注意的是，尽管亨利·卡文迪什提出了很多新的概念，并且极大地参与到了电学测量之中，但是他并没有发明什么新的仪器。查理斯·奥古斯汀·库仑发明了扭转静电计；1786年亚伯拉罕·贝内特发明了金箔验电器；但是亨利·卡文迪什本人并没有设计出类似的仪器。他所使用的是木髓球验电器。

库仑对反平方定律的证明

查理斯·奥古斯汀·库仑（1736—1806）出生于昂古莱姆，在巴黎求学，并且很早的时候就参了军。他在西印度群岛服役了几年之后便回到了巴黎，成为一名工程师，同时也参与到了科学研究中。当时有一个考虑在布列塔尼修建可航行的运河计划，于是海军部部长派遣查理斯·奥古斯汀·库仑前往那里考察河床情况。他报告的结果是不支持修建运河，这得罪了一些大人物，他们以查理斯·奥古斯汀·库仑违反战争部部长的命令为借口将他监禁了起来。之后布列塔尼政府发现了自己犯的错误，给查理斯·奥古斯汀·库仑提供了一笔补偿金，但是他只接受了一只秒表，之后他在实验过程中还用到了这只秒表。托马斯·杨说道："据

---

① 麦克斯韦（Maxwell），《亨利·卡文迪什的研究》，第13页。

② 《亨利·卡文迪什的研究》，第59、574、575、629、686页。他并没有像40年后的欧姆那样仔细而系统地研究出了这个定律。

说他的道德品质就和他的数学研究一样一丝不苟。"

查理斯·奥古斯汀·库仑研究了头发和导线的扭转弹性，这使他在1777年发明了扭秤。在此之前，英国的约翰·米歇尔也提议过制造类似的设备。这个扭秤曾被写入电学相关的教科书中长达一个世纪之久，当然现在实验室中已经不再使用这个仪器了。查理斯·奥古斯汀·库仑做了一些极具独创性和高准确度的实验，证明了牛顿的平方反比定律在电荷磁相互吸引和排斥中也是适用的。[①]证明了这种作用跟电量的乘积成正比，他也证明了电荷存在于导体的表面，并且将导体表面不同部分的电荷做了比较。查理斯·奥古斯汀·库仑支持的是双流理论，并且认为吸引和排斥现象是不依靠介质在超距作用下出现的。他在1785年到1789年的电学回忆录提供了大量的电学数据，普瓦松（Poisson）之后正是在这些数据基础上建立了他的电的数学理论。[②]

动物电

很早之前，人们就知道一些特定的水生动物能够产生电震。在莱顿瓶发明之后，人们开始思索莱顿瓶放电的生理现象和这些动物产生的电震的相似性。约翰·沃尔什在拉罗谢尔第一次全面地研究了这一课题，证明了这些鱼类产生的震击是带电的：使用导体将鱼的背部和另外一面连接起来，就会出现电荷。[③]

流电的发现

阿罗伊西奥·伽尔伐尼（Aloisio Galvani，1731—1798）也对动物电产生了极大的兴趣，他是博洛尼亚的一位物理学家和解剖学教授。他意外地发现了电流或者"伽尔伐尼电流"。据说当时他的妻子身体欠佳，医生说要她吃一些青蛙腿。阿罗伊西奥·伽尔伐尼就自己去准备了一些青蛙腿。他把青蛙的皮肤剥掉之后，将其放置在桌子上，而其边上是一个起电机导体，然后他就离开了。他的妻子偶

---

① 磁作用也遵循平方反比定律这一现象在此（约1760年）之前，已经由哥廷根的拖拜厄斯·迈耶指出了。

② 查理斯·奥古斯汀·库仑的7篇论文最早见于《皇家科学院回忆录》，1785年和1786年。前4篇的德文译文出版于《奥斯特瓦尔德的精确科学经典》，第13卷。

③ 约翰·沃尔什的论文见于《哲学汇刊》，1773年和1774年。

然拿起了电机边上的手术刀，同时手术刀的刀尖碰到了暴露在外的青蛙腿的腿部神经，随后产生了电火花，青蛙腿也剧烈地抽搐起来。她把这一现象告诉了丈夫，于是他重复了实验。这发生在1780年11月。阿罗伊西奥·伽尔伐尼自己的描述听起来就无趣多了。[1]他的妻子在这一发现中没有发挥什么作用，只有一只青蛙被解剖了，他的一个助手率先注意到了这种抽搐现象。

阿罗伊西奥·伽尔伐尼之后开始研究这一现象的原因，似乎触碰到神经才会引发火花的出现。这一现象在真空中也是如此。那么问题来了：大气电和电机产生的电是否具备相同的作用呢？他用了一些铁钩将青蛙挂在花园中的铁架子上。青蛙腿还会颤动。暴风雨经过时，青蛙腿会十分剧烈地颤动起来，但是在天气晴朗时也能看到这种情况。起初，他将这种情况归结为大气电的变化。后来他在室内将青蛙腿放在金属板上，让金属导线穿过神经接触到金属板，实验的结果跟室外是一样的，这使他放弃了这一观点。阿罗伊西奥·伽尔伐尼之后将青蛙腿放在玻璃上，并用弯曲的杆的两端同时触碰小腿神经和小腿上的肌肉。如果杆是玻璃的，那么不会出现任何效果；如果杆是铜和铁或铜和银，就会出现很长时间的颤动现象。一根铁棒虽然不像两块金属组成的杆一样能够产生持续和明显的颤动，但是其也能产生振动现象。这让阿罗伊西奥·伽尔伐尼得出结论，铁棒只是充当导体的作用。在他看来，进一步的实验就是确定神经中电的来源。

阿罗伊西奥·伽尔伐尼的观察充满了令人惊愕的新颖，震撼了世界各地的科学家。比他所做的观察更加深刻的是他的同胞亚历山德罗·伏打（1745—1827）在这一问题上的论述。亚历山德罗·伏打在自己的家乡科莫（Como）的一所高级中学任教了5年的物理学，1779年之后在帕维亚大学担任了25年的物理学教授。他一直十分努力地做着电学实验，1775年发明了起电盘。他发现通过神经的电流放电时除了运动，还会产生其他效应。如果一根由两种不同金属组成的杆，一端接触到眼睛，另一端放在嘴中，那么在两端接触的时候就会产生光亮的感觉。舌头抵着一个银币和金币，如果用金属导线将这两枚硬币连起来，那么舌头会感觉

---

[1]　参考《奥斯特瓦尔德的精确科学经典》，第62卷，第4页。"关于肌肉日记中的电流强度"，见波农的评论《他们会知道的》，1791年。

到一点儿苦味。①因此，电不仅仅能够产生运动，还可以影响视觉和味觉神经。伏打猜测这些实验中的重点在于不同金属的接触。1794年之后，他开始着手证明这一猜想。根据伽尔伐尼的说法，电会通过青蛙腿，他将放电这一功能归功于金属棒，金属棒充当了莱顿瓶一样的功能，那么一种金属和两种金属一样可以产生颤动现象。如果一种金属的一根导线两端的温度不同，那么就会出现剧烈的颤动；而当温度趋于一致之后，这种颤动几乎就全部消失了。所以，亚历山德罗·伏打认为一种金属导线产生的这种轻微效应是因为其条件存在些微的不同。亚历山德罗·伏打称这种新的电为"金属电"或者"动物电"。支持他所提出的接触理论最具说服力的证据是通过他的电容验电器得出的。这一装置将金箔验电器和一个小的电容器组合了起来，像由两种不同金属组成的金属棒一样，一个微弱的电源能够给电容器带来相当多的电，同时又不会显著地提高电势。但是当上端的电容器板拆去之后，电势就会提高，金箔就会分开。这个实验似乎证明了两种不同的金属接触时会产生电，一块金属带有了正电，而另一块则带有了负电。

英格兰的伏打电堆

1800年3月20日，亚历山德罗·伏打给时任伦敦皇家学院院长的约瑟夫·班克斯（Joseph Banks）写了一封信，在信中描述了伏打电堆，将其称为"人造发电器"，这是为了跟电鳐这种"自然发电器"区分开来。②将两种不同的金属板，比如说锌和铜放置在一起，在上边放上一片法兰绒或者用水或海水浸湿的吸墨纸，之后再放上另外一组锌板和铜板，并重复这个步骤，确保有一个潮湿的导体把每一组板隔离开来。这样一个由十几组金属板组成的电堆会将一组金属板产生的效果放大很多倍。在同一封信中，伏打还解释了"杯冕"。其是由装着海水或者烯酸的杯子组成，之后将一半是锌一半是铜的条带浸入到杯子的液体中。锌端浸入到一个杯子中，铜端也浸入到另一个杯子中，这就是第一个伏打电池。

在亚历山德罗·伏打写完这封具有重大纪念意义的信的6周之后，英国的威廉·尼克尔森和安东尼·卡莱尔就制造出了第一个伏打电池，5月2日，他们观

---

① 在此之前，约翰·格奥尔格·苏尔则在德国就已经观察到了舌头会出现苦味这种现象。

② 《哲学汇刊》，1800年，第405页。

察到了其实现了水的分解。这一实验是电化学的基础。1800年7月《尼克尔森日报》中描述了这一实验，其要早于亚历山德罗·伏打在《哲学汇报》发表的对于伏打电池的描述。[1]亚历山德罗·伏打的研究立即受到了认可。早在1791年，他就当选为伦敦皇家学会成员。1801年，拿破仑把他请到了巴黎，并在学会前展示他的电堆实验。法国授予了他一块金牌勋章。

亚历山德罗·伏打和伽尔伐尼的争论使得电学家们最终分裂成了两个互相敌对的团体。伽尔伐尼支持者中最为有名的莫过于德国的亚历山大·文·洪保德（Alexander von Humboldt）；而伏打的支持者中最为有名的是库仑和其他一些法国物理学家。接触理论被用于解释伏打电池。这个理论从那时起到现在一直都是争论的焦点所在。到了20世纪，现代化学理论的发展才终于解决了这个问题。

声学

约瑟夫·索弗尔（1653—1716）在声学方面进行了很多重要的研究。他出生于拉弗莱什。17岁时，他步行来到了巴黎谋求出路。1686年，他成了皇家学院的数学教授。他患有口吃，而且听力很差，不得不依靠音乐家的帮助才能够分得清音调。[2]然而，他发表在该学院备忘录上的声学论文（1700—1703）却十分重要。他在诺布尔和皮高特之外独立地发现了弦的泛音。他使用纸游码找出了波节和波腹的位置，观察到了共振现象并且正确地解释了"拍"。他将两个管风琴按24∶25的比率调弦，并且测得每秒4拍。由此他断定音调更高的管风琴每秒振动100次。他以极高的精准度测定了振动的比率。[3]博洛尼亚的维托里奥·弗朗西斯

---

① 水的电解在此之前已经由牛津的阿什博士、佛罗伦萨的法布隆尼和美因茨的克雷弗尔实现了，但是尼克尔森和克莱尔率先对这一现象进行了系统化的研究，并且证明了水电解之后分离出来的气体是氢气和氧气。

② F．罗桑伯格，《物理科学》，第二部分，第269页。

③ 参考 E．马赫论索弗尔的《德国数学》，1892年；摘要见于波斯克的《物理学》，第6卷，第39—41页。

科·斯坦卡里（Vittorio Francesco Stancari）通过齿轮叶片做了类似的测量。[1]

对汽笛最早的研究出现在英国。爱丁堡大学的物理学教授约翰·罗宾逊继续了罗伯特·胡克的实验，其使用一个轮子快速地击打小齿轮的齿，挤压出轮齿之间的部分空气；空气通过的管道被打开，然后通过活塞或者阀门的转动再被关闭。[2]

---

[1] 恩斯特·罗贝尔，《警笛，对声学发展史的贡献》，柏林，1891 年，第 5 页。

[2] 《警笛，对声学发展史的贡献》，第 7—10 页。也可参考罗宾逊的《音乐音阶的气质》，见《大英百科全书》，第 3 版。托马斯·杨，《声乐讲座》，伦敦，1807 年，第 1 卷，第 378 页。

19世纪

在物理学假说方面，19世纪推翻了过去一个世纪中占据主导作用的理论学说，在很大程度上是在17世纪的旧理论基础之上向前迈出了新的步伐。光的微粒说给光的波动说让出了位置；被称为"热"的物质被抛到了一旁，热是因为分子运动的理论得以确立了；电的单流说和双流说倡导者所假定存在的不可测量的物质被抛弃了，人们转而支持以太中存在的脉动和拉力是电和磁现象原因的理论。现在只有历史学家才会对那些能够穿过玻璃而不受阻力的磁流感兴趣了。"燃素"这种化学物质不复存在了。18世纪人们认为存在于宇宙中的6种不可测量的物质，现在只剩下一种了，显然其证明了自身存在的必要。在它的作用之下，光学和电磁学这两个最大的物理学分支事实上正在变成一个分支。虽然说现在我们观测到的现象成倍增加了，但是通过把之前看似难以捉摸、孤立存在的现象纳入到了一个统一且全面的体系之中，反而对现象的解释简化了。人们意识到曾经那些我们以为丝毫不存在关系的物理学各个领域之间是存在着极为密切的关系的，这一事实表明我们正在朝着正确的方向前进。辐射能已经成了一个高度重要的课题。

在其姐妹学科——化学的刺激和帮助之下，物理学在过去100年间取得了惊人的进展。19世纪初时，化学家用天平建立起了质量守恒定律，之后物理学家大胆地提出了可以囊括所有内容的能量守恒原则。19世纪确实是一个以科学间相互关联为特征的时代。[①]

之前没有任何一个时代出现过这么庞大的科学家队伍，也没有哪个时代出现过像19世纪这样在物理学所有课题上获得如此广泛的实验知识的现象。理论和实践取得了同步发展，蒸汽和电已经被用于满足人类寻求舒适生活的需求。

欧洲各个主要国家都促进了这一科学的发展进程。在英国，当人们放弃了对

---

① 保罗·R.海尔，《从现代发现看物理学的基本概念》，巴尔的摩，1926年，第28页。

牛顿信条的迷信之后，进入了高产的新阶段，人们认识到一个人无论多么伟大，都不可能在所有问题上的观点完全正确。19世纪早期的科学家包括赫歇尔、托马斯·杨、汉弗莱·戴维爵士和戴维·布鲁斯特爵士等。

宗教冲突在政治和经济上摧毁了德国。德国在拿破仑战争之后走上了复苏的道路，并开始在科学方面作出巨大努力。19世纪初期，德国物理学家对待哲学家和数学家的态度是十分怪异的。哲学家黑格尔和席林（Schelling）模棱两可且未经证实的观点对德国的科学发展产生了有害的影响。[1]但是，这也产生了反作用。一个由科学家组成的经验学派在柏林兴起，包括波根多夫、里斯（Riess）、达夫、H. G. 马格努斯力。这一学派的领军人物H. G. 马格努斯力对现代物理学实验室的发展作出了极大贡献。

说起来有些奇怪，但是马格努斯力跟数学谈不上任何关系。但他伟大的学生克罗尼克、克劳修斯和赫尔曼·H. 亥姆霍兹都没有继承他这种片面且无正当理由的物理学研究中数学使用的方式。与马格努斯力同时代的德国人并没有回避数学、物理学。高斯和威廉·韦伯在哥廷根促进了这一分支的发展，恩斯特·弗朗茨·诺依曼在格尼斯堡促进了这一分支的发展。物理实验家和物理数学家走向联合的第一次运动是1844年在柏林的物理学会中产生的，这个学会的前身是马格努斯力的物理学"谈论会"。[2]

19世纪之初，法国有着一批具备无与伦比才华的科学家，我们只需要提及拉格朗日、拉普拉斯、菲涅尔、阿拉戈、比奥卡诺和傅里叶就足够了。直到19世纪中叶，才有几个国家在科学成就的数量方面可以与法国相媲美。

美国在19世纪最后25年之前，几乎没有取得什么进展，仅有的一点成就也没有吸引到国外科学界的注意。

---

① 《魏德曼编年史》，第54卷，1895年，第2页及以下。赫尔曼·H. 亥姆霍兹的演讲《论自然科学与一般科学的关系》，是热门讲座，由E. 阿特金森翻译，伦敦，1873年，第7页中说道："黑格尔……极为严厉和尖刻地反对自然哲学家，特别是物理学研究方面第一位和最伟大的代表人物艾萨克·牛顿。哲学家责怪科学家过于狭隘，科学家则反驳道这些哲学家太疯狂了。"参考鲁道夫·魏尔啸的《从哲学时代到科学时代的过渡》，载《史密森尼学会报告》，1894年，第681—695页。

② 《魏德曼编年史》，第39卷，1890年，"前言"。

物质结构

原子理论

道尔顿时代之后不久，人们开始普遍认为原子是不可穿透的刚性固体。人们认为任何化学元素的所有原子的"重量"都是相同的，而任何属于不同元素的原子的"重量"都是不相同的。一些科学家认为原子是具有弹性的，即其内部不同部分在进行相对运动，但是这种想法遭到了其他科学家的反对，因为他们认为这样的假定太过复杂，并且无法满足人们提出这一假说希望达到的目的。但是一对非弹性原子在碰撞时会失去部分的运动能量，而且原子集合体的动能也会因为内部的碰撞而不断减小，这一情况跟经验是相互矛盾的。

18世纪时，斯考维奇（1711—1787）为了解决非弹性原子假说所带来的问题，作出了以下假定，即原子只是在超距作用时充当吸引力和排斥力的中心，而事实上，原子之间并不会真的互相碰撞。安培、柯西和法拉第都认为原子是不可延展的，或者只是将原子视为力的中心。原子不具有延展性，但是具备质量并且可以被不同的力作用这种假说极其复杂，而且让人难以理解。

分子

在为解决非弹性原子问题而作出的另一个尝试中，人们假定构成物质最小的单位不是原子，而是一组原子，人们将其称为"分子"。18世纪人们对于"分子"一词的使用是十分不严谨的。道尔顿将一氧化氮的分子NO表示为"原子"。阿伏伽德罗（1776—1856）在1811年区分了"组合分子"（现代意义上的分子）和"基本分子"（现代意义上的原子）。V. 勒尼奥[1]在1859年使用了分子和原子，并且将其列为近义词，他还谈到了"简单"和"复杂"分子。贾斯图斯·冯·李比希[2]（1803—1873）使用了"简单原子"和"复合原子"，也就是我们现在所谓的原子和分子。在李比希《化学信件》的英译版中，编辑约翰·布莱斯将其译为了"复合原子或分子"。1868年，化学家E. 罗斯科[3]给出了

---

[1] V. 勒尼奥，《基础化学课程》，巴黎，1859年，第5版，第3页。

[2] 贾斯图斯·冯·李比希，《化学书信集》，第1版，1844年，第132、224页。

[3] 亨利·E. 罗斯科，《基础化学课程》，伦敦，1868年，第114页。

以下定义："分子是由构成化学物质的最小微粒原子构成的，无论其是简单还是复合的，分子都能够独立存在……一个水分子H_2O中包含了两个氢原子。"克拉克·麦克斯韦于1873年在英国皇家协会做演讲时，使用了"分子"这个词，但是其表述的是"原子"的概念，这跟化学家使用这个词时的场景一样。[1]作为物理学家，麦克斯韦更加关注物质的那些细微的组成部分，"对其再进行细分"就会使其丧失所属物质"具备的特性"。[2]之后，他谈论到了"所有分子的内部运动都包含两个方面，即构成分子的原子的旋转和振动"；他认为"分子"是由"原子"[3]组成的，而这事实上已经使用了现代的术语。

尽管人们认为原子是非弹性体，但是却假定分子是具备弹性特征的。克劳修斯和麦克斯韦都接受这样的观点。开尔文勋爵[4]说道："现代物理学能量守恒定律使得我们无法假定终极分子为非弹性还是非完美弹性的。"分子就像完美具备弹性的球体一样，对彼此施加着影响力，这样的假定在之后的气体运动论中发挥了十分重要的作用。后来诸多物理学家连续在气体运动论发展方面作出了巨大贡献，包括焦耳（1848年）、奥古斯都·克勒尼希[5]（1856年）、克劳修斯（1857年）、克拉克·麦克斯韦[6]（1860年）和玻耳兹曼[7]等人。

涡旋原子

为解决非弹性原子问题而作做出的第三种尝试是开尔文勋爵所提出的涡旋原子理论。[8]赫尔曼·H. 亥姆霍兹已经证明了，在均匀、不可压缩且无摩擦力的液体中，涡旋管是可以存在的，其中的液体会永远保持转动，而且这样的管可以构成一个牢不可破的闭环。开尔文在自己的假说中将这种闭环视为原子，他还发现

---

① F．索迪，《镭的说明》，第4版，纽约，1920年，第158页。

② C．麦克斯韦，《热的理论》，第7版，1883年，第305、311、312页。

③ 麦克斯韦，《原子》，见《大英百科全书》第9版。

④ 《哲学汇刊》，第45卷，1873年，第329页。

⑤ 《波根多夫的物理年鉴》，第99卷，1856年，第315页。

⑥ 《哲学汇刊》，第19卷，1860年，第22页。

⑦ 《魏德曼编年史》，第24卷，1885年，第37页。

⑧ 威廉·汤姆森，《涡旋原子》，出自《皇家学会》，1867年2月；威廉·汤姆森爵士，《热门讲座和演讲》，第1卷，1889年，第235—252页。

这样涡旋状的环跟之前各种类型的原子模型相比，更具有理想状态下原子的各种特征。最初的流体具备惯性，但是只有涡旋环具备物质的属性。克拉克·麦克斯韦指出如果不将惯性视为物质本身，而仅将其视为物质运动的一种模式，那么想解释惯性就会存在着巨大的困难。

原子理论的反对者

一些能力出众的人在拒绝或者接受某一种假说时，可能会走向错误的方向，而19世纪晚期一些人在反对原子理论时充分证明了这一点。19世纪最后25年间，原子理论和分子理论被赋予了无比的声望和地位，而与此同时一些批评者为此感到痛心疾首。E. 马赫[1]问道："既然我们无法检验构成这个世界的各个微观组成部分，那么为什么我们要把世界描述成不同元素构成的组合体呢？"事实上，当时人们知道无法观测到原子，或者检测到单个原子的效应，因为威廉·汤姆森爵士在1883年就已经通过四方面的不同的论证，证明了原子是极其微小的。这四方面的论证分别是基于"光的波动说、接触电现象、毛细管相互吸引作用和气体运动论，这四方面的论证都表明普通物质原子或者分子的直径人约为 1×10^{-7} 厘米或者从 1×10^{-8} 厘米到 1×10^{-7} 厘米"。[2]原子理论反对者中的领军人物是柏林的威廉·奥斯特瓦尔德。威廉·奥斯特瓦尔德将能量守恒定律奉为真理，并且视能量为终极现实，他试图使科学"不再依赖于一些假说的构想，因为其无法直接通过实验得出可以验证的结果"。[3]他拒绝接受原子和分子理论，认为"这些有害的假说""将原子描绘成了带有钩状和针尖的样子"。他强调要更为直接地研究实验事实，以及相关的图表结果。1897年，L. 玻尔兹曼[4]在自然科学上发表一篇论原子理论不可舍弃的论文时，对威廉·奥斯特瓦尔德的态度表示了反对。有趣的是，对原子理论进行批判的声音出现的时间，恰恰是第一批可以明确证明原子理

---

① 参见《当代文化，物理学》，柏林，1915 年，第 224 页。

② 威廉·汤姆森爵士，《热门讲座和演讲》，第 1 卷，伦敦，1889 年，第 148 页。

③ 关于威廉·奥斯特瓦尔德之后对于这个问题的看法，可以参见他的《法拉第讲座》，载《自然》，第 70 卷，1904 年，第 15 页；《奥斯特瓦尔德的精确科学经典》，第 2 版，第 25、26 页。

④ 《魏德曼编年史》，第 60 卷，1897 年，第 311 页。

论可行性的实验证据出现的时间。

光学

波动说

　　光的波动说在经历了长达一个世纪的忽略之后得以重新复兴，对此我们要感谢托马斯·杨（1773—1829），他是索美塞特夏米尔弗顿人。这位伟大的科学家的童年与众不同，2岁时就能够十分流畅地阅读，4岁时已经通读了两遍《圣经》，6岁时候能够背下来戈德史密斯的《被遗弃的村庄》。他以极快的速度阅读着各种书籍，包括宗教、文学和科学书目；另外说来奇怪，在他成长的过程中，他的体能和智力并没有受到损害。他16岁时开始不再食用糖，按照他的说法，是要反对奴隶贩卖。19岁的时候，他开始先后在伦敦、爱丁堡、哥廷根和剑桥学习医学。1800年，他在伦敦行医。第二年，他接受了皇家研究院为他提供的自然哲学教授一职，皇家研究院是在之前一年由拉姆福德伯爵建立的。他担任这一职位有两年时间。1802年1月到5月，他做了一系列演讲，之后的另一系列演讲的内容都在1807年得以出版，名为《自然哲学和机械艺术演讲集》（*Lectures on Natural Philosophy and the Mechanical Arts*），这一论文集十分值得研究。1802年，他被任命为皇家学会的外务大臣，直到他去世，一直担任着这一职务。

　　托马斯·杨最早的研究是关于眼睛的结构和光学特性，之后他进入了人生中作出光学发现的第一个时期，即1801到1804年。他的理论遭到了嘲讽，他开始研究其他领域。在之后的12年中，他一直在行医，研究文献学，特别是象形文字的解读。但是在法国，当菲涅尔开始进行光学实验并使托马斯·杨的理论发扬光大之时，托马斯·杨重新投入到了之前的研究中，并且进入了他人生当中进行光学研究的第二个时期。

　　1801年，托马斯·杨在皇家学会宣读了一篇关于薄板颜色的论文，在其中他表达了自己对光的波动说的大力支持。这篇论文向前迈出的重要一步是引入了"干涉原理"："当两个来源不同，方向一致或者方向十分接近的波动同时发生时，它们共同的效果就是各自运动的结合。"①罗伯特·胡克在自己所著的《显微术》（*Micrographia*）一书中已经部分谈到了这一原则，但当时托马斯·杨在独立地研究出这个原则之前，并不知道胡克的这些论述。托马斯·杨是第一个将其全面应用到声音和光上的人。托马斯·杨通过这个原则解释了薄板的颜色和"有条纹的表面"。②托马斯·杨所作出的观察十分准确，但是他对于这些观察结果的描述，就像他回忆录中的大部分内容一样十分精简，甚至有些时候模糊不清。他包含"干涉理论"的论文成了自牛顿时代以来物理光学方面最为重要的出版物，然而在科学家中并没有产生太大的影响。布鲁厄姆勋爵还在《爱丁堡评论》第2期和第4期对这些论文发起了激烈的攻击：托马斯·杨的论文"没有包含任何值得在实验或发现方面留名的价值""没有任何一点点意义。"布鲁厄姆说："我们希望可以发出微弱的声音反对这样的创新，其只会遏制科学的进步。"在将干涉原理驳斥为"荒谬不堪"和"逻辑不通"之后，这位评论家说"现在我们暂时不考虑发表这位作者毫无说服力的作品了，我们试图从他的作品中看到学习、敏锐和创新的痕迹，因为如果他一直坚持不懈而又谦逊地观察自然的运行，那么至少可以弥补他在沉着思考、冷静耐心观察和成功观察到自然规律方面存在的严重不足，但是连这些我们都没有看到。"③托马斯·杨对此进行了回复，并以小册子的形式出版了，但是并没有使得公众转而支持他的理论，因为正如他所说的："只卖出去了一份。"④廷德尔说⑤："在20年的时间中，这个天才被当时掌控了公众舆论的另一位作家极尽辛辣的讽刺压制住了，他没能够得到同胞的欣赏，还被人们认为是一个不切实际的人……直到法国人菲涅尔和阿拉戈的出现，他的名誉才开始慢慢得以恢复。"

---

① 《托马斯·杨的作品》，由乔治·皮科克编辑，伦敦，1855年，第1卷，第157页。也可参考第170页。

② 罗伯特·波义耳首先观察到了光滑平面上条纹的颜色；之后巴顿先生进行了玻璃条纹的实验，之后其又应用于钢上，正如以他的名字闻名的纽扣的例子一样，其产生了十分突出的着色效应。见乔治·皮科克的《博士杨的生平》，1865年，第149页。

③ 《爱丁堡评论》，第6版，第5卷，第103页；《托马斯·杨的作品》，1855年，第193页。

④ 《托马斯·杨的作品》，1855年，第215页。

⑤ 约翰·廷德尔，《关于光的六场讲座》，第2卷，纽约，1877年，第51页。

奥古斯汀·珍·菲涅尔（1788—1827）出生在诺曼底的德布罗意。他从小在学习方面进步十分缓慢，8岁时才勉勉强强能够读书，[1] 身体状况也不是很好。跟托马斯·杨不同，他小时候没有成为一位大学者的希望。13岁时，他去了卡昂的中心学校读书，16岁时考上了巴黎理工学院；之后又读了一所桥路学院，随后在政府中当了8年的工程师。他是一个顽固的保皇党人，曾参军反对拿破仑从厄尔巴岛回国，因此丢掉了自己的饭碗。在路易十八复位之后，他获得了一个新的工程师职位。他于1815年开始进行自己的实验研究。他在1814年的一封信中写道："我不知道光的偏振意味着什么。"在一年的时间内，他向科学院提交了一篇关于衍射的重要文章（1815年10月），随后迅速完成了另外一些相关论文。[2] 他将一根导线放在一束从某一点发散出的光线处，并精确地测量了光束的轴线到所产生的条纹之间的距离。正如托马斯·杨在此前做的那样，奥古斯汀·珍·菲涅尔注意到了在通过导线一侧的光到达屏幕之前将其挡住，那么阴影内的光环就消失了。奥古斯汀·珍·菲涅尔由此发现了干涉原则，但是他丝毫不知道托马斯·杨在13年前就已经发现了该原则。许多物理学家都不愿意承认这个现象是因为干涉产生的。从格里马尔迪时代开始，人们就已经注意到了衍射条纹的存在，而且还试着通过微粒说对其进行解释，即假定光的微粒之间存在着相互吸引或者排斥的现象，并且假定物体的边缘会造成衍射现象。为了消除这些反对意见，菲涅尔设计了一个重要的实验，其设计了两个小的光源，同时不涉及孔洞或者不透明障碍物的边缘。通过使用两个彼此形成了接近180°角的平面金属镜，菲涅尔避免了衍射，而是用反射光束产生了干涉现象。

阿拉戈和潘索（Poinsot）受命研究奥古斯汀·珍·菲涅尔的第一篇论文。阿拉戈怀着极大的热情研究了这篇文章，并且成了法国第一个转而支持波动说的人。奥古斯汀·珍·菲涅尔在数学上的一些假设并不能使人满意，因此拉普拉斯、珀松（Poisson）等追求数学严谨性学派的人起初根本就没有考虑这些理论，但是他们的反对反而激励了奥古斯汀·珍·菲涅尔在这些方面作出了更大的努

---

① F.阿拉戈，《传记》，第2系列，波士顿，1859年，第176页。

② 参考《奥古斯丁菲涅尔全集》，巴黎，1866年，三卷本，埃米尔·费尔德为其写了导言。

力。在此之前，托马斯·杨并没有通过大量的数学计算来证实他自己的理论。而奥古斯汀·珍·菲涅尔则在更大程度上应用了数学分析法，从而开始有很多人转而相信波动说。他全面地回答了之前人们对于波动说的反对意见，即认为波动说无法解释阴影的存在，也无法解释光的近似于直线的传播方式。

与托马斯·杨不同，奥古斯汀·珍·菲涅尔广泛地采用了惠更斯的次级波理论。奥古斯汀·珍·菲涅尔说道："在任何一点上，光波的振动都可以被看作在那一刻传播到那一点上的光的基本运动的总和，而这些运动来自未受阻碍的光波上所有部分在其之前位置上任何一点的各个作用力。"①

阿拉戈是第一个使奥古斯汀·珍·菲涅尔注意到托马斯·杨所做研究的人，他还将这位法国学者的第一篇论文寄给了这位英国医生。值得高兴的是，他们之间没有因为优先权而发生争执。奥古斯汀·珍·菲涅尔在1816年给托马斯·杨的一封信中写道："如果说有什么东西能够为没有获得优先权带来慰藉的话，那就是我得以结识了你这样的学者，你为物理学带来了如此多伟大的发现，并同时也极大地增强了我对自己所持有的理论的信心。"②托马斯·杨在1819年给奥古斯汀·珍·菲涅尔的回信中写道："先生，我万分感谢您将您这篇令人肃然起敬的论文赠予我，毫无疑问，即使是在所有极大地促进了光学发展的论文中，这篇论文也是十分突出的。"③

接下来我们来看一下双折射和光的偏振。伊拉兹马斯·巴托利努斯在冰晶石中观测到了双折射现象的存在。克里斯蒂安·惠更斯和牛顿研究过光的偏振现象，克里斯蒂安·惠更斯还曾正确地表述过单轴晶体的非常折射现象。他们认为"双面"或者"偏振"这样的性质只是孤立事件，其仅仅与双折射相关。过了一个世纪之后，艾蒂安·路易斯·马吕斯观察到偏振可能伴随着反射。因此，除了晶体作用外，还可以用其他方式使光发生偏振。

艾蒂安·路易斯·马吕斯（Etienne Louis Malus，1775—1812）出生在巴黎，曾接受过军事工程师的教育，并且在德国和埃及的法国军队中服役。在他负责监

---

① 《托马斯·杨的作品》，1855年，第 167 页。
② 《托马斯·杨的作品》，1855年，第 378 页。
③ 《托马斯·杨的作品》，1855年，第 393 页。

督的位于安特卫普和斯特拉斯堡的工作顺利进行时，他有了一些时间可以研究法国学会提出的寻求双折射数学理论的有奖竞猜，并意外地发现了上述问题的答案。他透过一片晶体，观察从卢森堡王宫的窗户上反射到他在因费尔街的住宅上的太阳的像，并意外地发现当晶体处于某一位置时，双像中的一像消失了。[①]他试图以阳光穿过大气时发生了某种变形来对这一现象作出解释，但是到了晚上，他发现蜡烛的火光以36°角落在水面上时与之前的情况大致类似。事实上，光出现了偏振，而且如果来自方解石的两束光同时以36°角落在了水面上，并且如果普通光线出现了部分反射的情况，那么异常光线根本不会发生反射，反之亦然。就在这样的一个晚上，马吕斯创造了现代物理学的一个新分支。

在当时，波动说还没有给出过偏振现象的解释，这使得艾蒂安·路易斯·马吕斯所提供的大量新证据很有可能推翻波动说理论。1811年，托马斯·杨写信给艾蒂安·路易斯·马吕斯（他在当时十分坚定地支持光的微粒说）："你的实验证明了我提出的干涉理论所存在的不足之处，但是它们并没有证明干涉理论就是错误的。"[②] W.休厄尔说道，[③]毫无疑问，这就是"这一理论历史上最黑暗的时期"。托马斯·杨并没有想着遮掩这样的困难，也没有放弃调和所出现的矛盾的希望。6年之后，希望出现了。1817年1月12日，托马斯·杨在写给阿拉戈的信中写道："这个理论所假定的原则是，所有的光波和声波类似，都是通过同质化的介质以同心球面的方式传播的，在其运动的半径方向上，只有粒子的前进或后退运动，而它们会相应地压缩和变稀疏。但是也有可能光波会出现横向振动，其传播方向与半径方向相同，速度也一样，粒子的运动相对于半径而言是恒定方向，而这就是偏振。"[④]这是一个十分令人欣喜的提议，它使我们有望看到光束如何展现出来它的两面性。之后，人们以垂直于光线的固定方向取代了托马斯·杨所说的"恒定方向"。奥古斯汀·珍·菲涅尔独立地研究出了这一解释，但发表时间要晚于托马斯·杨。阿拉戈在向W.休厄尔的描述中提到了理解横向传播概念的困难之处，"当他（阿拉戈）和奥古斯汀·珍·菲涅尔通过共同实验，得

---

① 《托马斯·杨的作品》，1855年，第593页。
② 阿拉戈的《传记》，第2系列，1859年，第159页。
③ 《归纳科学》，纽约，1858年，第2卷，第100页。
④ 《托马斯·杨的作品》，1855年，第383页。

出了相反的偏振光线非干涉性结果时，当奥古斯汀·珍·菲涅尔指出只有横波振动才能够解释波动说这一现象时，他反对说自己没有勇气提出这样的概念。相应地，这篇论文后半部分发表的时候，上边只留下了菲涅尔的名字。"[1]奥古斯汀·珍·菲涅尔推进了偏振光整个课题的发展。1811年，阿拉戈就发现，偏振光在通过某些晶体时会发出各种颜色。这两位互相对立的光学理论的拥护者，于是马不停蹄地寻找光的偏振现象的解释托马斯·杨最先给出了波动说的解释，之后由阿拉戈和奥古斯汀·珍·菲涅尔进行了补充。在微粒说这边，比奥在一篇极为复杂、充满了数学美的论文中对这一现象作做出了解释。而这一解释获得了拉普拉斯和其他数学家的支持，因为跟奥古斯汀·珍·菲涅尔提出的理论相比，比奥的猜想更符合他们的思维习惯。阿拉戈加入了反对比奥的队列，随后的争论就演变成了仇恨，这两位曾经亲密无间的物理学家完全决裂了。[2]在大约1816年，比奥发现电气石片会出现双折射现象，但是其会吸收普通光线。这使他制造了著名的电气石钳子，用以研究偏振现象。他还提出了重要的旋光偏振定律，并且将它们应用到了各种物质的分析中。

戴维·布鲁斯特爵士（1781—1868）极为成功地研究了晶体中光线偏振现象。尽管他接受的是教会教育，但是从来没有担任过神职。1799年，在他的同学布鲁厄姆的劝说之下，他开始重复并研究牛顿的衍射实验。从那时开始，布鲁斯特几乎是一直投身到了原创性研究之中。他成为圣安德鲁斯大学的物理学教授，并且之后成为爱丁堡大学的校长。1819年，他与詹姆士·克拉克·麦克斯韦一道合办了《爱丁堡哲学期刊》（*Edinburgh Philosophical Journal*）。他当时是英国科学促进学会的主要组织人，该学会于1831年在约克举行了第一次会议。他因为发明了万花筒而闻名，在美国和英国这两个地方，曾经有一段时间他的万花筒供不应求。布鲁斯特跟比奥一样向来不喜欢波动说。"这位双轴晶体偏振定律、光学矿物学定律和压缩双折射定律的发现者"的思维框架，即使是在托马斯·杨、奥古斯汀·珍·菲涅尔和阿拉戈给出了十分成熟的研究之后，使他本人断言"他反对波动说的主要理由，是他无法想象伟大的造物主竟然会做出让空间中充满以太

---

① 《归纳科学》，第2卷，第101页。

② 《美国艺术与科学院学报》，第6卷，1865年，第16页及之后。

以产生光的安排。"①

光速

1825年之后，虽然还有极少数知名的物理学家依旧支持微粒说，但绝大部分物理学家特别是新一代的都放弃了这一学说。但是，完全摧毁微粒说有效性的判决性试验是在19世纪中叶才完成的。根据微粒说，光速在密度较高的介质中更大，而波动说则认为在密度较高的介质中速度更小。早在1834年就通过旋转镜测算出电火花持续时间的惠特斯通认为，可以通过相同的方式来确定光速，弄清楚在折射率更大的介质中光速究竟更大还是更小。阿拉戈最先提出了这样的想法，但是当时他的视力已经非常差了，所以这个实验的进行就留给了年轻一辈的科学家。这种方式面临着巨大的机械困难，因为镜子的旋转频率必须要达到每秒1000次以上。一些人认为阿拉戈的想法纯粹是空想，因为他们普遍认为人眼不可能捕捉到，从转动速度如此之快的镜子中反射出的光线的瞬时影像。波特兰说："根据M．巴比涅的计算，一个刻苦且专心投入的观察者有望在三年内看到一次这样的光影。"②这个实验是由珍·里昂·傅科进行的。他采用了现在物理学一般论文中几乎都会用到的联合仪器，因而解决了上述出现的难题。③1850年5月6日，他向科学院报告他的实验取得了成功。他发现光在水中的速度要比在空气中慢，从那一刻起牛顿的微粒说被宣告了死亡。

珍·里昂·傅科（1819—1868）出生在巴黎，学习过医学，但是在1845至1849年，他开始从事物理研究。当时他与菲佐（Fizeau）一道进行研究，分开之后，两人分别测算出了光速。上文谈到的光在水中和空气中传播速度的实验是珍·里昂·傅科在阿萨斯街（Rue d'Assas）他的阁楼中进行的，并于1853年将其作为科学博士论文提交了。④1851年，珍·里昂·傅科发表了一篇论文，其中通

---

① 约翰·廷德尔，《关于光的六场讲座》，第2卷，纽约，1877年，第49页。

② 吉尔伯特，《珍·里昂·傅科，他的生活和他的科学工作》，布鲁塞尔，1879年，第32页。

③ 关于更多细节，参考德劳内的"关于光速的论文"，载《史密森尼学会报告》，1864年，第135—165页。

④ 吉尔伯特，《珍·里昂·傅科，他的生活和他的科学工作》，第32页。

过钟摆对地球的自转作出了精彩的演示。[①]1852年，他发明了一种神奇的仪器，即回旋仪。1854年，拿破仑三世让他在巴黎天文台中担任物理学家一职。珍·里昂·傅科在进一步完善天文仪器方面作出了极大的贡献。[②]

珍·里昂·傅科最开始的合作者是希波吕忒·路易斯·菲佐（1819—1896），他出生在巴黎，[③]拥有十分丰厚的财富，这使得他可以自由地追寻自己的爱好，于是他投身到了物理学中。他用以研究的手段在很大程度上都是依靠自己的私人财产。1849年，他最早通过实验手段测定了绝对光速奥拉夫·罗默和奥劳斯·布兰得利在此前的测定是基于天文观测。希波吕忒·路易斯·菲佐使用的是一个旋转的齿轮，其会按照一定的规律阻挡住光。而间歇性的闪光会被远处一个固定的镜子所反射。这个实验是在巴黎郊区相距8633米的苏赫斯纳（Suresnes）和蒙马特之间进行的。[④]他的论文发表在1849年的《法国科学院周报》上（第29卷，第90页），发表时间要比珍·里昂·傅科发表水和空气中光的相对速度的论文（第30卷，第551页）早一年。1862年，珍·里昂·傅科应

---

① 这个实验是分别在四个地方完成的。第一个是珍·里昂·傅科在阿萨斯街阁楼下两米深的地窖里。他通过一根钢丝将一个重5千克的黄铜球悬挂了起来。将这个球拉到一侧，并用一根线将其固定到那个位置，直到它完全处于静止状态，随后燃断这根线，让球做自由运动。摆开始在固定的垂直平面上振荡，通过这样的实验使人们可以清晰地看到地球的转动。在人眼看来，似乎振动的平面处于旋转运动中，而地球处于静止状态。理论表明：在给定时间内这一明显运动的角度等于在相同时间内地球转动的角度乘以实验所在位置的纬度角的正弦。想要准确地证实这一定律则需要更好的实验条件。阿拉戈将天文观测台交给珍·里昂·傅科以供实验之用，观测台中有一根长达11米的摆可以精准地检验这一定律。在拿破仑三世的支持之下，第三次实验得以在万神庙进行，其使用了一根67米长、1.4厘米粗的钢丝将一个重28千克的球体悬挂了起来。当时万神庙里都是观众。第四个实验是1855年在万国博览会上进行的。这些摆的实验由此变得十分出名。之前有记录的类似观测还要追溯到西门特学院时期。维维安尼曾经说过，"我们观察到被线悬挂起来的所有摆运动时都会偏离它们最初的那个垂直平面，而且偏离的方向始终是一致的。"参考吉尔伯特博士的《珍·里昂·傅科，他的生活和他的科学工作》，第55页。

② 珍·里昂·傅科的身体状况一直很差。利萨茹说："似乎是大自然想让傅科的身体状况和智力水平呈现出惊人的反差。谁又能想到这样天资横溢的天才的身体竟然如此虚弱不堪！"见《珍·里昂·傅科，他的生活和他的科学工作》，第13页。

③ 《自然》，第54卷，1896年，第523页。

④ 吉尔伯特，《珍·里昂·傅科，他的生活和他的科学工作》，第36页。

用他的方法测定了光的绝对速度，其测得结果的准确程度超过了之前所有的测定值。[1]

珍·里昂·傅科在以太和物质相对运动方面也做了一些十分有趣的实验，表明了在透明介质中以太是被移动的介质拖着向前运动的，但是其速度要比介质速度慢。迈克逊和莫雷证实了这些实验结果，并且爱因斯坦重新对它做了解释。[2]

之后法国的阿尔弗雷德·科尔努和英国的詹姆斯·杨和乔治·福布斯采纳了珍·里昂·傅科所使用的确定光速的方法并对其做了改进。在阿尔弗雷德·科尔努1874年的试验中，固定的镜子被安置在14英里远的地方。[3]詹姆斯·杨和珍·里昂·傅科发表于1882年[4]的测量结果似乎表明蓝光速度比红光快1.8%，这个结论的正确性遭到了怀疑。如果这一结论是正确的，那么星星在发生日食前后都应该出现颜色，而且采纳了珍·里昂·傅科方法的艾伯特·A. 迈克逊也应该能够从产生了1厘米宽彩色图像的狭缝中看到光谱图。[5]

对于光速最精准的测定是在美国进行的。1867年，在海军天文台工作的西蒙·纽科姆（出生于1835年）建议重做珍·里昂·傅科的实验，希望获得与太阳视差更为接近的值。艾伯特·A. 迈克逊（出生于1852年）1878年在安纳波利斯的海军学院的实验室中进行了一个初步试验，[6]获得了2000美元的捐赠，这使他能够继续实验，在1879年做了一些测量工作。在西蒙·纽科姆的请求之下，1882年，艾伯特·A. 迈克逊在俄亥俄州克利夫兰的凯斯学院（Case Institute）进行了测定。珍·里昂·傅科实验的主要难点在于偏向太小了，很难进行精确测量。他所使用的固定镜和旋转镜之间的距离只有4米（尽管通过使用5个固定镜，这一距离会增加到20米），而返回的影像的位移只有0.7毫米。在艾伯特·A. 迈克逊改进之后的装置中，返回的影像位移增加到了133毫米，是之前傅科测量结果的近

① 《法国科学院周报》，第55卷，1862年，第501、792页。

② 《美国科学》，第31卷，第377页，1886年。

③ 《巴黎回忆录·天文台年鉴》，第13卷，1876年。

④ 《哲学汇刊》，第一部分，1882年。

⑤ 艾伯特·A. 迈克逊，《天文台的论文》，第2卷，第四部分，1885年，第237页。

⑥ 约瑟夫·洛夫林，《向艾伯特·A. 迈克逊教授颁发拉姆福德奖章的讲话》，见《阿卡德文理学院院刊》，新系列，第16卷，1889年，第384页。我们从这份资料中引用了几处细节。

200倍。

1879年3月，美国国会批准拨款5000美元用以西蒙·纽科姆指导下的实验。西蒙·纽科姆将移动镜安放在了迈耶堡（Fort Meyer），而固定镜一度被安放在了海军天文台（距离1.59英里），又一度被安放在了华盛顿纪念碑处（距离2.3英里）。艾伯特·A. 迈克逊一直参与实验过程，直到1882年秋他前往了克利夫兰。1880年实验观测开始了，并且一直持续到了1882年的秋天，其中选取了春季、夏季和秋季最好的观测时间点。只有在日出后一小时或者日落前一小时才能够持续地观测到狭缝中的影像。其间一共测量了504组数据，其中276组是由西蒙·纽科姆测定的，140组是由艾伯特·A. 迈克逊测定的，另外88组是由霍尔库姆测定的。

测定的真空中千米每秒的光速结果分别为：希波吕忒·路易斯·菲佐（1949年），315000；珍·里昂·傅科（1862年），298000；玛丽·阿尔佛雷德·科尔努（1874年），298500；玛丽·阿尔佛雷德·科尔努（1878年），300400；詹姆斯·杨和福布斯（1880—1881年），301382；艾伯特·A. 迈克逊（1879年），299910；艾伯特·A. 迈克逊（1882年），299853；西蒙·纽科姆（1882年），299860（排除了常有误差的结果）和299810（包含所有观测结果）。[1]科尔努、西蒙·纽科姆和艾伯特·A. 迈克逊在之后的测算中对他们的数据进行了一定的修改。艾伯特·A. 迈克逊在年轻时就对光速产生了极大的兴趣，即使到了晚年依旧没有放下对这一问题的关心。1926年，他测得光速为299796千米/秒。这一数据比他在1924年测得的最佳数据少了24千米/秒，比西蒙·纽科姆在1885年测得的数据少了64千米/秒，比约瑟夫·佩罗丁（Joseph Perrotin）在1900年测得的数据少了104千米/秒，比玛丽·阿尔佛雷德·科尔努测得的最佳数据少了154千米/秒。[2]艾伯特·A. 迈克逊的数据是在威尔逊山测得的，其跟远处的测量点圣安东尼奥

---

[1] 这些数据和一些其他资料选自普勒斯顿的《光的理论》，第121页。关于光的研究更详细的叙述，可以参考R. T. 格雷布鲁克的《光学理论报告》，载《英国协会报告》，1885年；摘要见《自然》，第48卷，第473—477页；汉弗莱·劳埃德，《英国协会物理光学进展及现状报告》，1834年。

[2] 艾伯特·A. 迈克逊，《科学》，第60卷，1924年，第392页；《天体物理学》杂志，第65卷，1927年，第1页。

山相距22英里。其实验的创新之处是使用了一个八角形可以转动的镜子，使实验者可以在相继反射面上接受反射回来的光线，这样就无须再测算返回光束的角度偏差了。学界一直认为光速是自然界中最重要的常量之一，在相对论中，其被赋予了更为重要的意义，并认为光速是真空中速度所能够达到的上限。

关于光谱线的最初观察

苏格兰人托马斯·梅尔维尔[1]于1752年第一次对发光气体的光谱线进行了观察，他于1753年去世，年仅27岁。1748年到1749年，托马斯·梅尔维尔是格拉斯哥神学院的一名学生。他在光谱线方面的研究意味着自牛顿光谱研究之后，该领域向前迈出了第一步。托马斯·梅尔维尔将氯化铵、碳酸钾、明矾、硝酸钾和海盐陆续放入到燃烧着的酒精中，观察它们各自的光谱。"为了限制我的观察对象，我将一个带有圆孔的纸板放在我的眼睛和酒精火焰之间，用一块棱镜观察这些不同光的构成。我发现将氯化铵、明矾或者碳酸钾放到酒精灯火焰中时，会发射出各种光线，但不同光线的数量却不是相同的：黄色光线的数量要比其他所有光线数量加起来还要多得多，红色光线看起来要比绿色和蓝色光线模糊……在光谱中占据主导地位的明黄色光线肯定有着唯一确定的折射度；同时黄色黄线与其紧邻的更为模糊的光线之间的变化是突然出现的，而不是渐进式的。""明黄色光线"毫无疑问是"钠线"。此前，托马斯·梅尔维尔的论文一直被学界忽视，只有1785年的一位牧师摩根先生[2]注意到了。摩根先生用火焰进行了实验，但是并没有作出什么突出的贡献。之后伦敦的一位医生威廉·海德·沃拉斯顿[3]观察到在蓝光影响下，蜡烛火焰底部会出现明亮的光谱带，现在我们将其称为"斯旺光谱（Swan spectrum）"。1856年，圣安德鲁斯的威廉·斯旺再次观测到了这一现象并对其进行了描述。下一位在观察光谱明线方面作出成就的人是弗朗琅和费。

---

[1] 梅尔维尔曾在爱丁堡医学会宣读了两篇论文，均出版于1766年，见《物理和文学论文》一书，再版见于《加拿大皇家天文学会期刊》，第8卷，1914年，第231—272页。

[2] 《哲学汇刊》，第75卷，1785年，第190页。

[3] 威廉·海德·沃拉斯顿发明了延展铂金的方法，这使得他每年可以获得大量的专利税。他发明了投影描绘器和冰凝器，此外，他还发现了钯元素和铑元素。

伦敦物理学家威廉·海德·沃拉斯顿（1766—1828）最先观测到了太阳光谱中的黑线。1802年，他看到了7条谱线，其中最为显著的5条线在他看来是光谱上纯粹单色的自然分界线。[1]他的解释十分有趣，因为其表明了一个看似最可信的理论中可能不包含任何真理的成分。他说道"……一束白光经由折射而分成的颜色，在我看来既不像人们在彩虹中看到的那7种颜色，也不像一些人所说的通过某种方式（我所知的方式）将其缩减为3种；但是……可以在一定程度上清晰地看到棱镜光谱中的4种主要分类，我相信这在之前从未被描述或者观测到。"[2]

第一个关于太阳光谱中黑线的伟大研究是由约瑟夫·弗朗和费作出的，而他对于沃拉斯顿的发现一无所知。约瑟夫·弗朗和费（1787—1826）出生在巴伐利亚州的史特劳宾。他的父亲是个穷苦的玻璃工匠，他小的时候就得帮父亲的忙。因为磨制玻璃的技术很好，他在尤兹内德尔的光学研究所谋得了一个职位。1818年，他成为这个研究所的负责人，该研究所在不久之后搬到了慕尼黑。约瑟夫·弗朗和费成为慕尼黑科学院的一员，并成为其物理陈列室的管理员。[3]

在其光学著作中，约瑟夫·弗朗和费罕见地将理论见解和实用技巧结合在一起。"他发明和改进了许多方式、机械和打磨透镜的观测工具，在1811年后负责融化玻璃的工作，这使得他能够制造出更大且没有脉纹的火石和冕牌玻璃。特别是因为他发现了精确计算各种透镜的方法，为实用光学开辟了全新的道路，并且将消除色差的望远镜改进到了当时人们完全想象不到的完美程度。"[4]

---

[1] 数学家和物理学家玛丽·萨摩维尔女士作出了如下回忆："在一个晴朗的早晨，沃拉斯顿博士来到汉诺威广场拜访我们，他说，'我发现了太阳光谱中的7条黑线，我想展示给你们看'。之后，他关上了屋子的百叶窗，只让一束很窄的光线进入房内，他将一个很小的玻璃棱镜放到我手中，告诉我要如何使用。我很清晰地看到了这些线。如果我不是第一个，那肯定也是最先看到的人之一。它们是一系列伟大宇宙发现的起源，证明了地球上的许多物质也是太阳、行星甚至星云的组成部分。沃拉斯顿博士给我的那个小棱镜具备双重价值，它是由慕尼黑的约瑟夫·弗朗和费制作的，他的黑线表现在已经成为了那门神奇科学中的比较标准。当然这个工作是由许多杰出人士所完成的，而罗伯特·威廉·本生和古斯夫·罗伯特·基尔霍夫使其达到了完美的境地。"见《玛丽·萨摩维尔个人回忆录》，由其女儿玛莎·萨摩维尔所写，波士顿，1874年，第133页。

[2] 《哲学汇刊》，1802年，第378页。

[3] F.罗桑伯格，《物理科学》，第二部分，第189页。

[4] E.隆梅尔为约瑟夫·弗朗和费的《丛集》作序，第7页，慕尼黑，1888年。

在试图测定特殊颜色折射率以便设计出更加精准的消色差透镜的过程中，约瑟夫·弗朗和费意外地在一盏灯的光谱中发现了橙黄色的双线，现在称之为"钠线"。在油灯、牛油灯和事实上所有火光中，他都看到了这一清晰明亮的双线，"完全处于同一位置，所以能够极大地帮助我们测定折射率"。他使一束来自狭缝中的光落在远处的火石玻璃棱镜上，棱镜放置在经纬望远镜前偏差最小的地方。约瑟夫·弗朗和费继续使用太阳光做实验。他说："我希望弄清楚太阳光谱是否会和油灯光谱一样出现一条相似的明线，但是通过使用望远镜，我并没有发现这样的明线，反而发现了无数条极强和微弱的垂直线条，但是它们要比光谱中其他部分更暗一点儿，有一些几乎是全黑的。"[1]在实验了其他物质如氢、酒精、硫黄之后，他发现明线再次出现了。这必然是钠当中含有一定杂质，即使是极微小的量也会显示出其谱线。约瑟夫·弗朗和费也实验了星光，发现金星中出现了一些太阳谱线。[2]

约瑟夫·弗朗和费是第一个通过光栅观察光谱的人，并且通过光栅最早测定了波长。他所使用的光栅为0.04~0.06毫米粗的金属线，光栅刻痕为0.0528~0.6866毫米。测量的结果是0.0005882~0.0005897毫米，其平均值为0.0005888毫米，鉴于他所使用的光栅极为简陋，这样测算的数据已经是惊人的准确了。[3]他于1823年的一篇论文中包含了两个玻璃光栅的实验，其光栅刻痕分别为0.0033毫米和0.0160毫米。

约瑟夫·弗朗和费于1814年发表的论文并没有立刻得到认可，同样，他在1821年和1823年发表的论文也没能迅速得到认可。当时物理学家们正忙着争论光的微粒说和波动说哪个是正确的理论，而化学家们的注意力全都集中在道尔顿的原子理论和关于定比定律的贝托莱蒲鲁斯特争论。约瑟夫·弗朗和费所提出的新现象在其之后40年的时间内都没有得到充分的解释。他本人也没有找到打开太阳谱线"弗朗和费线"奥秘的钥匙，也没有清晰地界定出这些光谱线在化学分析中

---

① 《丛集》，第10页。引自《回忆录》中的《不同类型玻璃折射和变色电位的测定》，其初版见《慕尼黑阿卡德备忘录》，第五段，1814年。

② G.W.A.卡尔鲍姆，《光谱分析用涡流计》，巴塞尔，1888年，第12页。

③ 参考约瑟夫·弗朗和费的《光的新修改》，1821年；也可参考路易斯·贝尔的《光的绝对波长》，载《哲学杂志》，第25卷，1888年，第245页。

发挥的作用。

在约瑟夫·弗朗和费之后，最先从事这方面研究的是英国人。J．F．W．赫歇尔考察了几种物质的明线光谱，并且指出这些明线的颜色可以用作检测微量物质的手段，其在1827年自己的《论光》一书中探讨了这一主题。查尔斯·惠特斯通在1835年发表了一篇关于通过金属的电弧光谱的论文。英国另外一位富裕的公民，威廉·亨利·福克斯·塔尔博特（1800—1877）认为，所有的单色光，无论其颜色如何，总是表明存在着一定的化学混合物。但那时这些研究人员中，没有人在这一主题上提出清晰的概念。例如，塔尔博特犯了一个实验室中的新手常犯的错误，即把一些明线光谱看作真正的黑线光谱。"铜盐的光谱带有暗线，其很像太阳光谱"。[①]古斯塔夫·罗伯特·基尔霍夫指出这些英国的研究者并没有建立起光谱线和火焰中特定元素之间的关系，[②]因此威廉·亨利·福克斯·塔尔博特将D线归于硫黄和钠盐。戴维·布鲁斯特爵士在1832年描述了黑线光谱，其是由通过有色玻璃和某些气体的光线被吸收而形成的。这些光谱像太阳光谱。布鲁斯特发现发烟硝酸会吸收谱线，但是液体不会，可以用来反对光的波动说；因为气体相对其密度更高的液态而言，对以太运动的阻碍应该是更小的。钠的明线和太阳的D黑线完全重合的现象是由国王学院的威廉·艾伦·米勒和巴黎的珍·里昂·傅科所发现的。后者通过把钠线的太阳光和电光同时引入到分光镜中的方式作出了这一发现。他可能考虑到弗朗和费线的产生是因为太阳大气吸收了某种光线，但是这一解释的有效性没能得到证明。

光谱照相术

在光谱研究方面起了极大帮助作用的是涅普斯（1765—1833）发现的摄影术，于1827年在金属上生成了摄影图像。路易斯·雅克·曼丁·达盖尔（1789—1851）曾经做了几年涅普斯的助手，后来他改进了涅普斯的方式，并且在1839年宣布了新的技艺，即"达盖尔摄影法"。纽约的约翰·威廉·德雷珀在了解了这项著名的技艺之后马上开始使用，并第一个将这项技术应用于人。在刚开始的尝

---

① 《光谱分析用涡流计》，第18页。

② 古斯塔夫·罗伯特·基尔霍夫，《光谱分析法》，载《论文集》，莱比锡，1882年，第625—641页；也可参考F．罗桑伯格的《物理科学》，第三部分，第313页。

试中，"坐在前边照相的人的脸……涂上了白粉"，在晴朗的白天，照一张相片需要5到7分钟。1840年，约翰·威廉·德雷珀拍摄了月球，1842年拍摄了弗朗和费线，而仅仅在几个月之前，艾德蒙·贝克勒尔在法国取得了相似的成就。1843年，费城美国铸币局机械师约瑟夫·萨克斯顿为约翰·威廉·德雷珀用玻璃制作了衍射光栅，约翰·威廉·德雷珀则拍摄了衍射光谱。现在我们简单地看一下这位刻苦的研究者的一生。

约翰·威廉·德雷珀（1811—1882）出生于利物浦附近的圣海伦，曾就读于伦敦大学，于1833年到了美国。在宾夕法尼亚大学读完医学之后，他被选为弗吉尼亚州汉普登西德尼学院化学和生理学教授，之后又成为纽约大学教授，之后一直在那里担任职务，直到离世。多年来，他一直居住在纽约附近哈德逊河畔黑斯廷斯的一处安静的住所，那里围绕着他的是能让资深的科学家为之着迷的东西。[1]

1847年，约翰·威廉·德雷珀发表了一份重要的论文，[2]在这篇论文中他声称从实验中得出结论：所有固态物质甚至液体都可能在气温达到525℃时，变成白炽或赤热状态；而在525℃以下时会发出不可见光，当温度超过525℃之后，折射性更大的光线会持续性地增加；所有白炽固体的光谱都是连续的，气体也是如此，但是可能会有明线叠加在上边。最后一个论述是错误的，这是因为除了放置在火焰中的盐产生的线谱之外。他还使用了会发出固体碳那种连续光谱的明亮火焰，发光气体通常情况下只会产生明线。

13年之后，古斯塔夫·罗伯特·基尔霍夫独立地通过理论考察推导出了和约翰·威廉·德雷珀正确论述一样的结论，他是从不同物体的辐射能的发射力和吸收力的关系出发进行理论研究的。1854年，安斯特朗（Angstrom）（随后巴尔弗·斯图尔特也同样）建立起了这个关系。

关于太阳光谱中神秘图谱的解释

在古斯塔夫·罗伯特·基尔霍夫和罗伯特·威廉·本生之前，安德里亚斯、

---

① 《美国科学期刊》，第23卷，1882年，第163页；也可参考《美国艺术与科学学院院刊》的《传记回忆录》，第2卷，1886年，第351页。

② 约翰·威廉·德雷珀的《科学回忆录》（一），纽约，1878年；也可参考约翰·威廉·德雷珀的《对光谱摄影和光化学的早期贡献》，载《自然》，第10卷，1874年。

安斯特朗、巴尔弗·斯图尔特、戴维·布鲁斯特爵士、J. H. 格莱斯顿、朱利叶斯·普吕克尔（普吕克尔管的发明人）、V. S. M. 范·德·维利根、艾德蒙·贝克勒尔和许多其他人[1]都十分详细地描述过光谱分析。

　　古斯塔夫·罗伯特·基尔霍夫（1824—1887）出生于哥尼斯堡，曾经在柏林做过编外讲师，之后在布雷劳斯担任非常任教授，1854年在海德尔堡担任正教授，1875年之后在柏林担任教授。他人生中比较多产的阶段是在海德尔堡教课的那20年，在那里他跟一位伟大的化学家罗伯特·威廉·本生（出生于1811年）[2]一道进行研究。1859年至1862年，这两位伟大的研究者共同做出了光谱分析这一伟大发现。在当时，海德尔堡的物理实验室十分简陋，在一个小屋子中，而且已经有150年的历史了。那些意义重大的研究就是在这样一间小房子中完成的。1855年，[3]他们将发光气体带进了实验室。1857年，罗伯特·威廉·本生和罗斯科第一次描述了"本生灯"。[4]这个新的喷灯为罗伯特·威廉·本生和古斯塔夫·罗伯特·基尔霍夫提供了一种温度较高的不发光的气体火焰，可以通过它将化学物质蒸发，得到只来自发光蒸气的光谱。通过这种方法，早期实验的一些错误就被避免了。

　　1859年10月，古斯塔夫·罗伯特·基尔霍夫和罗伯特·威廉·本生发表了他们的第一篇论文，其中包含了之后大概的研究内容。通过实验，古斯塔夫·罗伯特·基尔霍夫断言"一种带颜色的火焰光谱中包含了明亮的锐线，所以当这些谱线经过火焰时，其颜色会大大弱化，以至于只要火焰后边出现强度足够的光时，这些黑线就会出现在明线的位置，不然的话，这些黑线就不会出现。""太阳光谱中的黑线并不是因为地球大气而形成的，因为在火焰中同一位置产生明线的那些物质存在于灼热的太阳大气中。"古斯塔夫·罗伯特·基尔霍夫认为太阳大气

---

　　① 参考 G. W. A. 卡尔鲍姆的《光谱分析用涡流计》；古斯塔夫·罗伯特·基尔霍夫的《光谱分析法》。

　　② 关于约翰·威廉·德雷珀在化学方面的贡献，参考《自然》，第23卷，1881年，第597页。

　　③ 乔治·昆克，《海德尔堡大学研究所的商业物理》，海德尔堡，1885年，第16页。

　　④ 《波根多夫物理年鉴》，第9卷，第84—86页；F. 罗桑伯格，《物理科学》，第三部分，第484页。

中必定存在钠、铁、镁、铜、锌、钡、镍等元素。

这两位研究者推进了科学上确立的关于光谱中的明线可以被视为相应金属存在的确切标志的定律。通过光谱发现了迪尔凯姆矿泉水中存在的两种新金属这一事实，使得这一结论更加可信。通过辨认出这两种金属的绿线和红线对其进行命名，分别为"铯"和"铷"。尽管应用于地球研究的光谱分析的发展要同时归功于古斯塔夫·罗伯特·基尔霍夫和罗伯特·威廉·本生，但是光谱分析在天体研究上的应用则都是古斯塔夫·罗伯特·基尔霍夫一人完成的。古斯塔夫·罗伯特·基尔霍夫对于弗朗和费线的解释是具有划时代意义的。赫尔曼·H.亥姆霍兹说道：[1]"事实上，显而易见地其产生了极为伟大的影响，对于自然科学所有分支而言，其已经成为最重要的内容了。让所有人心生敬佩，并且历史上没有什么发现能像其一样如此激发了人们的想象力，因为它使得我们能够了解那个对于我们而言似乎永远隔着一层面纱的世界。"在这一点上，经常讲到这个故事：[2]一直有人在研究弗朗和费线是否真的揭示了太阳中存在金元素这个问题。古斯塔夫·罗伯特·基尔霍夫的资助人说："如果不能把金子从太阳上取回来，那么我为什么要关心太阳上的金子呢？"不久之后，古斯塔夫·罗伯特·基尔霍夫因为这个发现从英国获得了一枚勋章，其是用金子制成的。他把这枚勋章递给了他的资助人，说："看，我还是从太阳上拿到了一些金子。"

有人认为古斯塔夫·罗伯特·基尔霍夫作为研究者的天赋不在于开创，而在于完成。[3]这一点从他的光谱分析著作中就可以看出。他所发现的线索前人都已经掌握了。英国、法国和美国科学家差不多得到了和古斯塔夫·罗伯特·基尔霍夫近似的结果，所以长期以来在这些发现的优先权问题上一直存在一些争议。"所有人都已经看到了某些东西，做了一些猜想，考虑了一些可行情况（但是这些东西，当时古斯塔夫·罗伯特·基尔霍夫是并不知道的）。"但是，确实是古斯塔夫·罗伯特·基尔霍夫本人为这些发现打下了坚实的基础，并且获得了确切无疑的知识。

---

① 《古斯塔夫·罗伯特·基尔霍夫回忆录》，载《德国评论》，1888年2月，第14卷，第232—245页；译文见《史密森尼学会报告》，1889年，第527—540页。
② 《史密森尼学会报告》，1889年，第537页。
③ W.沃伊特，《纪念古斯塔夫·罗伯特·基尔霍夫》，哥廷根，1888年，第9页。

有人认为优先权应该属于剑桥的威廉·哈洛斯·米勒，他们声称"他比古斯塔夫·罗伯特·基尔霍夫作出的某些有色火焰对它们自身颜色的光具备不透明性这一伟大发现早了16年"。[1] 1859年在古斯塔夫·罗伯特·基尔霍夫发表了自己的论文之后不久，威廉·汤姆森（现在的开尔文爵士）声称这一发现应该归功于剑桥彭布罗克学院的乔治·加布里埃尔·斯托克斯（出生于1819年）。乔治·加布里埃尔·斯托克斯在古斯塔夫·罗伯特·基尔霍夫之前（大约在1894年）的在一次谈话中，解释了吸收线的形成，即"钠蒸气分子结构肯定具有一种跟双D线可折射度周期相对应的振动趋势，[2]因此光源中的钠肯定会发出具有那种特性的光。另外，光源周围大气中的钠蒸气肯定具备维持自身存在的倾向，也就是说其会吸收来自光远处跟其特性一样的光并提高自身温度。在太阳周围的大气中必然存在着钠蒸气，根据我们的力学解释，其会对具备那种特定的光不透明。当这样的光从太阳中散发出来时，它会阻止其在周围大气中的传播。"乔治·加布里埃尔·斯托克斯并没有通过实验证明钠蒸气是否真的如所推测的那样具备这种特别的吸引力，但是他记得珍·里昂·傅科在法国做的一个测试显示了这种力的存在。他并没有太重视他的力学理论，甚至都没有发表。但是威廉·汤姆森爵士补充道："多年来，在我的讲座中我一直提到它，并且同时提到我们应该通过研究与太阳和恒星光谱中的黑线相对应的人造火焰光谱中散发明线的地球物质，以此来研究太阳和恒星化学。"乔治·加布里埃尔·斯托克斯本人曾经大大方方地承认放弃优先权，他说："我从来没有试图将基尔霍夫伟大发现中的任何部分占为己有，我时不时在想我的朋友对我的事业有点儿太过热心肠了。"[3]

后来的光谱实验

自从古斯塔夫·罗伯特·基尔霍夫和罗伯特·威廉·本生开创了光谱分析学，科学家们一直忙着为这个理论增补细节，改善实验方式，并且增加我们在天体化学方面的知识。不久之后，人们便清晰地意识到在从光谱中推导物体的化学

---

[1] 布鲁克斯的《化工新闻》，1862年；《哲学杂志》（4），第25卷，1863年，第261页。

[2] 《哲学杂志》（4），第25卷，1863年，第261页。

[3] 《自然》，第13卷，1875年，第189页。

结构和物理特性时，必须要小心谨慎，多重光谱出现时就会造成混乱。早在1862年，波恩的朱利叶斯·普吕克尔就曾指出，相同的物质在不同温度下可能产生不同的光谱。他和W. 希托夫发现氢、氮和硫的烟有两种光谱，一种是弱的带状光谱，另一种则是明亮的线状光谱。亚琛技术学校的阿道夫·维尔内在1868年，研究了氢、氧和氮的光谱在普吕克尔管中于不同压力条件下的变化。[①]他观测到氧在不同压力条件下有三种不同的光谱。当在密度较大的气体中，通过普吕克尔管放电的电阻会更大，温度可能会更高。因此阿道夫·维尔内认为在普吕克尔管中气体压力的变化会伴随着温度的变化，而压力和温度的变化都会造成光谱的改变。安斯特朗反对阿道夫·维尔内的观点，并认为尽管温度的上升可能产生新的谱线，压力的上升可能使谱线变宽，但是光谱从来不会变成另外一种完全具备新特征的光谱。[②]安斯特朗认为维尔内所得到的一些结果是因为气体中存在一些杂质。但是，在这方面更多研究表明，光谱的改变不仅仅取决于温度和压力的变化，同时也跟分子结构息息相关。米切利希（Mitscherlich）、克利夫顿、H. E. 罗斯科和J. 诺曼·洛克耶（J. Norman Lockyer）研究了分子结构带来的影响。[③]J. 诺曼·洛克耶在1873年和1874年提出复合物跟单一物质一样，其光谱也是确定的；线状光谱的产生是因为游离的原子，带状光谱的产生是因为分子或者分子群。J. 诺曼·洛克耶的理论得到了安斯特朗的支持，但是遭到了阿道夫·维尔内的反对。阿道夫·维尔内在1879年[④]进行了氮实验，表明了通过逐渐调节温度，带状光谱会逐渐变成线状光谱。他认为J. 诺曼·洛克耶的分子分解理论并不适用于解释这些现象。J. 诺曼·洛克耶观察到线状光谱（如钙的光谱）会随着温度上升而变化。他之后提出了一个大胆的理论，即正如我们可以通过分子分解成原子的理论来解释带状光谱向线状光谱的过渡，那么由于温度上升而产生的线状光谱的变化也可以解释为原子分裂成了一些更为基础的物质，因此指出了化学元素本

---

① 《波根多夫的物理年鉴》，第135卷，第497页。

② 《太阳光谱研究》，乌普萨拉，1868年。参考F. 罗桑伯格，《物理科学》，第三部分，第701页。

③ 参考J. N. 洛克耶，《频谱分析研究》，纽约，1893年，第7章。

④ F. 罗桑伯格，《物理科学》，第三部分，第706页；也可参考《频谱分析的现状》，载《英国的报告》，1880年；摘要见《自然》，第22卷，第522页。

身的复合性质。[1]

德国人H. 凯塞和C. 伦格通过在1890年开始的一系列研究表明，许多元素光谱线的分布绝非刚开始看起来的那样没有规则可言。他们发现在普通元素的光谱中存在着谱线系。氩一度因为存在着不止一种谱线系而被视为一种混合元素，但是人们对拥有6个谱线系的氧也做了同样的论证，得出了错误的结论，因此这种假说被抛弃了。

至此，依旧不确定的是压力增加是否会增加谱线的宽度。G. D. 利文和J. 杜瓦反对连续光谱在低压下同样气体的谱线变宽而形成的这样的理论。[2]1895年，W. J. 汉弗莱斯和J. F. 莫勒在约翰霍普金斯大学实验室作了一个重要观察。L. E. 朱厄尔发现的一些差异促使他们进行了一些实验，以证明当金属弧周围大气压力增加时，其光谱线会显著地偏向红色端。这一现象跟多普勒效应是不同的，因为这个现象中出现的偏移对于每种金属而言都是不同的，而且对于同一种金属的不同光谱系也是不同的。[3]1896年，P. 塞曼（阿姆斯特丹大学的教授）观测到了另外一种有趣的现象，其揭示了磁化对光产生的影响。1862年，达拉第测试了钠的谱线，其将火焰放置在一个磁铁的两个极之间，但是并没有观察到什么效果。塞曼通过使用了现代电气用具观察到了一个变化，其将电弧中的光送入包含了钠蒸气的加热管中，并且把它放置在一个电磁铁的两极之间。当磁铁产生作用后，谱线就变宽了一点儿。[4]芝加哥大学的艾伯特·A. 迈克逊通过他新的阶梯分光镜表明了这一现象还要复杂得多。例如，"当磁场中发射出辐射时，所有光谱线都变成原来的三倍"。

这一分光镜开始被广泛地应用到天体的化学分析中，[5]但是它也实现了一种间接应用，之后会变得同样重要。分光镜虽说无法为我们提供星体面向我们或者

---

[1] J. N. 洛克耶，《频谱分析研究》，第189页。

[2] W. 哈金斯的《就职演说》，载《自然》，第44卷，1891年，第373页。

[3] 《天文学期刊》，第3卷，1896年，第114—137页；《约翰霍普金斯大学通告》，第130；《自然》，第56卷，1897年，第415、461页。

[4] 《哲学杂志》，第43卷，第226—239页；《自然》，第55卷，第192、347页；参考O. 洛奇的《电气技师》伦敦，第38卷，第568、643页。

[5] 关于天体物理学的历史，可以参考A. M. 克拉克，《19世纪的天文学史》。关于分光镜的文献资料，可以参考《史密森尼作品收藏》，第32卷，1888年。

背对我们运动的直接证据，但是我们可以借用分光镜来观察这种运动。出生在奥地利萨尔斯堡的约翰·克里斯蒂安·多普勒（1803—1853）最先在声学方面得出了相关的原理。1835年，因为无法找到一个合适的职位，他正准备移民美国，就在这时他受聘成了布拉格实科学校的数学教授。[①]他在1842年发表的论文中呼吁人们关注以下现象，即发光物体的颜色，跟发声物体的音调一样，肯定会因为物体朝向观察者运动或背离观察者运动的不同而变化。1845年，乌特勒支皇家气象学院院长克里斯托夫·海因里希·迪特里希·拜斯巴洛特（出生于1817年）对火车进行了实验，并且证明了这一理论在声学方面的有效性。火车急速驶进车站时，火车上的人会发现火车站响铃的音调在接近时比实际的更高一点儿，而在离开时比实际的更低一点儿。约翰·克里斯蒂安·多普勒认为十分可能的情况是所有的星星都发射白光，其中一些星星有颜色是因为它们朝着我们运动或者背向我们运动。正如拜斯巴洛特所说的，这个结论是错误的。星体向我们靠近的话，靠近紫外线区域的整个光谱会出现一定的偏移，一些红外线会变成可见光，而一些紫外线则变成不可见的，但颜色本身并没有发生变化。但是在1848年，珍·里昂·傅科指出，通过检查光谱线肯定能够看到出现的这种光谱区域偏移。例如，如果把一颗朝向我们运动的行星的氢线和实验室氢管中的谱线相比较，那么前者是朝向紫外线区域移动的，而后者是固定不动的。光谱区域的偏移极小，直到很多年之后，科学家才发明了可以对其进行精确测量的仪器。英国天文学家威廉·哈金斯（出生于1824年）在1868年率先从事到了这一工作当中，1871年波茨坦的H．C．沃格尔检测到了由于太阳转动而出现的偏移现象。近些年来，多普勒原则已经成功地应用到了行星运动上，沃格尔、哈佛大学的爱德华·C．皮克林、利克天文台的詹姆斯·E．基勒也将这一原则应用到了发现双星的工作中。根据这一方法发现的双星中，有些星体间距离极近，即使是用最先进的天文望远镜来观察，它们看上去也跟一个行星没有什么差别。1895年，詹姆斯·E．基勒通过天文观测，证明了土星的环系并不是固体存在，因为其观测到亮环内部边缘每秒移动的速度为12.5英里，而亮环外部边缘的移动速度只有每秒10英里左

[①] 约翰·克里斯蒂安·多普勒去世之前，在维也纳大学担任实验物理学教授一职。参考F．波斯克的《物理和化学》，第9卷，1896年，第248页。

右。利克天文台的W．W．坎贝尔使用了摄谱仪将多普勒效应应用到了视线星体的运动中，并借此发现不同光谱类型的星体在太空中的运动速度也不相同。之后奥尔巴尼达德利天文台的路易斯·博斯（1846—1912）和莱顿天文台的雅克布斯·C．卡普坦（1851—1922）分别证明了这一结论的正确性。

应用光栅观察太阳光谱

获取光谱有两种方式：一种是使用一个棱镜或一组棱镜；另一种是使用光栅。古斯塔夫·基尔霍夫和罗伯特·威廉·本生使用了第一种方式，而约瑟夫·弗朗和费和多普勒使用的是第二种方式。托马斯·杨最初描绘了光栅理论（"带有条纹的平面"）的大致框架。在约瑟夫·弗朗和费之后，第一位在光栅制作技艺方面做出改进的人是波美拉尼亚格莱福斯瓦尔德地区的光学仪器制造者F．A．诺贝尔。他制造了玻璃测微计，即用于测量显微镜放大倍数的仪器，还为E．马斯卡特和安斯特朗提供了光栅。1868年，安斯特朗在乌普萨拉发表的《太阳光谱研究》一文中公布了一份波长表，这份波长表在之后很长时间内成了波长的参考标准。他所有的测定结果有大约1/7000或1/8000的误差，主要是因为他作为长度标准的米短了一些。[①]早在1872年的时候，安斯特朗就意识到了这一点，但是他在作出改正之前就去世了。他的学生R．泰凌（R．Thalen）在1885年发表了更正后的波长表。安斯特朗表示波长的单位，也就是厘米，被称为"埃"单位，现在这一单位已被学界普遍接受。1907年，国际太阳协会在巴黎举办会议时，对厘米这一单位进行了重新定义，即其为15℃、760毫米大气压下红色镉线的波长。因此我们可以看到这条线的长度就是单位波长也是米尺的自然标准。最初，学界是根据宏观宇宙单元（地球象限的千万分之一）确定米尺的长度，现在学界通过微观宇宙单元来确定米尺的长度。在这一案例中，我们不难发现微观宇宙更加稳定一些。

诺贝尔衍射光栅刻线法一直被他本人视为商业秘密而严格地保护了起来。从他那个时代开始，美国制造了世界上最好的光栅。大约1863年，威廉姆斯学

---

① 路易斯·贝尔，《光的绝对波长》，载《哲学杂志》（5），第25卷，1888年，第245页。

院的毕业生和律师路易斯·莫里斯·拉瑟弗德（Lewis Morris Rutherfurd，1816—1892）开始对光栅的制造燃起了兴趣，他曾经在他的私人天文台研究过天文学。在经过无数次初步试验之后，路易斯·莫里斯·拉瑟弗德制造出了自己设计的一种仪器，并通过一个小的水力发动机使其运行。"其用金刚石刻刀在一块玻璃板上划出许多平行线，并利用作用在玻璃尖楔上的杠杆系统将玻璃板有规律地向前推，这个尖楔又会把玻璃板推向侧边。"[1]除了刻线中间的间隔偶尔会出现极小程度的变化之外，这个光栅的准确度确实令人心生敬佩。在听取了哥伦比亚学院奥格登·N. 路德的建议之后，他在1867年新制作了一个机器，用一个螺旋装置取代之前的杠杆装置来移动玻璃。经过几年的努力之后，他制造出来的光栅远远优于诺贝尔制造的光栅。1857年或者更早些，路易斯·莫里斯·拉瑟弗德给光栅镀了银，以便能更好地在分光镜上使用；后来他开始用镜铜制作光栅，以减少金刚石的磨损。1877年，他增加了划线机的尺寸。在使用了路易斯·莫里斯·拉瑟弗德质量更好的光栅之后，当时在美国海岸测量局工作的查理斯·桑德斯·皮尔斯（Charles Saunders Peirce）再次试图解决安斯特朗10年之前遗留下来的波长问题。[2]

现在最好的光栅是约翰霍普金斯大学亨利·A. 罗兰制造的光栅。他最初因为检查了马萨诸塞州沃尔瑟姆市威廉·奥古斯都·罗杰斯（William Augustus，Rogers，1832—1898）[3]制造的刻度机，才开始关注刻度机的制造。威廉·奥古斯都·罗杰斯的目标是生产光学仪器中的十字线和显微镜物镜的精密测试所用的极细的线。他能够在1毫米内刻上4800条线。亨利·A. 罗兰花费了大约一年的时间来制造刻度机。制作极为精确的螺旋装置是任务中最棘手的部分。该过程包括在一个长螺母中研磨螺钉，并不断对其进行反转。这个装置完成之后，尽管其长达九英寸，但是不会出现半个波长的误差。[4]亨利·A. 罗兰发明了凹形光栅，并在他的刻度机上进行刻度，由此也就无须用到准直仪了。亨利·A. 罗兰继续

---

[1] B. A. 古尔德的《传记回忆录》，见《美国艺术与科学学院院刊》，新系列，第3卷，第428页。

[2] 《美国科学期刊》（3），第18卷，1879年，第51页。

[3] 《美国艺术与科学学院院刊》，新系列，第2卷，1884年，第482页。

[4] 参考亨利·A. 罗兰的文章《螺旋》，载《大英百科全书》，第9版。

指导制作了第二台、第三台刻度机，目前亨利·A. 罗兰制作的光栅依旧没有敌手。[1]他制作了太阳光谱的大型照相图，于1888年制成了一幅总长超过35英尺的巨型"太阳光谱摄影图"。他准备了一份太阳光谱波长表（见1895—1897年《天体物理杂志》第1~6卷）。这份波长表中记录的波长数据是相当准确的，但是近些年来，路易斯·贝尔等人使用了迈克逊的干涉仪，详细地测定了线的波长，发现需要对这一波长作出一定的修正，相应地也应该对罗兰波长表中相关波长的绝对值进行修改。罗兰表中给出的值为5896.156，哈特曼在1909年给出的这一数值为5895.932。迈克逊没有选择线，而是选择了红镉线作为标准参考线。

对可见的太阳光谱的上下探索

威廉·赫歇尔爵士（1738—1822）第一次指出太阳光谱并非局限于可见光部分，即从红光到紫光的部分，他在1800年发现还存在着红光之外的太阳光。通过在连续光谱上放上温度计，他发现太阳光谱中热的分布并不是平均的，在红端以下是最热的。在他之前，没有人怀疑过存在着这样的不均等性。这位资深的天文学家说："在自然哲学中，有时候怀疑些人们习以为常的事情是十分有意义的，特别是产生这样的想法时发现解决这样怀疑的手段触手可及。"[2]他认为太阳的热是由"光线"引起的，而光线则遵循反射和折射定律。托马斯·杨在1807年的讲演中说"这一发现理应被视为自牛顿时代以来最为伟大的发现之一"。但是，许多物理学家和教科书作家在之后半个多世纪的时间中，都没能看到这个由威廉·赫歇尔所预言、随后由梅隆尼阐释清楚的伟大发现。威廉·赫歇尔的观点遭到了发明了差示温度计的爱丁堡的约翰·莱斯利（1766—1832）的攻击。这位能力突出且十分认真的研究员和其他所有追寻真相的人一样，也陷入了错误之中。他没有看到辐射热和光之间的紧密关系。他说："我们探讨的热流体和冷流体到底是什么呢？它不是光，跟以太无关，跟真实的或者想象中的电流和磁流也不一样。但是为什么要去寻求看不到的动因呢？其只是周围的空气罢了。"因此，威廉·赫歇尔所说的红外线的热效应被认为是光谱中可见光那一部分的空气

---

① 关于亨利·A. 罗兰的传记以及第二台刻度机的设计图，参考《普通科学月刊》，第49卷，1896年，第110—120页。

② 《哲学期刊》，1800年，第255页。

气流。但是莱斯利的说法并没有什么人认可，因为汉弗莱·戴维已经证明了在部分真空的环境下，辐射是普通大气压下的三倍，而且约翰·威廉·里特（Johann Wilhelm Ritter，1776—1810）和沃拉斯顿已经发现了紫外光谱中存在的暗化学射线。[1]1811年，一位年轻的法国人德·拉·洛舍（De La Roche）证明了，在同类性质的两个连续的光屏中，第二个屏吸热比率小于第一个，因此他总结道，辐射热是具有不同类型的。[2]威廉·赫歇尔此前就已经证明了"辐射热的折射性是不同的"。

但是直到马其顿·梅隆尼（1798—1854）开始自己的研究之前，[3]在对辐射热的理解上始终没有取得什么显著的进展。他"是一位天生的物理学家"，从学校毕业之后就开始教授物理学。他曾在帕尔马大学任教7年，后来因为政治原因被驱逐出了意大利。在法国，他结交了阿拉戈这位好朋友。马其顿·梅隆尼在侏罗省地区担任教授一职，但是在1837年被准许返回自己的国家，1839年他当上了那不勒斯市艺术和贸易展览馆馆长。[4]1850年，马其顿·梅隆尼发表了自己的著作《热质的颜色》，其中包含了他在辐射能方面的研究。在书的序言中，他讲述了早年热爱自然的故事。其中部分内容如下：

"我出生在帕尔马，只要一放假，就会在天黑之前的乡下到处走走。我睡得很早，天还未亮我就起床了，然后一个人偷偷溜出家门，气喘吁吁地跑到一个小山顶上。我以前经常坐在那里，凝视着东方。"

他在书中说，他经常在那里等待太阳升起，并且享受那美丽的景致。他继续写道："但是，最让我心驰神往的莫过于将生命现象和闪耀的恒星紧密联系在一起的纽带，星星的光芒伴随着神秘的热量。"[5]

想在辐射热的研究方面取得成果，需要有更加精密的仪器取代威廉·赫歇

---

① F. 罗桑伯格，《物理科学》，第一部分，第67页。

② S. P. 兰利，《空气动力学实验》，1888年，第14页。

③ 这些资料引自F. 罗桑伯格的《物理科学》。玛丽和拉鲁斯认为其生卒年月为1801—1853年。

④ J. 洛福林的传记概要见《美国艺术与科学学院院刊》，新系列，第3卷，1857年，第164页。

⑤ S. P. 兰利，《空气动力学实验》，第16页。

尔所使用的温度计。这种更为精密的仪器就是由佛罗伦萨教授莱奥波尔多·诺比利（Leopoldo Nobili，1784—1835）发明的温差电堆，[1]他本人和马其顿·梅隆尼后来还对该仪器进行了改良。梅隆尼进一步强调了威廉·赫歇尔、洛舍和其他人或多或少清晰地意识到的一个研究结果，即辐射热是具有不同类型的，热辐射和可见光一样也具有多样性。被马其顿·梅隆尼喻为热的颜色的现象通过眼睛是分辨不出来的，但是与光的颜色一样，我们可以通过棱镜的色散或者通过不均等地吸收热颜色中的某些颜色这样的实验来做出分辨。马其顿·梅隆尼发明了"thermochrose"这个词，其意思是"热色"。他基本上意识到了辐射热等于光的概念。1843年，他说"光只不过是视觉器官可以感知到的一系列热符号，反之亦然，不可见的热辐射就是不可见的光辐射"。[2]但是如果说光存在的地方就有辐射热这种说法是事实，那么月光就必然显示出热效应。他进行了这样的实验，一开始失败了，后来终于取得了成功。1846年，在维苏威火山上，他使用了一个直径1米的多区域透镜，以及一个温差电堆和电流计，成功地检测到月光中存在的微弱的热的症状。

马其顿·梅隆尼进行了很多关于固体和液体吸收辐射热的实验。他发明了"传热性"这个词汇，其对于辐射热的重要性堪比"透明性"对于可见光的重要性。在他的实验中，他让灯光或者其他光源产生的辐射穿过空气进入到温差电堆中，随后记录电流计的偏转。接下来，他把即将要检验其传热性的物质（水、岩盐、玻璃或冰块）放置到光线进入到电堆的路径上，之后记录下偏转的结果。梅隆尼的实验似乎证明了岩盐对于各种热辐射而言是完全透明的。当然我们今天知道，这样的结论只是在特定条件下是正确的。冰和玻璃会吸收绝大多数辐射。马其顿·梅隆尼清楚地证明了不同的液体和固体具备不同的传热能力，并且除了岩盐之外的物质，其传热性随着热源变化而变化。玻璃会传输洛卡特利灯（Locatelli lamp）中发射的辐射的39%，但是其只能传输400℃下铜发射的辐射的6%。

马其顿·梅隆尼测量了不同厚度的固体和液体的传热性，而约翰·廷德尔

---

[1]　《波根多夫的物理年鉴》，第20卷，1830年，第245页；第24卷，1831年，第640页。

[2]　S. P. 兰利，《空气动力学实验》，第18页。

（1820—1893）则测定了气体和蒸汽的传热性。约翰·廷德尔出生于爱尔兰的卡洛附近，大约20岁时前往英格兰，加入了曼彻斯特一家铁路工程公司。1847年，他成了新成立的格林伍德学院数学和测量学讲师。值得注意的是这所学院是以实验的方式来教授科学的。在大约一年之后，他前往马尔堡大学学习数学、物理和化学。当时教授化学的是罗伯特·威廉·本生。约翰·廷德尔在物理学方面产生兴趣，是受到了出生于1820年的卡尔·赫尔曼·克诺伯劳（Karl Hermann Knoblauch）的极大影响，卡尔·赫尔曼·克诺伯劳还曾经检验并推广了马其顿·梅隆尼在辐射能方面的工作。在1850年毕业之后，约翰·廷德尔前往柏林，并在马格努斯实验室工作了一年，研究反磁性和磁晶体作用。回到英格兰之后，1853年他在皇家研究院发表了一个演讲，"震撼了所有在场听众"。[1]他当选为皇家研究院的自然哲学教授，这一职位因为托马斯·杨、汉弗莱·戴维和法拉第的研究而闻名于世。在那之后，除了假期中在瑞士阿尔卑斯山上对一些自然现象进行观测之外，他所有的研究都是在该院的实验室中完成的。他最重要的开创性工作是在热领域，他在推广困难科目方面具备无与伦比的力量。也许他对于科学的最大贡献便是他的著作，包括《热是一种运动模式》、《光学六论》（于1872年至1873年在美国出版）和《水的形态》等，这些都是通俗易懂的科学书典范。

　　马其顿·梅隆尼从使用热电仪器所做的实验中得出结论，在18或者20英尺的距离内，大气对于辐射热的吸收是完全无法感知到的，约翰·廷德尔通过更为精密的仪器证实了这一结论。大体而言，单一的气体对于热辐射的吸收是极为有限的，但是约翰·廷德尔发现在混合气体中就不一样了，它们对于热辐射的吸收量跟分子的复杂程度直接相关。乙醚蒸气每个分子包含15个原子，跟相同体积、密度达到最大但是每个分子只包含3个原子的硫蒸气相比，吸收的辐射热是二硫化碳的100倍。约翰·廷德尔发现辐射能力和吸收能力的程度是相对应的。因此，氧、氢和氮不辐射热量，而氨则会有十分明显的现象出现。柏林的H. G. 马格努斯力也曾研究过这一课题，这两位研究者得出的结论十分接近（水蒸气的例子除

---

　　[1]　关于"约翰·廷德尔"的条目，载《伦敦皇家学会程序》，第55卷，1894年，第18页。关于约翰·廷德尔著名的"祈祷检验"，参考《当代评论》，第20卷，1872年，第205—210页。《当代评论》第20卷也包含了詹姆斯·麦克什和他人的回复。约翰·廷德尔使自己面临"背叛神灵"指控的《贝尔法斯特演讲》，见1874年的《英国协会报告》。

外）。H. G. 马格努斯力发现水蒸气不会产生作用或者作用极其微小，但是约翰廷·德尔发现在低折射性的热辐射情况下作用十分显著。这是气象学中一个十分重要的问题，围绕这一问题的争论持续了很多年。[1]

1881年，约翰·廷德尔发表了一篇论文，[2]证明了自己的观点是正确的。当时，A. G. 贝尔通过连续落在密封在玻璃长颈瓶中物体上的光束作用，得到了类似于音乐的声音。他将一根听管插入长颈瓶的内部来听取声音，当一束光落到管子中的物质上时，物质就会膨胀，并且产生空气脉冲；光线消失之后，会出现相反的效果，因此就产生了声音。A. G. 贝尔在皇家研究院向约翰·廷德尔展示了一些这样的实验，于是约翰·廷德尔随机在长颈瓶内填充了不同气体进行了实验。[3]他说当长颈瓶装满潮湿的空气，让光束连续通过时，"我听到了水蒸气会产生强有力的像音乐一般的声音。我将长颈瓶放在冷水中，使其温度从90℃下降到10℃，我预计在这样的温度下不会出现同样的声音；但是……声音依旧十分清晰响亮；再将三个空的长颈瓶装满空气放到结冰的混合物中，当光线连续地快速通过时，声音要比干燥空气中产生的大得多。"因此水蒸气是具备吸收能力的，对这一争论终于画上了句号。

莱斯利、马其顿·梅隆尼和约翰·廷德尔指出了光对吸收能力影响方面存在的一个盛行不衰的错误。本杰明·富兰克林曾经将不同颜色的布放在雪上，并让阳光照射在上边。布吸收了不同程度的太阳光，而且雪融化的程度也不同。富兰克林从这个试验中总结出，深色吸收能力最好，浅色则最差。但是这样的一概而论也需要一些限制条件。如果太阳或者其他发光体的辐射只包含可见光，那么问题就会简单得多，但是事实上，不可见光所产生的效应经常跟富兰克林的理论相反。约翰·廷德尔将矾（一种白色粉末）涂在一个精密的水银温度计玻璃泡表层，并将碘（一种深色粉末）涂在另外一个水银温度计玻璃泡表层。在距离两个玻璃泡相同的距离处放上一个气火焰，矾包裹的温度计上升的温度是另外一个温

---

① 关于这一争论的历史评述，可以参考约翰·廷德尔的《对分子物理学在辐射热领域的贡献》，伦敦，1872年，第59—64页。

② 《辐射热的间歇光束对气态物质的作用》，载《伦敦皇家学会程序》，第31卷，1881年，第307页；《自然》，第25卷，1882年，第232—234页。

③ A. G. 贝尔，《辐射能产生声音》，华盛顿，1881年，第19页。

度计的两倍左右，所以矾相较于碘吸收能力更强。约翰·廷德尔认为："人们穿在身上的衣服所受的辐射并不像人们有时候设想的那样取决于颜色。动物皮毛的颜色也同样不会影响辐射。这些就是莱斯利和梅隆尼在不可见的热方面所得出的结论。"[1]

辐射

在正常温度下，一个物体所发射的辐射是不可见的，因为其波动的频率太低，人的眼睛无法捕捉到，这些都是常识性的内容。但是如果固体的温度升高到525℃以上（根据德雷珀的观点），理论上人眼可以捕捉到暗红色。如果温度继续升高，那么在某个阶段人只能够看到紫色光，这也是能被人眼捕捉到的频率最高的光了。事实上，我们看到的并不是紫色光，而是白光。也就是说，随着温度不断升高，更高频率的光和更低频率的光会同时出现，而白光就是可见光谱红端到紫端所有光线叠加之后的效果。那么问题出现了：随着温度不断升高，不同频率光线的强度如何随之变化？在特定温度下，哪个频率的光线会在光谱中占据主导地位呢？换句话说，在不同温度条件下，辐射的光谱分布到底是怎样的？

瑞士日内瓦的皮埃尔·普雷沃斯特（1751—1839）很早之前就开始思考与辐射相关的基本问题。他认为所有物体都会发出热辐射，并且会从附近的物体中吸收热辐射。根据这样的"交换理论"，即使所有物体的温度相同，它们依旧会交换热辐射，并且所有物体释放的热辐射的量就是它们所吸收的热辐射的量。爱丁堡的巴尔弗·斯图尔特（1828—1887）对皮埃尔·普雷沃斯特的交换理论进行了拓展，提出了在任一恒温下吸收和释放之间关系的理论："一块金属板吸收的热辐射和其释放的热辐射是相等的，且这种情况适用于每一种对热的描述中。"[2]随后巴尔弗·斯图尔特研究了在密闭空间中运动的具备释放和吸收热辐射能力的物体的问题，并确保物体和密闭空间一开始处于完全相同的温度之下。[3]根据多普勒原则，如果物体处于运动状态，那么其释放辐射的振动频率在不同方向上是不一样的，其运动方向正前方的要比后方的频率更快。"如果说初始温度完全相

---

① 约翰·廷德尔，《加热运动模式》，纽约，1897 年，第 299 页。

② B. 斯图尔特的文章，载《爱丁堡皇家学会期刊》，第 22 卷，1861 年，第 13 页。

③ 《英国协会 1871 年的报告》，伦敦，1872 年，第 45 页。

同，并且这一物体一开始处于静止状态的话，那么当这个物体开始运动之后，其向这一密闭空间所释放的射线会跟原来不完全相同……这一密闭空间会接收一组射线，同时也会释放出另一组射线"，因此这一密闭空间的部分地方不会一直保持相同的温度。我们可以通过这些温度不同的微粒，将热转化为机械运动所需的能量，就像蒸汽机一样。如果是这样的话，那么结果就是密闭空间内部的机械能增加了，但是除非我们承认永动机真的可以实现，否则这一结果就是不可能的。

"因此我们不能够假定，在这样一个密闭空间中，运动状态下的物体能够保留其所有动能，因此其动能应该会逐渐减少。"斯图尔特得出的结论是，天体在互相靠近或者远离时应会损失部分的机械能。自从麦克斯韦提出电磁理论之后，我们也可以通过考虑辐射释放的压力来解决斯图尔特悖论。1901年，俄罗斯物理学家彼得·N. 列别捷夫（1866—1911）[1]、美国物理学家欧内斯特·福克斯·尼克尔斯（1870—1924）[2]和G．F．赫尔在真空中通过极其精巧的镜子证明了光波也会产生压力，这跟光的电磁理论的预测是一致的。彼得·N. 列别捷夫等人用这一结果来解释彗星接近太阳时，其尾部会弯离太阳的现象。在这一情境中，光产生的压力超过了引力。

斯图尔特的论文在欧洲并没有引起什么讨论。在欧洲，古斯塔夫·罗伯特·基尔霍夫的研究占据了主导地位。大约和斯图尔特同时，古斯塔夫·罗伯特·基尔霍夫得出了以下结论，即"在相同温度下，波长相同的辐射，其发射率和吸收率的比率对所有物体而言都是相同的"。古斯塔夫·罗伯特·基尔霍夫在1860年到1862年间发表了许多重要的研究结果。一般而言，辐射在接触到物体之后，部分会被反射，部分会被传导，部分会被吸收。而假设辐射在接触到物体之后全部被吸收，在理论上而言是具备特殊意义的。古斯塔夫·罗伯特·基尔霍夫定义了一个完美的"黑体"，其在任何温度下都会完全吸收接触到它的热辐射。炭黑无法达到这样的要求。古斯塔夫·罗伯特·基尔霍夫认识到，任何物体的发射率和吸收率都只是绝对温度T和其波长λ的函数。如果我们将 $e(\lambda, T)$ 设为

----

① 彼得·N.列别捷夫，《物理年鉴》，第6卷，1901年，第433页；第32卷，1910年，第411页。

② E．T．尼克尔斯和 G．F．赫尔，《物理修订》，第13卷，1901年，第307页；《天文学期刊》，第15卷，1902年，第62页。

发射率，将$a(\lambda, T)$设为吸收率，那么对任意两个物体而言，存在以下比率关系：$e(\lambda, T)/a(\lambda, T)=e_1(\lambda, T)/a_1(\lambda, T)$，其中$e_1$和$a_1$指的是第二个物体的发射率和吸收率。那么对于"黑体"而言，$a(\lambda, T)=a_1(\lambda, T)=1$，因此$e(\lambda, T)=e_1(\lambda, T)$。也就是说，所有"黑体"的热发射率都是$\lambda$和$T$的同一个函数，并且其不受黑体本身材料的影响。鉴于任何两个物体发射率和吸收率的比率是相同的，那么我们可以将其中一个设为"黑体"，而根据定义，其吸收率是百分之百。因此我们会发现任何物体发射率和吸收率的比率都是λ和T的同一个函数，这和"黑体"发射率的情况是一样的。因此，如果通过实验能够达到形成"黑体"所需的条件，那么根据基尔霍夫的理论结果，我们也许可以发现λ和T函数，也就是我们所谓的"世界函数"的本质。

至于如何通过实验方式形成"黑体"，古斯塔夫·罗伯特·基尔霍夫的想法跟斯图尔特的想法是相似的。古斯塔夫·罗伯特·基尔霍夫提议取一个里边是黑色内壁的封闭盒子，将其置于常温T之下，在其上开一个小口，使得辐射可以从其内部发射出来。从理论上来讲，这种辐射和假设的"黑体"是相同的。在这一辐射的光谱中，我们可以通过实验方式研究λ和T关系的本质。但是，很多年之后学界才具备了进行这种尝试的实验室技术手段。

塞缪尔·皮尔庞特·兰利（1834—1906）在辐射热的研究方面作出了一些重要的实验贡献。他出生在波士顿的罗克斯伯里，曾学习建筑和土木工程，出国留学了两年之后，于1865年在哈佛天文台当起了助理；之后他成了海军天文台数学助理教授，并于1867年成为了阿勒格尼天文台的台长。从1887年直到他去世，一直担任华盛顿史密森学会秘书一职。他性格内敛，比较孤独，也没有什么家人。他从孩童般的兴趣出发，致力于研究我们这个星球所有生命所赖以生存的太阳。

为了进一步在辐射研究方面取得显著进展，似乎有必要发明比梅隆尼和廷德尔所使用的温差电堆更为精密的仪器。塞缪尔·皮尔庞特·兰利在1881年第一次描述了这种新设备，即辐射热测定器。[①]他将一根极细的铂丝（最开始用的是铁

---

① 《美国科学杂志》，第21卷，1898年，第187—198页。其最新形式见于同一杂志，第5卷，1898年，第241—245页。关于塞缪尔·皮尔庞特·兰利生平简介，参考《科普月刊》，第27卷，1885年，第401—409页。

丝）放在电路中充当导线之用。如果辐射落到铂丝上，那么铂丝温度就会上升，电阻就会增加。精密的电流计会记录电流中出现的变化。这一辐射热测定器可以检测到0.0000001℃温度的变化。最初使用这一仪器得出的结果表明，太阳光谱中最热的部分是橙色光区，而不是威廉·赫歇尔等人所认为的红外线区。更早期的观察者所使用的都是棱镜光谱，存在两个问题：①棱镜本身会吸收一定的辐射，也就是所谓的"选择性吸收"现象；②棱镜会将光谱的下半部分聚集起来，因此导致了对热分布的错误认知。后来人们使用光栅避免了这种问题的出现，并得到了"匀排光谱"。多年以来，人们一直认为（未经实验证实）地球大气就像温室中的玻璃一样，会通过吸收地球辐射中的红外线而保持整个地球的温度。塞缪尔·皮尔庞特·兰利通过实验证明了这样的看法是错误的。红外线通过大气层是更加容易的。他在阿勒格尼进行了实验，随后又于1881年在内华达山脉惠特尼山的山峰上继续实验，[①]证明了大气的"选择性吸收超出了人们的预料，其会阻挡住相当大一部分的蓝色光和绿色光"。大气不仅阻挡了一部分的太阳辐射，而且完全改变了太阳光的组成成分。其阻挡了更多的蓝色光和绿色光，产生了我们十分熟悉的"白色"光，所以"白色"并不是太阳光全部辐射叠加在一起的效果。原始的太阳光落到地球上边的辐射效果，就像通过略带红色的玻璃看电灯的灯光一样。

在F. W. 维里的帮助之下，塞缪尔·皮尔庞特·兰利进行了关于月球温度的实验。[②]辐射热测定器"在热曲线上给出了两个极值，第一个对应的是从太阳反射的光线的热，第二个（位于光谱中靠下的位置，但是并不确定）对应的是相较之下温度极低的一个光源所发射的更多的辐射热量"，也就是月球表面。经过太阳照射之后的月球表面的平均温度"很可能不会超过零度很多"。这样的测定是基于塞缪尔·皮尔庞特·兰利的实验结果，即"曲线中极限值的位置代表了不可见的热辐射，其可以作为测定发射辐射（固体）物体温度的可靠标准"。

通过研究萤火虫的发光现象，塞缪尔·皮尔庞特·兰利和F. W. 维里证明

---

① 《美国科学杂志》，第25卷，1883年，第169—196页。

② 《美国科学杂志》，第38卷，1889年，第421—440页，这只是摘要部分，整篇论文见《国家学院科学回忆录》，第4卷。

了[①] "产生光不一定会产生热，热并不存在于光本身，这事实上是自然进程的结果"； "自然产生了这种最为廉价的光，其能量成本是蜡烛火焰的1/400，而跟电灯比起来更是微乎其微"。

塞缪尔·皮尔庞特·兰利证明了任何恒定能量所产生的视觉效应，与其光的颜色存在极大的关系。而对于同一种颜色而言，不同人产生的视觉效应也不同。对于深红色光的感知通常需要视网膜在感知期间捕获其波长，需要的能量是0.001尔格，同样情况下捕获绿光则需要0.00000001尔格。换句话说，我们需要花费10万倍看到绿光时所需的能量才可以看到红光。[②]

塞缪尔·皮尔庞特·兰利广泛研究了太阳光谱中的红外区域。J. W. 德雷珀在1842年的照相记录中观察到这个区域存在三个宽带。珍·里昂·傅科和菲佐在1846年也作出了相同的发现。阿布尼上尉在1880年通过照相术描绘出了波长达1.075 μm的红外棱镜光谱图。塞缪尔·皮尔庞特·兰利得到了是这个波长两倍的热现象；他使用了精密的铂丝测算到的波长接近3 μm，也就是接近0.003mm。在这个位置上，太阳热似乎被突然隔断了。太阳光谱可见光部分从H线=0.39 μm到A线=0.76 μm；塞缪尔·皮尔庞特·兰利所测得的可见光谱从0.76 μm到差不多3 μm。塞缪尔·皮尔庞特·兰利还研究了地球上的源产生的可见红外辐射，得知了其波长超过0.005mm，并据此认为他已经发现了波长超过0.03mm的辐射。所以当他测得的波长达到牛顿所测定最大波长的8倍时，认为可能还存在着更大的波长。[③]鲁宾斯和E. F. 尼克尔斯不再使用辐射热测定器，而使用改良之后的克鲁克斯辐射计。他们从热氧化锆中分离出光线，并且测定了其波长为0.05mm。[④]这一波长是最短的赫兹波长的1/100。从此人们便清楚地得知了从波长长达几千米的赫兹波到波长小于0.0002毫米的紫外线等这些所有单色辐射波长。

里特和沃拉斯顿最初发现了太阳光谱中存在着紫外线，随后比奥对其进行了研究，发现玻璃、岩盐和石英对这些光的吸收能力和它们对可见光的吸收能力无

---

① 《美国科学杂志》，第40卷，1890年，第97—113页。

② 《哲学杂志》，第27卷，1889年，第23页。

③ 《美国科学杂志》，第32卷，1886年，第24页。关于近期的一些测定结果，参考《自然》，第51卷，1894年，第12—16页。

④ 《物理评论》，第4卷，1897年，第314—323页。

关。A．C．贝克勒尔证明了特别是石英对这些光线没有什么吸收能力，甚至一块深色的石英石对于这些光线的吸收力也要弱于一块干净的玻璃。随后人们分别研究了太阳和人造光源的紫外线区。弗朗茨·埃克斯纳（Franz Exner）和E．海希克（E．Haschek）在1896年通过罗兰光栅和照相术研究了11种金属的电火花光谱，并且测量了超过1.9万条紫外线。[1]

出于好奇，人们在"反差色散"方面也做了一些观察。福克斯·塔尔博特在1840年第一次发现了这种现象的存在。勒·鲁在1862年发明了"反差色散"这一术语，[2]他注意到碘蒸气会吸收可见光谱的中间部分，并且与其他物质相比，其对于蓝光的折射程度要弱于红光。1870年，C．克里斯蒂安森发现一个中空的装入碱性品红溶液的棱镜显现出来的颜色顺序分别是紫、红、黄，而并不是红、黄、紫。维尔茨堡教授奥古斯特·孔脱（1888年之后在柏林任教授，1839—1894）也曾描述过氰、紫苯胺、蓝苯胺和其他物质也会出现相似现象，[3]它们的折射颜色和它们的透射颜色是不同的。他的观察不局限于液态物质。1880年，他意外地发现钠蒸气中发生了反差色散。在由极薄的金属膜导致的色散中，奥古斯特·孔脱注意到了一个奇怪的现象。在金、银、铜中，光线从空气进入金属膜上时偏离了法线，这意味着其折射率小于1。在金和铜中，红光偏离法线的程度超过蓝光。在铂、铁、镍、铋中，折射率大于1，而且在这些金属中，红光的折射率都大于蓝光，这表明红光比蓝光更加偏向于垂直线。他通过在镀铂玻璃上进行电镀沉积，制造出了角度很小且透明度很高的金属棱镜。这一项工作花了他两年时间，他从2000多个样品中选取了少量可用的棱镜。这些金属中的光速跟金属的导电和导热能力关系十分密切，速度最快的就是最好的导体。[4]在现代，反差色散现象在由克林德和赫尔曼·H．亥姆霍兹等人所提出的色散理论中发挥了重要作用。

---

[1] 《维也纳会议报告》，第105卷，第389—436页，503—574页，707—740页；《天文学期刊》，第5卷，1897卷，第290页。

[2] 《维也纳会议报告》，第55卷，第126页。

[3] 《波根多夫物理年鉴》，第142卷，第163页；第143卷，第149、259页；第144卷，第128页；第145卷，第67、164页。

[4] 《哲学杂志》（5），第26卷，1888年，第2页。

辐射能学科的术语是需要做一些修正的。"辐射热"这样的表达现在依旧使用得十分频繁，但如果说我们认为热是在有重量的物质中的分子运动所引起的一种能量形式的话，那么这个术语本身就是自相矛盾的。这意味着没有分子就没有热。"辐射热"这一现象并不完全属于热学领域，除非我们以会引起争议的方式赋予"热"这个词双重含义，让它既可以代表以太波形成的能量形式，也可以代表分子运动产生的能量形式。[1]"传热的"和"不传热的"这两个术语的选定不存在问题，因为在探讨以太波时我们会使用到这些术语，但是从词源上来讲，这两个词是跟热现象相关的。[2]

彩色照相术

自照相术诞生伊始，自然颜色摄影这个问题就存在了。人们最初试图通过一些化学方式解决这一问题，其中最为人所知的莫过于艾德蒙·贝克勒尔进行的尝试。他通过将紫色的亚氯化银薄膜包裹在银板上，成功地拍到了太阳光谱中的所有颜色，但它们在曝光时立刻就消失了。[3]

彩色照相术的第二种方式是让光通过三组不同的滤色屏，并且用三张无色底片拍下对象。这样就得到了三张无色的正片。之后，用得到的每张正片时所用的光的颜色分别对这些正片进行染色，随后将染色的正片叠加起来，并用透射光对其进行观察，拍摄的物体就会呈现出自然颜色。这一方法是查尔斯·克罗斯在法国发明的，与此同时（1869年），迪克·奥隆（Dich Hauron）也发明了这一方法。德国人则认为这一发明应该归功于邦施泰滕男爵。J. 乔利改进了这一方法。[4]

巴黎的G. 李普曼提出了利用光的干涉的第三种方法。[5]其将一层透明的照相薄膜跟一层水银膜放在一起。经水银反射的光和入射光会互相干涉，进而在薄膜中产生驻波，因此这一薄膜就被分成了许多个跟玻璃表面平行且等距离的薄层。这些层之间的距离是入射光波长的一半。它们就像反射平面一样，从合适的角度

---

[1] 这是《标准词典》中对于"热"一词的定义。
[2] 对辐射能术语的讨论见《自然》，第49卷，1893年，第100、149、389页。
[3] 相关文章见《科普月刊》，第45卷，1894年，第539页。
[4] 《自然》，第53卷，1896年，第617页。
[5] 《自然》，第53卷，第617、618页。

看便会呈现出颜色。因此，如果在任意一点上的薄层是由紫光所形成的，那么它们只会反射紫光。十分有趣的是，李普曼最初是想将风琴管的声学特性（其基音取决于其长度）推广到光学领域的，最终却促使他作出了以上这些实验。

作为长度标准的波长

1829年，法国人雅克·巴比涅（1794—1872）第一次提出了将一些特定光线的波长作为"长度标准"这样的新思想。[1]光的波长被认为是恒定不变的值。C. S. 佩雷和拉瑟弗德一道首次尝试了落实这一计划。[2]艾伯特·A. 迈克逊和爱德华·W. 莫雷可以说是实现了这一计划的人，他们于1887年建议将钠光的波长设定为标准长度，并且解释了他们用以测定波长的比长仪。[3]之后他们尝试用绿色的水银光线取代钠光。[4]1892年，艾伯特·A. 迈克逊受邀带着自己的仪器从克拉克大学前往巴黎，目的是对比新的国际标准米制和镉线的波长，因为人们发现镉线在同质性方面要优于其他光线。这个极其细致的实验是在布勒特伊展示馆中进行的。[5]因此，米制的基本单位"与自然单位相比得到的结果，跟比较两个标准米制得到的结果相似。这一自然单位取决于振动原子和普遍存在的以太的特性，因此其很有可能是自然中最为恒定的尺度之一"。

人的眼睛

曾经人们普遍认为人的眼睛是完美的光学仪器，人类制造的任何仪器都无法与之相比。赫尔曼·H. 亥姆霍兹进行的关于眼睛作用的观察，促使这些观点发生了变化。他说："现在我们可以大胆地说，如果一个光学仪器制造商卖给我一个包含了眼睛所有缺点的仪器，我可以以最严苛的语言批判他的粗心大意，并且

---

① F. 罗桑伯格，《物理科学》，第二部分，第193页。
② 《自然》，第20卷，1879年，第99页。
③ 《美国科学杂志》，第34卷，1887年，第427—430页。
④ 《美国科学杂志》，第38卷，1889年，第181页。
⑤ 《天文学和天体物理学》，第12卷，1893年，第556—560页。

把仪器退回去。"①下述引文可以佐证这样的言论：②"一个并不完美的椭圆折射面、一个对焦不准的望远镜在观看星星时不会呈现出一个单一的发光点，而是根据折射媒介的表面和放置位置而产生椭圆形、圆形或者线状的像。现在如果用人眼对一个发光体的像进行对焦，那么得到的像甚至更不准确，因为发光体的光是不规则的。其原因在于晶状体的结构，其纤维是围绕着六条轴线排列的，所以我们眼睛所看到的星星或者其他遥远光源的光是我们眼睛辐射状结构形成的像，任何带有发散光线的形状都普遍存在这种光学缺陷，被称为'星形'。也正是因此，当月亮的新月还很窄时，很多人看到的月亮是其真实大小的两倍或三倍。"在法国，外科医生路易斯·约瑟夫·桑松第一次观测到光从两个晶状体表面进入瞳孔时出现十分微弱的反射之前，眼睛进行自我调节观察不同距离的物体的机制一直是一个谜团。马克思·拉根别克（Max Lagenbeck）发现眼睛在自我调节期间，反射会发生变化。赫尔曼·H.亥姆霍兹等人通过这些反射变化，研究了人眼睛晶状体的变化，并且得出结论：眼睛进行自我调节的方式是收缩睫状肌，从而减少晶状体的张力，其表面（主要是正面）会比休息状态下更向外凸起，而距离较近的物体的像就聚焦在了视网膜上。③

赫尔曼·H.亥姆霍兹毫不顾忌地直言道，蓝色的眼睛中并不存在真正的蓝色物质，即使是最深的蓝色也只是混乱的介质罢了。其光学作用就像深色背景前出现的烟会显现出蓝色一样，但这并不意味着这些粒子本身是蓝色的。或者根据牛顿、斯托克斯和凯莉的说法，④通过悬浮在空中的微粒仰视天空时，天空会变成蓝色。⑤这些灰尘在太阳照射时，反射了更多波长较短的蓝色光，透射了更多波长较长的红色光。

赫尔曼·H.亥姆霍兹和詹姆斯·克拉克·麦克斯韦实验了混合颜色产生的效果。詹姆斯·D.福布斯很可能是第一个提出黄色和蓝色混合在一起产生的是

---

① 赫尔曼·H.霍姆亥兹，《热门讲座》，由 E.阿特金森翻译，伦敦，1873 年，第 219 页。

② 同上，第 218 页。

③ 同上，第 205 页。

④ 《哲学杂志》，第 41 卷，第 107、275 页。

⑤ 詹姆斯·杜瓦认为天空呈现蓝色是因为空气中的氧气，因为液化的氧气就是蓝色的。

灰色而不是绿色的人。[①]

与光以太相关的理论和实验

自从菲涅尔时期开始，19世纪绝大多数科学家都更加倾向于相信光以太确实存在。但是科学家在假定以太的特性并确保它们不会自相矛盾方面，却遇到了相当多的困难。为了解释光的偏振，珍·奥古斯汀·菲涅尔和托马斯·杨不得不假定光波具有跟其传播方向相对的横向振动，这意味着必须要假定以太是一种具备弹性的固体，因为如果以太是像空气一样的弹性流体的话，只会存在纵向的振动。但是如果以太是具备弹性的固体存在的话，行星怎么会不受阻力地在其中运动呢？行星在转动过程中速度会不会逐渐减慢？许多个世纪的天文观测显示，转动并未出现速度减慢的情况。乔治·加里布埃尔·斯托克斯和开尔文认为以太更像鞋匠使用的蜡，其在猛烈撞击之下会发生振动，但又具备易塑性，使得重物可以在其中缓慢穿行。曾经有一段时间，开尔文在格拉斯哥的演讲室中向来访者展示了鞋匠鞋蜡的实验，其中上方的铅弹头和下方的木头立方体处于运动状态，就像他想象中的地球在以太中穿行一样。[②]为了解释布兰得利的光行差现象，珍·奥古斯汀·菲涅尔假定望远镜随着地球在太空中运动，同时不会影响到以太及其中波的运动。同样，在解释高密度介质中光速减小的现象时，珍·奥古斯汀·菲涅尔假定在自由空间和不透明物体中以太处于静止状态，而在处于运动状

---

① 坎贝尔和加特尼，《詹姆斯·克拉克·麦克斯韦的生平》，伦敦，1882年，第214页。詹姆斯·克拉克·麦克斯韦"喜欢对他表妹和姑妈等人坚持说蓝色和黄色合起来不会变成绿色。我记得他向我解释过颜料和颜色之间的差别"。（见《詹姆斯·克拉克·麦克斯韦的生平》第198页。）詹姆斯·克拉克·麦克斯韦有时候通过旋转将颜色混合在一起。他通常会使用一个"颜色盒"，还在1862年对这一装置进行了改进。"一束光被棱镜分成许多颜色，用带有狭缝的滤光器选择性地吸收某些颜色的光。之后再用透镜吸收这些光，通过另外一个棱镜将这些光还原成原来的那束光，使人眼可以直接观察到。"（见《詹姆斯·克拉克·麦克斯韦的生平》，第334页。）在国王学院担任教授的时候，他住在肯辛顿花坛宫8号，"在那里他进行了很多实验，在窗户边上用颜色盒（其被漆成了黑色，有近6英尺长）进行实验时，他的邻居十分好奇，还以为这个人疯疯癫癫的，花费那么多时间盯着一个棺材看。"（见《詹姆斯·克拉克·麦克斯韦的生平》，第318页。）

② 《科学》，第60卷，1924年，第150页。

态的透明物体的内部，其运动速度与物体运动速度的比率是 $\dfrac{n^2-1}{n^2}$，其中n是折射率。但是如果黑色物体在穿过以太时，以太不会随之出现任何运动。

那么光波怎么会产生被称为热的分子运动呢？分子运动又怎么会在以太中引发振动呢？1845年，英国剑桥的乔治·加布里埃尔·斯托克斯（1819—1903）对这一假说进行了修改，他重新假定接近地球表面的以太会完全被地球带着运动，距离稍微远一点儿的以太会部分被地球带着运动，另外"在距离地球不是特别远的地方，这些以太就处于静止状态了"。①乔治·加布里埃尔·斯托克斯的理论认为以太处于一种不稳定的状态，但是这一理论很难充分解释布兰得利的光行差现象和垂直光线的直线路径等问题。H．A．洛伦兹曾向瑞利勋爵表达过自己对这一理论的反对意见："斯托克斯先生施加在以太运动方面的各种条件存在相互矛盾的地方。"总而言之，物理学家更倾向于以太是自由状态，其不会随着物体运动而运动。但是，在1881年，艾伯特·A．迈克逊开始进行一些直接的实验，来验证到底以太是静态的还是运动的。当时，他还在德国，他的实验是在柏林物理研究所完成的。后来，为了使实验环境更加安静，他在波茨坦的天体物理天文台的地下室中完成了后续实验。他并没有观测到以太出现漂移的迹象，但是仅凭这一实验无法下决断，而且这些实验的数学过程还需要进行一定的修正。瑞利勋爵在当时是为数不多对这个问题感兴趣的人，他写信给艾伯特·A．迈克逊，请他继续进行实验。1887年3月6日，艾伯特·A．迈克逊从俄亥俄州的克利夫兰给他回信："关于我在波茨坦进行的实验，即使后来将H．A．洛伦兹提出的修正意见考虑在内后，我依旧未感到十分满意……我已经多次尝试唤起我身边科学家朋友对这一实验的兴趣，但是都没有成功。我选择不公开这一修正的原因（虽然我很不想这么讲）在于我所做的这项工作并没有受到关注，我本人感觉十分沮丧，并且认为不值得再进行尝试了。您的来信再一次点燃了我的热忱，我也决定立即重新开始这一工作。"②

1887年，艾伯特·A．迈克逊和凯斯西储大学化学教授爱德华·威廉姆

---

① 《哲学杂志》，第27卷，1845年，第9—15页。
② 《哲学杂志》，第27卷，1845年，第48—51页。

斯·莫利（1838—1923）在俄亥俄州克利夫兰凯斯应用科学学院完成了这一现在十分著名的实验。[1]根据当时人们对这一实验的解读，这一实验证明了地球会完全或者近乎完全地带着边上的以太一起运动，"只考虑地球在自己轨道上的运动的话"，地球和以太相对运动的速度可能不到地球轨道速度的1/6，而且肯定小于1/4。这个实验使很多物理学家感到错愕。格莱斯布鲁克在1896年呼吁道："我们需要第二个牛顿为我们带来一个可以解释电学、磁学和光辐射所有现象的理论，其有可能就是引力定律。"[2]开尔文在1900年说过"两朵乌云"给"认定光和热是运动形式的美丽而清晰的动力学理论"蒙上了阴影，其中一个阴影就是未能得到解释的艾伯特·A. 迈克逊—莫利实验。

热学

热质说

第一位力图推翻热质说的著名物理学家是本杰明·汤普森（拉姆福德伯爵）（1753—1814）。[3]他出生在沃本北部一个并不富裕的新英格兰家庭中，他的家距离伟大的本杰明·富兰克林的家乡不到两英里远。这两位物理学家从来没有见过面，但是他们二人在物理研究方面都取得了十分了不起的成就。本杰明·汤普森在很早的时候就对物理研究燃起了兴趣。在一本十分破旧的日记本中，他写道："记录我为制造一个电机而做的工作。两三天的时间制作轮子，半天的时间制作一个小的导体模型，制作静电计模型。"他曾经徒步走8英里的路从沃本前往剑桥，去旁听哈佛学院约翰·温思罗普教授的自然哲学课程。[4]19岁时，他在威明顿市的某个区教书。美国独立战争爆发后，本杰明·汤普森支持托利党人，

① 《希里曼的记录》，第34卷，1887年，第333页。

② R.T. 格莱斯布鲁克，《詹姆斯·克拉克·麦克斯韦》，纽约，1896年，第221页。

③ 《本杰明·汤普森爵士回忆录——拉姆福德伯爵》。本杰明·汤普森爵士与他女儿的观察，都被波士顿《美国艺术和科学院院刊》收录于《拉姆福德伯爵全集》中。

④ 为了感谢从哈佛学院获得的帮助，本杰明·汤普森爵士后来为该学院提供了捐助，成立了以他名字命名的教授职位。《本杰明·汤普森爵士回忆录——拉姆福德伯爵》，第36页。

有人怀疑他是国家的敌人，于是将他抓捕起来囚禁在沃本。但是迄今并未发现任何确凿或直接的证据可以证明本杰明·汤普森曾有过任何有害国家的行为，他本人所做的所有演讲也没有这样的倾向。[①]22岁时，他抛下妻子和女儿，独身逃往了英国。据我们所知，他之后从来没有给妻子写过信。在这位伟大的科学家身上，"智力生活似乎要远优先于情感生活"。他还曾一度与英国人为伍参加了战争。

1777年，他成了一位实验科学家，着手研究不同物质的凝聚程度。次年，他当选为皇家协会的成员。他极其向往军队生活，于1783年离开英国，与奥地利人一道参与到了试图针对土耳其人的战争中。但是战争并没有爆发，他开始为巴伐利亚选帝侯工作，这使得他在1790年成为了伯爵。他建立了工业机构、工业学院，在慕尼黑开办了一个军事学院，与此同时也在进行着自己的物理研究。[②]1799年选帝侯去世后，本杰明·汤普森前往伦敦，在那里成立了皇家研究院，用以传播应用科学知识。十分有趣的是，英国皇家研究院是由一位美国人建立的，而华盛顿的史密森学会则是由一位英国人建立的。1803年，本杰明·汤普森前往了法国，并且娶了化学家拉瓦锡的遗孀，不久之后便离婚了。后来，他在巴黎附近的奥特伊离世了。

本杰明·汤普森曾做过很多实验，其中最为重要的是发表于1789年的关于摩擦所产生的热的来源的实验。他当时在慕尼黑负责大炮的钻孔工作，他惊讶于这个过程中所产生的热。那么这些热是从什么地方产生的？其本质是什么？他制作了一套仪器，利用钝钢钻头摩擦产生的热使得一定量的水的温度升高。在他所做的第三次实验中，[③]水的温度在一小时内升高到了107℉，在一个半小时内升高到了142℉；"在经历了两个半小时的加热之后，水最终沸腾了！本杰明·汤普森说道："看到这么多凉水（18.75磅）在没有出现任何明火的前提下被加热到沸

---

① 《本杰明·汤普森爵士回忆录——拉姆福德伯爵》，第58页。

② "他在生产廉价营养食品方面的工作使他注意到了火炉和烟囱管道。他在伦敦发表的《论文集》（1790—1800年，4卷）中写道，他拥有至少500个烟囱。"见约翰·廷德尔的《法拉第的发现》，纽约，1877年，第25页。

③ 《拉姆福德伯爵全集》，由美国艺术和科学学院出版，波士顿，第1卷，第481—488页。

腾，我实在是很难描述所有旁观者表现出来的震惊和诧异……我必须承认，这带给我孩童般的快乐。如果我想成为一名严肃的哲学家，那么我最应该做的是隐藏起这种喜悦的情绪。"摩擦产生的热源"很明显是取之不尽，用之不竭的"。他认为热并不是物质，而是由于物质运动产生的，我们在这里只能展示他做的部分推论。他说道："我们没有必要继续补充，任何孤立的物体或者物体组合源源不断、不受限制地产生的东西绝对不可能是物质；在这些产生和传导热的试验中，除了用物质运动解释之外，我根本不可能或者至少很难想到还有其他方式可以解释。"

1804年，本杰明·汤普森在写给日内瓦的马克·奥古斯特·皮克泰（Marc Auguste Pictet）的一封信中说道，"我相信，我活得足够久，直到最后心满意足地跟'热质说'和'燃素说'一同进入坟墓。"这样的愿望并没有实现，因为在那之后差不多半个世纪，绝大多数物理学家和化学家依旧认为热是一种物质。

本杰明·汤普森在热的精准测量方面并不如他在热的定性研究方面那样成功。在他进行的摩擦起热的试验中，他说他没有估算过盛水的木盒中积聚了多少热，也没有估算过在实验过程中流失了多少热。从本杰明·汤普森的实验数据中，我们可以大概估计一下热的动态平衡。他认为水和金属的热容量相当于26.58磅水的热容量。一匹马在2.5小时内产生的热量足以使水的温度从33℉升高到212℉。因此，平均下来水温每分钟增加1.2℉；每分钟产生的热量是1.2×26.58卡或者1.2×31.92卡，这个数字肯定等于1马力，或者等于每分钟33000英尺磅的功。因此，如果用华氏度计算的话，1卡的热相当于1034英尺磅的功。焦耳的估计是722英尺磅的功。

本杰明·汤普森在热的本质上得出的结论遭到了热质论学说拥护者的强烈攻击，但是汉弗莱·戴维在1799年证明了他的说法。[①]汉弗莱·戴维使用钟表装置使在真空泵中的两块冰互相摩擦。尽管接收器显示容器中的温度一直处于冰点以下，但是其中一块冰却融化了。由此他得出结论，摩擦会造成物体粒子的振动，而这种振动就是热。但是，他并没有像本杰明·汤普森那样对自己的这一发现十分自信，直到1812年他才敢声称"热现象最为直接的原因是运动，而热传导所遵

---

① 《汉弗莱·戴维全集》，第 2 卷，第 11 页。

循的定律跟运动传导所遵循的定律一样。"[1]托马斯·杨在自己发表于1807年的《自然哲学》一书中，根据拉姆福德的实验，明确地提出了对热质说的反对，但是本杰明·汤普森、汉弗莱·戴维和托马斯·杨在当时并没有取得多少认可。[2]

精密的计温学

1822年，弗洛热格斯（Flaugergues）公布了一项精密计温学方面的重要观察，[3]他观测到了玻璃温度计中水银冰点的逐渐变化。玻璃从高温冷却后不会立即恢复到本来的体积。在使用的过程中，玻璃泡的容量会逐渐减小，一开始减少得比较快，后来的若干年会缓慢减小。这种特性给那些致力于实现精准温度测量的人带来了数不清的烦恼。J. P. 焦耳连续38年每隔一段时间检查读取一个精密温度计的"0的读数"，其结果如下：1844年4月，$0\,^\circ\mathrm{F}$；1846年2月，$0.42\,^\circ\mathrm{F}$；1848年1月，$0.51\,^\circ\mathrm{F}$；1848年4月，$0.53\,^\circ\mathrm{F}$；1853年2月，$0.68\,^\circ\mathrm{F}$；1856年4月，$0.73\,^\circ\mathrm{F}$；1860年12月，$0.86\,^\circ\mathrm{F}$；1867年3月，$0.90\,^\circ\mathrm{F}$；1870年2月，$0.93\,^\circ\mathrm{F}$；1873年2月，$0.94\,^\circ\mathrm{F}$；1877年1月，$0.978\,^\circ\mathrm{F}$；1879年11月，$0.994\,^\circ\mathrm{F}$；1882年12月，$1.020\,^\circ\mathrm{F}$。[4]在欧洲进行的玻璃研究中，人们发现了一种不包含众多玻璃缺陷的物质，其可以使水银温度计的准确性达到之前的5倍。[5]耶拿的维贝和斯科特证明了，含有钠或钾成分（但不能同时包含）的玻璃的零的读数偏移最小。[6]

近期，有人提议使用铂温度计做精密研究。[7]其是用精密的铂丝线圈和电阻较低的铅丝焊接在一起制成的。线圈和铅丝必须做到绝缘，而且要把它们架起来。这是对威廉·西门子电气高温计改进之后的仪器。铂温度计相对而言避免了读数的波动，其是通过电阻的变化来指示温度，在同一温度下几乎总是一

---

① 汉弗莱·戴维，《化学哲学要素》，第94页。

② 关于更多细节，可以参考G.贝特霍尔德的《拉姆福德和他的机械热理论》，海德堡，1875年。

③ 《化学和物理》，第21卷，第333页。

④ J. P. 焦耳，《科学论文》，第558页。

⑤ 《自然》，第55卷，1897年，第368页。

⑥ 《自然》，第62卷，1895年，第87页。

⑦ 《哲学杂志》（5），第32卷，1891年；E. H. 格里菲斯，《科学进步》，第2卷，1895年，见"温度测量"条目。

致的。[1]

1815年，迪隆和佩蒂特第一次认真细致地比较了水银温度计和空气温度计。[2]他们假定各个水银温度计是完全一致的，因此对于某个水银温度计认真做校正表，肯定适用于其他温度计。勒尼奥（Regnault）证明了这种假定是错误的。[3]不同类型玻璃的膨胀系数不一样，它们的膨胀规律也不一样。除此之外，皮埃尔[4]还证明了用同样的玻璃认真制成的两个水银温度计的读数，也会存在一些差异。勒尼奥证明了，在0~100℃之间，空气温度计和用普通软玻璃做成的水银温度计的指数是十分接近的，只是在中间刻度时，空气温度计的读数要低0.2℃。在250℃以上，水银温度计的读数明显变高；在300℃的时候，相差达到1°；在350℃的时候，相差达到3℃。奥尔舍夫斯基证明了在低温情况下，氢温度计更值得信赖，在-220℃时，其误差不会超过1℃。近些年来，也许最为精密的温度计是由罗兰等人在测定热的热功当量的过程中制作出来的。

曾经即使是最顶尖的物理学家在温度方面也存在着诸多疑惑，甚至现在这种疑惑依旧存在于我们的教科书中。最开始的时候，人们认为水银温度计中的水银"均匀地膨胀"，空气温度计中的空气"均匀地膨胀"或者"近乎均匀地膨胀"是一个优点，但是迄今为止没有人给出确立了这种均匀膨胀的参考标准。事实上，我们可以选取任意一种物质作为参考标准，然后将这一物质的相等增量作为温度的相等增量。但是，如果我们选取的是水银的话，那么水银均匀地膨胀这样的说法就有失偏颇了。水银给我们提供的温度读数是比较随意的，可能跟我们从其他温度计上读得的数字有所不同。空气的膨胀也不是均匀的，如果说水银的标准比较随意的话，那么空气也是如此。开尔文勋爵可能是最早清晰地认识到这一

---

[1] 关于细节信息，可以参考《高温金属材料》，载《自然》，第45卷，1892年，第534—540页；《物理学中的远程温度和压力变量》，载《科学》，第6卷，1897年，第338—356页。

[2] 《化学和物理》（3），第2卷，1815年，第240—254页；再版于《奥斯特瓦尔德的精确科学经典》，第44卷，第31—40页。

[3] 《化学和物理》（3），第5卷，1842年，第83页；再版于《奥斯特瓦尔德的精确科学经典，第44卷，第164—181页。

[4] 《化学和物理》（3），第5卷，1842年，第427页。

问题的人之一。1848年，他确立了温度的"绝对热力学温标"，[1]不受任何物质任何特性的影响，跟此前那些较为随意的温标相比，它为计温学打下了一个令人满意的基础，是我们现在使用的最终参考标准。空气温度计所给出的读数跟绝对热力学温标的读数十分接近。

关于热流的数学理论

约瑟夫·傅里叶（1768—1830）对热在固体中的传播进行了数学研究，于1822年出版了《热的分析理论》的著作，其不仅在数学物理学的历史上具有划时代的意义，而且还促进了实验科学的发展。傅里叶假定物质的热传导性在所有温度下都是恒定不变的。但是爱丁堡教授詹姆斯·戴维·福布斯（1809—1868）证明了这是错误的，还证明了从0℃到100℃，铁的传导性下降了15.9%，铜下降了24.5%。他还注意到，传导性下降的同时电导率也下降了。

气体定律、气球上升

19世纪初，人们一直努力地研究气体定律。A. 阿蒙顿得出了在恒压下空气膨胀系数的一个近似值，但是19世纪20多位物理学家测定的结果，彼此差别都很大。据我们所知，第一位推导出气体定律的人是雅克·亚历山大·凯撒·查尔斯（1746—1823），他曾是法国国立工艺学院的物理学教授。他发现了现在我们所知的"查尔斯定律"或者"盖-吕萨克定律"。但是查尔斯并没有公开自己的发现，后来盖-吕萨克发现了他的这些研究结果只是意外而已。盖-吕萨克的研究结果发表于1802年，[2]他认为之前所进行的那些实验之所以结果存在矛盾是因为空气潮湿。盖-吕萨克通过自己严谨的实验研究，得出了结论，即"一般而言，在完全相同的条件下，所有气体在接受相同的热量时会以相同的比例膨胀"。

雅克·亚历山大·凯撒·查尔斯在气体方面的研究，在气球设计方面得到了

---

① 威廉·汤姆森有关文章见《剑桥哲学学会程序》，1848年。也可以参考他所写的文章《热》，载《英国百科全书》，第9版。关于《对温度概念的批判》，参考E. 马赫的《热力学的原则》，莱比锡，1896年，第39—67页。

② 《化学年鉴》，第43卷，第137—175页；《奥斯特瓦尔德的精确科学经典》，第44卷，第3—25页。

实际应用。他因为在这一领域作出的贡献和作为一名大胆的空中飞行员而广为人所知。在他的建议下，人们开始使用一种新的气体，即氢气（由亨利·卡文迪什在1766年发现）来充气球。1773年，孟高尔费兄弟在法国南部的阿诺奈首次放飞了许多气球，引起了很大的轰动。他们使用的是热空气。查理斯在机械师罗伯特的帮助之下，于1783年在巴黎的战神广场放飞了第一个氢气球。之后他和罗伯特一起乘坐氢气球飞到了空中。气球升空也引起了盖-吕萨克的兴趣。

盖-吕萨克（1778—1850）曾在理工学校读过书，当过化学家贝托雷（Berthollet）的助手，后来成了理工学院的化学教授以及巴黎大学的物理学教授。他的物理学研究主要集中在气体膨胀方面。为了弄清楚高层大气的化学和电学情况，也为了测量高空的地磁力，他和比奥两人乘坐了从拿破仑远征埃及时期留存下来的气球飞到了高空。"这两位为了科学研究踏上航空之旅的探险家在1804年8月23日出发了，他们配备了气压计、温度计、湿度计、静电计、测量磁力和磁倾角的仪器，以及用以进行伽尔伐尼实验所需的青蛙、昆虫和鸟。他们刚开始在6500英尺高度上进行了实验，随后又在1.3万英尺的高度上进行了实验，如愿以偿地取得了成功。他们这次航行的最后一段路程，特别是在他们落地的时候极其困难……甚至比奥这位极富行动力和勇气的人，在着陆的过程中也是一副魂不守舍、难以自控的样子。"[1]盖-吕萨克在同一年进行了第二次气球航行。他发现6300英尺高空中瓶子里的空气的成分，跟在地面的空气成分是完全相同的。

化学原子理论的伟大奠基人曼彻斯特的约翰·道尔顿（1766—1844）也曾研究过气体膨胀现象，[2]得出的结论跟盖-吕萨克的结论并不一致。盖-吕萨克证明了，用一个水银温度计，每膨胀一度都是随机固定的温度下体积的恒分数。但是道尔顿认为，升高相同温度时体积的增量是未升高之前温度下体积的恒分数。迪隆和佩蒂特对这一问题做出了裁定，更倾向于盖-吕萨克的结论。[3]盖-吕萨克和道尔顿测定的从0℃到100℃之间的膨胀系数值为0.375；乌普萨拉教授费雷德里克·吕德波（Fredrik Rudberg，1800—1839）在1837年测定的膨胀系数值为

---

① 《美国艺术与科学学院院刊》，第6卷，第20页。

② 参考 H.E. 罗斯科的《约翰·道尔顿与现代化学的兴起》，1895年。

③ 《奥斯特瓦尔德的精确科学经典》，第44卷，第28、40页。

0.365；马格努斯力和勒尼奥测定的这一值为0.366～0.367。后两位实验者采用了改进之后的方法，重新独立地研究了气体膨胀这一主题。

我们现在来简单看一下上述提到的一些物理学家。亚丽克西斯·特雷泽·佩蒂特（1791—1820）曾在巴黎理工学校担任物理学教授一职，皮埃尔·路易斯·迪隆（1785—1838）在1820年之后也担任了同一职务。最开始的时候，皮埃尔·路易斯·迪隆是一位医生，但是他为穷人治病不仅不收钱，还自己花钱为他们买药，不久便发现自己的职业太耗费金钱了。成为一名物理学家之后，他的钱就全部用在购买昂贵的仪器上了。[1]他的大部分研究都是跟其他人一起完成的，一些是跟亚里克西斯·特雷泽·佩蒂特一起，还有一些是跟阿拉戈、伯齐利厄斯（Berzelius）以及德斯普雷兹（Despretz）一起。亨利·维克托·勒尼奥（1810—1878）是里昂的教授，后来成为巴黎理工学校和法兰西学院的教授。1854年后，他成了塞夫勒一家瓷器厂的厂长，他在精确测量方面展现出了惊人的毅力和技巧。他在弹性流体的膨胀、蒸汽弹力、水的蒸发热、不同温度下水的比热等方面进行统计的数据表都是最顶尖的，但是他缺乏进行实验和解决理论科学难题的创新才能。亨利·维克托·勒尼奥证明了各种气体的膨胀系数并不是一样的，除了氢之外，其他都会随着初始压力的增加而增加，没有一种气体会完全遵循波义耳定律。[2]

亨利·维克托·勒尼奥的实验证明了，除了氢之外的任何气体，随着压力的增强，压力和体积的乘积（PV）会相应减小。如果波义耳定律（$V = \dfrac{C}{P}$）是正确的话，那么这一乘积应该是恒定的。勒尼奥的观察是在相对较小的压力变动范围内进行的。在这个范围之外，随着压力的增加，乘积在任何压力下都不会减小，而是达到一个极小值，之后再增加。维也纳物理学家约翰·奥古斯特·那特

---

① F. 罗桑伯格，《物理科学》，第三部分，第221页。

② 在气体膨胀方面，亨利·维克托·勒尼奥所著的三篇论文和马格努斯力所著的两篇论文再版于《奥斯特瓦尔德的精确科学经典》，第44卷。亨利·维克托·勒尼奥最有价值的实验结果见于法国科学院《回忆录》（Memoires），第21、26卷。在普法战争结束后，亨利·维克托·勒尼奥回到了自己在塞夫勒的研究室，发现自己从600多次实验观察中获得的关于伴随着气体膨胀出现的热现象的研究成果被毁掉了。之后他发表了成果被毁掉的声明，这是他同科学界的最后一次通信。他的一个儿子（一位著名的艺术家）也死在了战场上。

尔（Johann August Natterer）在1850年至1854年[1]、做氧、氢和空气的液化工作时，首次在氢的例子中证明了这一点。在之后的20年间，没有人在这一重要的观察基础上继续深入研究。1870年，卡耶泰（Cailletet）开始研究这一主题，之后E. H. 阿马伽（E. H. Amagat）也开始研究，后者进行的实验特别具有启示意义。[2]当压力从30个增加到320个大气压时，氢的体积和压力的乘积也不断增加；氮的体积压力乘积先是减少了一点儿，随后开始增加（在17.7℃时）；乙烯和二氧化碳则先是大幅度减少，之后又迅速上升。乘积的变化在接近临界点时比较迅速；在低温情况下效果更为明显。

气体液化

气体液化方面第一个重大研究成果是法拉第完成的。[3]他于1823年开始的实验证明了，大多数气体都有能被液化的特性。他取了一个弯曲的玻璃管，在其密封起来较长的一端放入加热就会散发出要测试气体的物质，随后密封住玻璃管较短的一端，用冰水混合物来进行降温。当长端进行加热时，气体就会产生，管子内部的压力就会增加；在多数情况下，短的一端中的气体会压缩。因此，通过加热碳酸氢钠，就得到了碳酸气体，其在较短的一端玻璃管中就会被液化。通过这种方式，法拉第液化了硫化氢、氯化氢、二氧化硫、乙二腈、氨气和氯气。蒂洛勒尔（Thilorier）在1835年制造了人量液态和固态的二氧化碳。通过将固态二氧化碳和乙醚混合在一起，他实现了以前无法想象的低温。尽管蒂洛勒尔、那特尔和法拉第在1835年做了很多实验，但是依旧有几种气体无法液化，它们因此被称为"永久气体"。这样的说法持续了25年左右的时间，直到1877年才不再使用。

与此同时，人们逐渐确定了物质的气态和液态连续性方面的一些新情况。

---

[1]　《波根多夫物理年鉴》，第62卷，第139页；第94卷，第436页。

[2]　参考《化学和物理》（5），第19卷，1880年，第435页，以及同一杂志上的其他文章。他的著作摘要见普雷斯顿的《普雷斯顿的热理论》，伦敦，1894年，第403—410页；《奥斯特瓦尔德的精确科学经典》，第1卷，1891年，第146—159页。

[3]　在法拉第之前，有几种液体通过冷却已经实现了液化：马鲁姆液化了氨，蒙热和克洛埃特液化了亚硫酸，诺斯莫尔液化了氯（1805年），斯特罗迈耶液化了三氢化砷。参考《奥斯特瓦尔德的精确科学经典》，第1卷，第294页；《自然》，第17卷，1878年，第177页。

早在1822年，工程师查尔斯·卡尼亚-拉图尔（Charles Cagniard-Latour，1777—1859，之后成了巴黎内政部的专员）就观察到了，在密封玻璃管中，对乙醚、酒精和水进行加热，它们会全部变成蒸气，其体积会变成原来液体时体积的两到四倍。但是液体和气体状态连续性这个发现则要归功于托马斯·安德鲁斯（1813—1885），他是贝尔法斯特学院的副院长和化学教授。在他的实验当中，他通过向毛细管中注入水银来产生压力，同时将毛细管中的气体保持在理想的温度条件下。1863年，他写道："在只用压力将碳酸部分液化时，逐渐将温度升到30.92℃，液体和气体之间的分界线就变得模糊了，其曲率慢慢消失，直到最后完全不见，整个空间最后只剩下一种同质液体。当压力突然减小或者温度有所下降时，液体的全部物质就会呈现出一种特殊的移动着或闪烁着的条纹。在温度超过30.92℃时，碳酸既不会出现明显的液化，也不会分成两种不同形式，甚至当压力达到300个或者400个大气压时也不行。"[1]当温度达到30.92℃时，固态和液态的二氧化碳会变成一种形态，托马斯·安德鲁斯将这一温度称为"临界点"。每种气体都有自己的临界温度。在临界温度之下，这种物质可能一部分是气体，一部分是液体。在临界温度之上，就并非如此了，物质可以从气态过渡到液态而不打破连续性，所以我们不能说何时其不再是气体，而变成液体了。J. D. 范德瓦尔斯从气体的数学理论出发研究了这一问题。1880年，威廉·拉姆塞声称"在所谓的临界点上，因为要扩张的液体和要压缩的气体获得了相同的比重，所以彼此混合在了一起"。[2]三年之后，朱尔斯·瑟雷斯蒂·雅明（Jules Celestin Jamin）也得出了相同的结论。[3]

1869年，托马斯·安德鲁斯就曾断言"永久气体"无法液化的原因，在于它们的临界温度要远远低于我们现在可以达到的最低温度。沿着这条线索，两位年轻的研究者皮克泰和卡耶泰让1877年成为了科学史上十分值得纪念的一年，因为这一年他们证明了"永久气体"是可以被液化的，分子凝聚力是所有物体的特性，不存在例外。这两位实验者所使用的工具都是工业设备，一个使用的是用以生产铁的设备，另一个使用的是生产冰的设备。当时作为法国最大的铁器制造商

---

① 米勒的《化学科学》，第3卷，第328页。

② 《自然》，第22卷，1880年，第46页。

③ 《法国科学院通报》，第96卷，1883年，第1448页。

之一，L. 卡耶泰动用了法国塞纳河畔夏蒂隆可以供他使用的大量资源。[①]日内瓦的拉乌尔·皮克泰则对人工造冰十分感兴趣，他当时在柏林开办了一个工厂，以进行低温试验。低温可以应用于工业，比如说氯仿（三氯甲烷）的提纯。1877年12月24日，法国科学院的在会议上宣布了拉乌尔·皮克泰和L. 卡耶泰各自独立地并且用不同的方式实现了氧的液化。一周之后，L. 卡耶泰在法国巴黎高等师范学校的实验室中，在众多法国顶尖科学家面前进行了一系列实验。他在那里液化了氢、氮和空气。拉乌尔·皮克泰的实验也取得了相同的结果。卡耶泰的实验过程是，将气体压入一个小管子中进行冷却，随后突然移除压力让其膨胀。气体突然膨胀产生的低温使得很大一部分的气体被压缩成了蒸汽云。在对氧进行液化时，其通过亚硫酸的使用将温度降低到了-29℃。压力为300大气压。气体突然膨胀使温度下降了多达200℃。[②]

拉乌尔·皮克泰使用的则是更为复杂的仪器（价值达5万法郎），也得到了更多的压缩气体。他是通过蒸发的方式来实现低温，使用真空泵从管子中抽取液态硫酸上方的蒸汽，蒸汽之后会液化，冷却后返回到管子中，这样就形成了一个完整的循环。以这样的方式可以使液体的温度下降到-70℃。在这个管子中，还有另外一个装着液态碳酸的细管，前一种液体的目的是给另一种液体降温。碳酸进入到另一个管子中，在真空泵的蒸发之下，其温度会下降到-140℃。二氧化碳蒸汽就被亚硫酸压缩了。因此，二氧化碳就会跟亚硫酸一样经历压缩、液化和排气这样的循环。含氧的管子通过装有温度为-140℃的液化二氧化碳的管子内部。氧是通过加热上述管子一端装在一坚固外壳中的氯酸钾而产生的，其另外一端被活塞封住。氧因为其自身几百个大气压和强烈的冷却作用而在管中被压缩。在打开活塞时，管子中会逸散出少量的氧气流，其中间部分是白色的，表明氧变成了固态或者液态。而在氮的例子中，逸散出来的氮气流则是铁青色的。

奥匈帝国克拉科夫大学的西格蒙德·弗罗布莱夫斯基（Sigmund Wroblewski，1848—1888）和卡尔·奥尔谢夫斯基，以及伦敦皇家研究院的詹姆斯·杜瓦实现了氢、氮和氢的大规模液化。他们所使用的仪器跟皮克泰仪器设计原理相同，只不过他们发现了一些功能更好的液体，如乙烯和氧。奥尔舍夫斯基

---

① 《自然》，第 17 卷，1878 年，第 177、178 页。
② 卡耶泰仪器大图见《自然》，第 17 卷，第 267 页。

测定了临界点、沸点、冰点和密度，发现不同物质的沸点如下：氧，-182.7℃；氩，-187℃；氮，-194.4℃；氢，-243.5℃。发现的冰点如下：氩，-189.6℃；氮，-214 ℃。[1]詹姆斯·杜瓦在1898年成功地获得了相对大量的液体氢（半酒杯）。1891年，他宣布磁铁的两极会吸引液态氧和液态臭氧。J. 杜瓦和J. A. 弗莱明检测了低温下金属的电阻。一些纯金属（如铂）的阻力在低温环境中会以一定的比率降低，如果在还未达到的更低温中依旧能以这样的比率降低，那么在绝对零度时，电阻就会消失。

露水的形成

热现象的研究使得人们能够更好地理解气象现象。曾经人们认为露水是从星星上坠落下来的，或者至少也是在高空中形成的。第一个关于露水形成的科学研究是由伦敦物理学家威廉·查尔斯·威尔斯（1757—1817）完成的，他的研究成果发表在自己1814年的《论露水》（Dew）一文中。在晴朗寂静的晚上，草会向空中辐射出热，而不会有热返回。草本身并不是很好的导体，其根茎部分几乎不会从大地上吸收热。草温度下降之后，蒸汽就会在它上边凝结。好的导体例如金属会从周围的物体中吸收热，因此不会出现露这一现象。而如果天气是多云的话，一部分的热会返回，因此不利于露水的形成。刮风也不利于露的形成，因为会给温度下降的物体带去热。威廉·查尔斯·威尔斯假定只有一小部分的露水来自地面的蒸汽或者植物的蒸发。巴杰利（Badgeley）和R. 拉塞尔[2]最近的研究已经证明了威尔斯低估了土地和植物在露水形成过程中发挥的作用。实验证明，大部分的露水都来自土地，而非来自上面的空气。这跟人们一般持有的观点是相悖的。

近年来人们在雨和雾的形成方面也有了新的认识。库里厄（Coulier）、E. 马斯卡特，[3]特别是约翰·艾特肯[4]已经证明了在雾和云的形成过程中，灰尘的

---

① 参见《自然》，第51卷，1895年，第355、356页。

② 《自然》，第47卷，1892年，第210—213页。

③ 《博物学家》，1875年，第400页；《药学与化学杂志》（4），第22卷，第165页；《自然》，第23卷，1881年，第337页。

④ 《自然》，第23卷，第196页；《自然》，第41卷，第408页；《自然》，第44卷，第279页；《自然》，第45卷，第299页；《自然》，第49卷，第544页。

存在是至关重要的。也就是说，"无论何时，水蒸气在大气中凝结，必然要依赖一些固态的核"；"灰尘粒子就是水蒸气凝结所需的核"；没有灰尘的存在，就不会有雾，不会有云，不会有烟，也不会有雨。当然也不是说云层的堆叠完全离不开灰尘的存在，氯化氢、硫酸、硝酸或者任何高度饱和的气都能够促成云层堆积。但是地球大气的条件决定了没有灰尘的话，降雨基本上是不可能的。约翰·艾特肯发明了一个灰尘计数器，并且在英国和瑞士做了大量的观察。通过在里吉山上做的观测，他认为"无论何时，只要云层形成，就会立刻出现降雨，小雨滴就会落到下边更为干燥的空气中，之后就被蒸发。它们落下的距离取决于其体积和空气的干燥程度"。

热力学的源头

根据记录，通过压缩和稀薄化的方式加热或者冷却气体的实验，最早是由一个法国枪炮厂的一位工人完成的，他通过压缩空气点燃了火绒。里昂的一位教授摩勒将这一实验描述了下来，并送往巴黎。1800年，约翰·道尔顿仔细思量了这一课题，并且宣读了一篇名为《论空气的机械压缩和稀薄化产生热和冷》的论文。[1]

热力学这一分支的源头是人们以数学方式测定蒸汽引擎能做多大的功的尝试。第一个在这方面作出尝试的是尼古拉斯·伦纳德·萨迪·卡诺（1796—1832），并在1824年发表了《火的动力研究》（*Reflexions sur la puissance motrice du feu*）一文。[2]尼古拉斯·伦纳德·萨迪·卡诺加入了循环操作的考量，意味着一种起作用的物质在经历了一系列变化之后，会回到它的初始状态。他还提出了可逆性原理，意思是我们可以从压缩装置中将热取出，并且花费同样的功可以使热恢复成之前的热源。他断定：如果说永恒运动是不可能的话，那么没有什么动力可以比可逆性动力效率更高。在当时，尼古拉斯·伦纳德·萨迪·卡诺是热质说坚定的拥护者，他相信热质守恒的信条，将热的动力跟水下落的动力做了比较。他说这两种情况都存在一个最大功率，一种情况是不依赖于水作用在其上的装置，另外一种则不

① F. 罗桑伯格，《物理科学》，第三部分，第 224 页。

② 德文再版见《奥斯特瓦尔德的精确科学经典》，第 37 卷；由 R. H. 瑟斯顿翻译的英文译版出版于 1890 年。

依赖于接受热的物质性质。水产生的动力取决于水的质量和其落下的高度，而热的动力则取决于热的数量以及热源和受热物体之间的温度差。但是过了一些年之后，尼古拉斯·伦纳德·萨迪·卡诺则开始认为热质说是错误的，其后来的一些著作证明了他开始相信热的动力学理论。除此之外，他还掌握了能量守恒定律。"动能是自然界中的不变量，应该说其既不能被创造也不能被消灭。"

尽管B．P．E．克拉佩龙极为强调尼古拉斯·伦纳德·萨迪·卡诺1824年著作的重要性，但是其在之后很久并没有得到普遍的认可，直到威廉·汤姆森提出需要对尼古拉斯·伦纳德·萨迪·卡诺的论证进行完善，以使之与热的新理论相符。1848年，威廉·汤姆森证明了卡诺的循环转换原理可以推导出绝对热力温标的概念。1849年，他发表了论文《通过从勒尼奥实验推导出的结果，解释卡诺的热动力理论》。1850年2月，鲁道夫·克劳修斯（1822—1888）在送交柏林科学院的一篇论文中探讨了同一主题，其中包含了热力学第二定律："热本身不会从更冷的物体传到较热的物体上。"鲁道夫·克劳修斯当时是苏黎世的教授，后来前往维尔茨堡，并在1869年之后到了波恩。他并不是十分出众的实验家，但却是十分顶级的数学物理家。[1]1850年2月，格拉斯哥工程学和力学教授威廉·约翰·M．兰金（1820—1872）在爱丁堡皇家学会宣读了一篇论文，其中声称热是由分子旋转运动而产生的，他独立地得出了克劳修斯之前取得的一些研究成果。他并没有谈到热力学第二定律，但是从他之后发表的另一篇论文中，他声称这一定律可从其论文的公式中推导出来。他对于热力学第二定律的证明面临一些反对意见。1851年3月，威廉·汤普森发表了一篇论文，十分严谨地摆出了关于热力学第二定律的证据。他在看到鲁道夫·克劳修斯的研究之前，就已经得出了这样的结论。克劳修斯提出的这一定律遭到了许多批评，特别是来自约翰·M．兰金、西奥多·万德、P．G．泰特和普勒斯顿的批判。人们反复尝试从一般的力学原理中对其进行推导，但是都无果。威廉·汤普森、鲁道夫·克劳修斯和约翰·M．兰金极大地促进了热力学这一学科的发展。早在1852年，威廉·汤普森

---

[1]　在普法战争期间，由于炙热的爱国之心，鲁道夫·克劳修斯没有待在家中，而是负责领导一个由波恩的学生组成的救护队。参考《皇家学会程序》，伦敦，第48卷，1890年，第2页。

就发现了能量耗散定律，之后不久鲁道夫·克劳修斯也发现了这一定律。

能量守恒

热力学第一定律只是简单地将能量守恒定律应用在热效应上而已，而能量守恒定律是19世纪物理学方面最伟大的对现象作出的总结归纳。从各种视角来看，它对历史都是十分重要的。几位思想家几乎是同时意识到了这一真理，起初这些人要么受到冷遇，要么完全被忽视。海尔布隆物理学家罗伯特·迈尔确立了能量守恒定律，随后哥本哈根的路德维格·奥古斯特·柯尔丁、英国的焦耳和德国的赫尔曼·H. 亥姆霍兹分别独立地研究出了这一定律。

罗伯特·迈尔（1814—1878）出生于海尔布隆，在高中和神学院学习时期，并没有展现出特别过人的智力。1832年，他开始在图宾根学习医学，1838年开始行医，但是他发现做医生这一行实在不对他的胃口。他花了相当长的时间旅行，并且开始学习生理学。1840年，他观察到了热带气候中一位病人的血液状况，这是他写作科学著作的起点。他开始研究决定人的生命力的物理力量，开始思考有机自然，并且在1842年完成了自己的论文《论无机自然的力》。《波根多夫物理年鉴》拒绝发表这一论文，但是贾斯特斯·冯·李比希接受了这篇论文并决定在自己的《年鉴》5月刊上发表。虽然这篇论文中包含了世界能量守恒这一重要原则，但是并未受到重视。1845年，罗伯特·迈尔只能以自费的方式发表了第二篇论文，之后还陆续发表了一些其他论文。[1]根据思斯特·马赫所说，后来的故事证明了罗伯特·迈尔的机敏。[2]"有一次在海德尔堡跟迈尔仓促的会见中，约利半信半疑地说道，如果罗伯特·迈尔的理论是正确的话，那么通过晃动就能够让水变热。迈尔一言不发地离开了。几周之后，他跑到约利那里大声喊道：'没错，就是这样！就是这样！'在解释了很久之后，约利才明白迈尔的意思。"罗伯特·迈尔的思想没有得到

---

① 参考 J. J. 韦劳赫的《罗伯特·迈尔》，斯图加特，1890 年；也可以参考 J. J. 韦劳赫的《罗伯特·迈尔的热力学》，第 3 版，1893 年；J. J. 韦劳赫的《罗伯特·迈尔的简要著作和信件》，1893 年。

② 《论发明与发现中的意外事件所起的作用》，载《一元论者》，第 6 卷，1896 年，第 171 页。

应有的认可，在一些发现上他的优先权也面临争议，再加上两个孩子相继离世，他的精神状态受到了严重影响。1849年5月28日，他从二楼窗户跳下试图自杀，但是没有成功。在身体康复了一些之后，他写了一篇关于热的热功当量的论文。1851年，他被送到了精神病院，在那里他遭受了十分残忍的对待。1853年，他获得了自由，但此后他的精神再没有完全正常过。1858年，德国出现了一些支持罗伯特·迈尔的声音，但是在真正使罗伯特·迈尔获得应有历史地位方面作出最大贡献的是约翰·廷德尔，他于1862年在皇家研究院讲述了罗伯特·迈尔的发现，并且还翻译了罗伯特·迈尔的几篇论文。威廉·汤姆森和泰特则没有那么重视迈尔的研究，他们称约翰·廷德尔这样做是在贬低焦耳的工作。①

詹姆斯·普莱斯考特·焦耳（1818—1889）出生于曼彻斯特附近的索尔福德，在那里经营着一家大酒厂。早年他就在研究电磁学，在进行了无数次实验之后，成功地证明了在电解作用中吸收的热等于化合物成分在最初组合时所产生的热。他研究了电、化学和力学效应的关系，并且作出了热功当量这一伟大发现。1843年在英国科学促进会中宣读一篇论文时，他给出了这一数值，即460千克·米。有一些朋友看到这位年轻的酿酒师身上具有成为物理学家的潜质，于是建议他申请成为苏格兰圣安德鲁斯的自然哲学教授候选人，但是因为他身体存在轻微缺陷，使得其中一位推选人持了反对意见。他之后依旧做着自己的酿酒工作，但是在他的一生中，一直坚持科学研究。1847年4月，焦耳在曼彻斯特做了一个十分著名的讲座，"首次充分且清晰地阐释了能量原则的普遍守恒"。②当地的报纸一开始并没有理会这次讲座，有一家报纸甚至拒绝对其进行报道，《曼彻斯特信使报》在激烈地讨论之后才将讲座的全文刊登了出来。1847年6月，这一主题又被提交到了英国协会在牛津举行的会议上。会议主席建议焦耳简单地做一个报告，并且不予讨论。"如果这一刻不是有一位年轻人站了起来，通过他极具洞察力的发言，使参会的人对这些新的想法产生了兴趣，那么不久之后大会就

---

① 参考《科学史笔记》，载《哲学杂志》，1864年7月刊。

② A. W. 洛克，《双周刊》，1894年，第652页。我们多次使用了这篇文章，名为《赫尔曼·H. 亥姆霍兹》，其再版于《史密森尼学会报告》，1894年。

会放弃这个问题，转而探讨其他问题。这位年轻人就是威廉·汤普森。"因此这篇论文引发了极大的轰动，焦耳也吸引了所有科学家的注意。在这次会议之后，焦耳和威廉·汤普森一起对这一主题进行了深入探讨，威廉·汤普森"了解了一些他之前从未想过的观念"，焦耳也从威廉·汤普森那里第一次听说了卡诺理论。[1]

焦耳花了近40年的时间，在热功当量方面做了很多实验。1843年，他通过磁电流得到了当量值为460千克·米，相当于一个大卡路里。他通过摩擦管中的水的方式得到的值是424.9千克·米；1845年，他通过压缩空气得到的值是443.8千克·米；1845年，通过水的摩擦得到的值是488.3千克·米；1847年测得的值是428.9千克·米；1850年测得的值是423.9千克·米；1878年测得的值是423.9千克·米。[2]

热功当量是自然界中一个十分重要的常数，所以在焦耳之后，也有几位物理学家认为可以对这一数值进行重新测定。1879年，巴尔的摩的亨利·A. 罗兰对其作出了极为精确的测定。[3]他跟焦耳相比更加关注温度测量。焦耳使用的是水银温度计。亨利·A. 罗兰为了方便起见，也使用了水银温度计，但是其将水银温度计跟空气温度计做了比较，然后把他测得的数据转化为绝对温标。亨利·A. 罗兰注意到了不同温度下，水的比热会出现变化。通过研究不同温度下的水，他将水放在热量计中进行摩擦，获得了热功当量的不同值。他认为热功当量的变化是因为水的比热在变化，他发现水的比热在30℃时达到了最小值。最近D. 阿松瓦尔、米库列斯库（Miculescu）、E. H. 格里菲思等人也对热功当量进行了测定，这一些测定所得的数值要比焦耳测得的数值高。[4]

1847年，焦耳公布了自己在能量方面的观点，同一年赫尔曼·H. 亥姆霍兹在柏林物理学会中宣读了一篇同主题的论文。赫尔曼·H. 亥姆霍兹（1821—1894）

---

[1] 《自然》，第49卷，1893年，第164页。

[2] 参考《詹姆斯·普雷斯科特·焦耳的科学论文》，两卷本，伦敦，1884年；《自然》，第43卷，1890年，第112页。

[3] 《美国艺术与科学学院院刊》，第7卷，1880年。

[4] 参考E. H. 格里菲斯，《科学进展》，第1卷，1894年，第127页；《约翰·霍普金斯通函》，1898年，第135页。

出生在波茨坦，在柏林学习了医学，并在那里成了慈善医院的助手。后来他在波茨坦当了军医（1843—1847），在柏林教过解剖学，在格尼斯堡教过生理学，之后又在波恩和海德尔堡做教师（1858—1871）。1871年，他成为柏林大学的物理学教授，具备极为渊博的知识和极强的思维能力。无论作为生理学家还是物理学家和数学家，他都是最顶尖的。几年之前，W. K. 克利福德在自己的《发现和思考》（*Seeing and Thinking*）一文中是这样描述赫尔曼·H. 亥姆霍兹的："起初，他开始研究生理学，解剖了眼睛和耳朵，发现了它们的运作原理，以及它们的准确构造。但是他发现不研究光学和声学的本质，根本没办法弄清楚眼睛和耳朵的作用，于是开始研究物理学。他开始研究物理学时，已经是19世纪最伟大的生理学家之一了，而现在他是19世纪最伟大的物理学家之一了。他之后发现，不具备数学知识想进行物理研究是不可能的，所以又开始研究数学。他现在还是19世纪中成就最高的数学家之一了。"

1847年，26岁的他在柏林物理学会中宣读了其十分著名的关于能量的论文，即《力的守恒》，[1]起初这篇论文被视为异想天开的推测。曾经拒绝发表罗伯特·迈尔论文的《波根多夫年鉴》编辑，这次同样选择拒绝发表赫尔曼·H. 亥姆霍兹的论文。正如焦耳得到了威廉·汤普森的支持，赫尔曼·H. 亥姆霍兹也得到了他的同学杜·波依斯–雷蒙德和数学家C. G. J. 雅可比的支持。赫尔曼·H. 亥姆霍兹的论文在1847年以小册子的形式出版了。在之后一段时间，这篇论文并没有引起什么注意，但是在1853年，其受到了克劳修斯的强烈攻击。后来赫尔曼·H. 亥姆霍兹受到了尤金·卡尔·杜林等人的恶毒的攻击，他们指责赫尔曼·H. 亥姆霍兹是无耻地剽窃了他的前辈罗伯特·迈尔的智慧。[2]赫尔曼·H. 亥姆霍兹跟焦耳一样，在1847年的时候根本没有听说过罗伯特·迈尔这个人，但是之后他欣然接受这些发现的优先权属于罗伯特·迈尔。

关于罗伯特·迈尔和赫尔曼·H. 亥姆霍兹使用的"力"一词，我们应当将其理解为能。曾经在教科书中，关于"力"和"能"这两个术语存在着极大的混

---

① 再版于《奥斯特瓦尔德的精确科学经典》，第1卷。在注释⑤中，赫尔曼·H. 亥姆霍兹简述了这一新能量原理的历史。

② 《物理评论》，第2卷，1894年，第224页。

乱。这两个术语曾经被视为同义词，甚至现在还有一些心理学作家将其混作一谈。"能"指的是物质系统做功的量，这一概念是托马斯·杨在《自然哲学》第八讲中引入的。他将其指定为mv^2，开尔文勋爵在1849年使用的是$\frac{1}{2}mv^2$。"能量守恒"这一表述出自兰金。[1]

电学和磁学

电解的开始

19世纪电学和磁学在理论和实践上的发展十分迅速，这一世纪也被称为电学世纪。

在伽尔伐尼发现了电流和伏打制造出伏打电堆之后，卡莱尔和尼克尔森通过低压电流实现了水的电解，这一巨大的成就引起了极大轰动。1800年9月，西里西亚的约翰·威廉·里特（1776—1810）宣布其成功地分别收集了两种气体，并且从蓝矾中沉淀出了铜。

汉弗莱·戴维爵士（1778—1829）是最先投入到这些研究中的人之一。作为一个穷孩子，汉弗莱·戴维因为"喜欢化学实验"而闻名。在布里斯托尔的气体研究院担任过助手之后，他于1801年成了伦敦皇家研究院的化学讲师。他的讲座受到了追求时尚的听众的追捧。柯勒律治说："我去上汉弗莱·戴维的课，是为了增加我比喻的词汇量。"人们说如果汉弗莱·戴维没有成为那个时代杰出的化学家的话，那么他肯定会成为那个时代杰出的诗人。[2]

汉弗莱·戴维证明了在水分解的过程中，产生的氢的体积是氧的两倍。他最为惊人的发现是不易改变的强碱、钾碱和纯碱可以被电解。1807年，钠和钾就以

---

① 想了解更多关于热的具体信息，除了 F. 罗桑伯格、波根多夫和海勒的文章之外，还可以参考 E. 马赫的《热力学原理》，莱比锡，1896 年；乔治·赫尔姆的《能量学说在历史上和批判性地发展》，莱比锡，1887 年；M. P. 德赛恩斯的《热论进展报告》，巴黎，1868 年；M. 贝尔坦的《法国热力学进展报告》，巴黎，1867 年；约瑟夫·帕弗林的《材料与能源》，亚琛，1891 年。

② 《肖像画廊与回忆录》，伦敦，1883 年，第 1 卷，第 12 页。

这样的方式被发现了，电极大地促进了化学的飞速发展。

电解产物的明显迁移催生了几个稀奇的理论，但是只有一个理论持续发展了半个多世纪，今天依旧出现在教科书中，那就是由J. D. 万·格罗特胡斯（J. D. Von Grothuss，1785—1822）提出的理论。少年时代，J. D. 万·格罗特胡斯是被禁止学习化学的，但是之后他在莱比锡城、巴黎（巴黎理工学校）和那不勒斯学习了科学。1808年之后，他生活在普鲁士里瑟恩自己的住所，空余时间用来做化学研究。他在晚年时候，器官严重衰竭，最终选择了自杀。最为人所知的是1805年，他刚刚20岁时在罗马发表的论文《论水和其他物质通过伽尔伐尼电流的分解》。①如图17所示，在由氧（记为"—"）和氢（记为"＋"）构成的水中，只要水中出现电流，电极就会显现。电流方向上所有的氧原子都具有朝着正极方向运动的倾向，所有的氢原子也都具有朝着负极方向运动的倾向。所以，如果分子OH对正极导线释放出氧O，那么氢H就立刻会被到达的另一个氧原子O′氧化，它的氢H′也会跟R结合，如此持续下去。反过来，在分子QP上，也会产生同样的作用，所以说存在着一个持续进行的原子交互分离和组合的现象。这样的分离和再组合应该会持续下去，且没有功的消耗，但是这跟能量定律是相违背的。

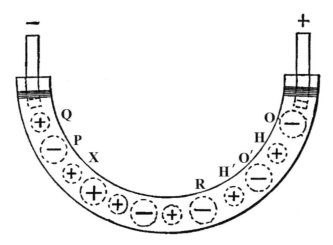

图17　电流分解水实验

① 《化学年鉴》，再版于1806年，第68卷，第54—74页。奥斯特瓦尔德提供了德文译版的《磁化学》，莱比锡，1896年，第309—316页。

奥斯特瓦尔德认为，能在静止状态下是无法依靠自身活跃起来的，就像地上一块处于静止的石头无法把自己抬起来然后再落下去一样。格罗特胡斯假定"在氢和氧分离的那一刻，它们的自然电会因为它们的接触或者互相摩擦而分裂开来，所以前者就带正电，后者就带负电"。围绕着这一点出现了最早的一些分歧意见。柏林的 H. G. 马格努斯力、瑞典化学家伯齐利厄斯（1779—1848）以及日内瓦的奥古斯特·亚瑟·德·拉·赖夫（1801—1873）对这一猜想做出了修订。至于电解传导的机制，法拉第和明斯特的物理学教授 W. 希托夫（出生于 1824 年）对于 J. D. 万·格罗特胡斯的分子运动链作出了修正。但是第一个对 J. D. 万·格罗特胡斯理论作出重大改进的，是克劳修斯，他是在 1857 年完成的。[①] 他认为，根据当时的电解理论，电动势首先会使分子转向，正离子会转向阴极，负离子会转向阳极，之后此前紧密结合在一起的分子就被撕裂开了。现在，想要将这些离子分离开需要一定强度的力。因此，如果作用在离子上的电解力没有超过离子之间互相吸引的力的话，那么离子是不可能被分离开的；如果这个力增加，许多分子就会立刻被分解。这跟事实情况是相反的。实验证明即使是最弱的电动势也会造成分解，这个作用是跟电流的强度成比例的。为了解决这一难题，克劳修斯假定，离子并不是永远处于一种互相联结的状态，液体当中的部分离子是处于一种隔离开的状态，游离着寻找其他可以结合的离子。电流的电动势作用在这些松散的原子上。部分离子一开始就处于自由的状态，所以即使是最弱的电流也会对其产生作用，所以克劳修斯提出了离解的概念来解释电解。之后海德尔堡的 G. 昆克（Q. Quincke）对这一离解假说进行了修正，以更好地解释离子运动。

F. 科尔劳施（出生于 1840 年，曾任斯特拉斯堡大学教授，之后在柏林帝国技术物理研究所成为赫曼尔·H. 亥姆霍兹的继任者）也采用了这一解说来解释电解传导性的各种现象，但是，克劳修斯关于电解质构成的离解理论一开始并没有得到支持。这一直持续到了 1887 年，斯德哥尔摩的阿列纽斯基于 J. H. 范特霍夫的溶解理论和渗透压现象，提出了新的论据来支持这一理论。[②] 人们对此进行了一些新的考量，并且得出结论：在溶液当中，被溶解的物质会存在部分离解

---

① 《波根多夫物理年鉴》，第 101 卷，第 338 页。
② 阿列纽斯的文章，载《化学与物理》杂志，第 1 卷，第 631 页。

现象。[1]莱比锡城的威廉·奥斯特瓦尔德和哥廷根的沃尔特·能斯特在这一问题上进行了很多重要的研究。

在这些研究中，他们将化学和物理这两个科学分支紧密地结合在一起，从而带来了一些极为有益的成果。19世纪之初，许多科学家在这两个学科中作出了很多独创性研究，他们既是化学家，也是物理学家，但是在1835年，出现了分裂。在那之后，闻名的科学家要么只是物理学家，要么只是化学家。1885年左右，在经历了半个世纪的分裂之后，所谓的"莱比锡学派"以威廉·奥斯特瓦尔德、沃尔特·能斯特和阿列纽斯为首，这两个学科再次出现了交融的趋势。

伏打电池

莱比锡学派取得的最有意义的成果，是解决了一个争论了长达一个世纪的问题，即伏打电池中电动势的来源。我们还记得，伏打的接触理论并没有赢得科学界的普遍认可。伏打电池中产生和维持电力的源头是不同金属相互接触这样的理论，遭到了一些人的反对，其中包括意大利佛罗伦萨的法布隆尼（1752—1822）、英国的沃拉斯顿和德国的里特。他们认为伏打电池中电的真正来源是化学作用。持有这一观点的还有巴黎的A．C．贝克勒尔、日内瓦的A．A．德·拉·赖夫以及伦敦的法拉第。法拉第在1837年和1840年公开了许多实验，它们似乎都证明了接触理论是错误的。伏打的接触理论在德国获得了最为强烈的支持。费希纳、波根多夫、C．H．普法夫、欧姆等人都支持接触理论。在能量守恒定律确立之后，就必须对最初的接触理论进行修正，仅是不同金属的接触不会产生源源不断的电能。显而易见，在伏打电池发电的过程中，产生了能量的转换；然后，电动势的来源依旧可能是金属的接触点。最终沃尔特·能斯特发表的一篇关于离子电动势作用的论文解决了这一问题。[2]电动势的来源和化学现象的来源是一样的，即金属和电解质的接触面。沃尔特·能斯特建立了以下基本公式：

$$E=K\lg\frac{P}{p}$$

式中，E是金属和电解质的电势差；p是金属离子在溶液中的渗透压，K是一个

---

[1] 关于渗透压和溶液理论的系统和历史阐释，可以参考奥斯特瓦尔德《普通化学》，第1卷，1891年，巴克或者P．缪尔的英文译本。

[2] 《化学和物理学》杂志，第4卷，1889年，第129页。

常数，其取决于所使用的单位；P是积分常数，用物理学进行解释的话，就是压力。关于伏打电池的这一理论是基于范特霍夫的渗透压观点和阿列纽斯在电解质离解方面的观点而提出的。[1]沃尔特·能斯特将其跟丹聂耳电池做了如下对比："给定一个含有液态碳酸的容器和另外一个含有可以快速吸收碳酸的物质（如苛性钾）的容器，在两个容器之间加上一个圆筒和活塞装置，以将两个容器之间的压力差转化为功。这个装置会一直运作到所有的碳酸都被吸收完为止，就像丹聂耳电池会运作到所有的锌被消耗完一样。"

在过去很长时间内，人们只能够使用伏打电堆和杯冕，或者对其作出微调的装置来产生电流。使用这样的装置存在着一个缺陷，即因为极化作用，电流会迅速减少。斯特金（Sturgeon）在1830年首次尝试应用锌的混汞法，对伏打电堆进行了改进。在这前一年，贝克勒尔发明了一种可以更加稳定地产生电流的电池。他用了两块金箔把一个玻璃槽分割成三部分，中间部分装上盐，两边装上合适的溶液，然后将铜板和锌板分别浸入到两边的溶液中。这种电池可以使正切电流计的偏离在半小时内从84℃下降到68℃。约翰·弗雷德里克·丹聂耳（1790—1845）在发明恒定电池方面取得了更大的成功。他曾任伦敦国王学院的化学教授，对于科学发展的贡献不仅包括"丹聂耳电池"的发明，还包括"丹聂耳湿度计"的发明。1836年这个电池的发明源于他跟法拉第的联系。他在一封向法拉第描述这一电池的信中写道："您知道我对于您的《电学方面的实验研究》产生了极大的兴趣，我也十分积极地利用了您大方地给予我的机会，让我在研究您最后一系列论文时，可以得到您对于其中一些难题的口头解释。"[2]在他最初设计的电池中，浓硫酸铜和稀硫酸彼此之间是使用动物膜（公牛的气管）隔开的。不久之后，J. P. 加西奥（J. P. Gassiot）提议用多孔的陶瓷杯来代替公牛气管。1839年，威廉·罗伯特·格鲁夫爵士（1811—1896）向英国科学促进学会提交了一篇论文，题为《论具有非凡能量的一小块伏打电池》，此外他还展示了一个仓促制成

---

[1]　关于这一理论，参考奥斯特瓦尔德的《磁化学》，1896年，第1133—1148页；奥斯特瓦尔德的《普通化学》，第2卷，1，1893年；W. 能斯特的《理论化学》，由C. S. 帕尔默翻译，1895年，第609—616页；A. 维尔纳的《实验物理学》，第3卷，1897年，第909—919页。

[2]　《哲学期刊》，第一部分，1836年，第107页。

的电池。1840年，威廉·罗伯特·格鲁夫被任命为伦敦研究院的实验哲学教授。之后，他当起了律师，[1]但是并没有放弃对科学的兴趣。除此之外，伦敦外科医生阿尔佛雷德·斯密（Alfred Smee[2]，1818—1877）也发明了一种电池，[3]他设计了表面十分粗糙的带电板，以此来阻止极化现象的出现。在威廉·罗伯特·格鲁夫发明的电池中，铂的损耗十分之大，所以本生等人提议用碳来代替铂。对于"本生电池"的描述见于1841年。[4]在众多开路电池中，特别值得注意的是巴黎化学家乔治斯·勒克朗谢（Georges Leclanche，1839—1882）在1867年制作的电池。1873年，拉蒂默·克拉克发明了一种电动势比丹聂耳电池更加稳定的电池，之后瑞利爵士、H.亥姆霍兹和亨利·S.卡哈特等人都曾对这一电池进行改进并加以使用。克拉克电池已经被接受为电动势的国际标准，官方也出具了制造这一电池的说明书。

蓄电池

1803年，里特描述了第一个二次电池或者蓄电池。他发现，将两根铂丝放入水中，电池电流经过铂丝时，一根铂丝上出现了氢，另一根铂丝上出现了氧。如果这时将铂丝与电池断开，并通过一个导体将两根铂丝连接在一起，那么这两根铂丝就像电池板一样，在这个新的电路中会出现短暂的电流。威廉·罗伯特·格鲁夫在1843年研究了这一问题，制作了一个气体电池来解释"极化"这一现象。1859年，贝克勒尔的一名学生加斯顿·普兰特（1834—1889）仔细地研究了这种储存能量的方式，并设计了一个蓄电池，是由两个卷起来浸入稀硫酸中的

---

[1] 《电学家》，伦敦，第37卷，1896年，第483页；《自然》，第54卷，1896年，第393页。

[2] 读者可能会对下边这首诗感兴趣，它是麦克斯韦写的一首关于电的抒情诗的一部分：

像丹聂耳电池一样恒定，像格鲁夫电池一样强劲，

每一块电池都像斯密一样充满热情。

我的心中充满了爱的潮水，

层层叠叠包裹着你。

这些诗句见于L.坎贝尔和W.加内特的《J.C.麦克斯韦的生平》，1882，第630页。

[3] 《哲学杂志》（3），第16卷，1840年。

[4] 《波根多夫物理年鉴》，第54卷，1841年，第417页。

铅板组成的。必须要在电池中送出电流，并且多次翻转电流方向，才能够使铅板"成型"（在阳极处镀上一层半多孔二氧化铅薄膜，在阴极处镀上一层多孔金属面）。他的电池的电动势超过了所有的原始电池组，但是这种电池却无法实现商业化，因为"成型"的过程过于烦琐。几乎没有人关注这一电池。1881年，卡米尔·A. 福尔采用在铅板外镀四氧化三铅的方式，成功地避免了这样的"成型"过程，[1]而且这样做增加了电池的容量。在这样的改进之后，商界人士突然对这种电池产生了兴趣。1881年，四块这样的电池由巴黎送往伦敦，它们的重量只有75磅，但是据说它们包含了相当于高达100万磅的电量。当然，这只是几盎司煤可以储存的能量。投资者们充满了希望，开始不遗余力地生产蓄电池，实现其商业化。最近几年，蓄电池开始广泛应用于汽车和无线电设备领域。

奥斯特的实验和电磁学的发端

电磁学这门学科分支始于1819年著名的"奥斯特实验"。汉斯·克里斯蒂安·奥斯特（1777—1851）出生在朗厄兰岛的卢克耶宾，曾就读于哥本哈根大学，后来成了哥本哈根大学和当地理工学校的教授。关于汉斯·克里斯蒂安·奥斯特的伟大发现，汉斯廷（Hansteen）在1857年写给法拉第的信中这样描述：[2]"早在18世纪，人们就已经普遍认识到了，电力和磁力之间存在极大的一致性，甚至可能就是完全一样的，问题就在于如何通过实验去证明这一点。奥斯特曾经尝试过把他的伽尔伐尼电池的导线垂直放在磁针上，但是并没有出现明显的移动。后来有一次，在他讲课结束之后，他在课上进行其他实验时，使用了一个强伽尔伐尼电池。他说：'现在电池还处于活跃状态，我们把导线放到跟磁针平行的位置。'这样做了之后，他十分震惊也很疑惑地发现磁针出现了剧烈的振荡（几乎跟地磁子午线成直角）。之后他说'让我们调转电流的方向'，磁针向相反的方向转动了。他就是这样作出了这一伟大发现，所以人们常说'他是意外作出这一发现'的说法是有道理的。他之前跟其他人一样，从来没有想过这样的力会是横向的，就像拉格朗日曾在类似场合评论牛顿的话一样：'这样的意外只

---

[1] 1840 年出生，1898 年离世。

[2] B. 琼斯，《法拉第的书信和生平》，伦敦，1870 年，第 2 卷，第 390 页。

会发生在命中注定的人身上。'"①

"奥斯特教授是具有天赋的人，但他并不是个合适的实验家，因为他自己不会操作仪器。他必须总带着一名助手，或者他的听众中必须有一位学生，有一双灵巧的手可以帮助他进行实验。作为他的学生，我经常在这样的场合帮助他进行实验。"②

汉斯·克里斯蒂安·奥斯特尝试过在磁针和带电导线之间放上各种不同的介质，并且得出了结论，即电流"会通过玻璃、金属、木头、水、树脂、陶器、石头等作用在磁针上，因为当我们在磁针和导线两者之间放上玻璃板、金属板或木板时，同样的现象依旧会出现。事实上，即使是把上述三种板加在一起，这样的作用也丝毫没有减弱。"

后来在各个地方，人们重复进行着汉斯·克里斯蒂安·奥斯特的实验。巴黎著名的天文学家和物理学家多米尼克·弗朗索瓦·珍·阿拉戈（1786—1853）在1820年观察到，电流会吸引铁屑。他认为即使导线不是铁制的，在带有电流时，必定也是充当了磁铁。1822年，戴维证明了这种对于铁屑产生的明显吸引力分布在导线的四周，铁屑的不同会在彼此之间产生吸引力，因此在导线边上产生了互相吸引的链条。磁化力作用在和导线成直角的平面上这一事实，使得安培开始将导线做成螺旋的形状，以增强对于内部磁针产生的作用力。安德烈·玛丽·安培（1775—1836）③出生于里昂，年轻的时候就显现出来了非凡的数学才能。大革命期间，他的父亲被斩首了，年轻的安德烈·玛丽·安培因此受到了巨大的精神打击。他经常花费很长时间，一言不语地盯着天空，或者机械地将沙子

---

① 1876年，H．A．罗兰证明了磁针也会受到带有静电荷且处于转动状态下的物体的影响，后者就像真实的电流一样。

② 关于汉斯·克里斯蒂安·奥斯特的论文，可以参考威廉·吉尔伯特的《年鉴》，第66卷，1820年，第295页；奥斯特瓦尔德的《磁化学》，1896年，第367页；《奥斯特瓦尔德的人精确物理经典》，第63卷，第526页。F．A．P．伯纳德曾经谈到过这一发现："奥斯特在1819年观察到磁针附近出现的电流会对其产生影响，这是多么让人疯狂和对未来充满幻想的事情啊。他应该大声地宣读这一伟大的真相，即在那一天，科学的权威通过一个带有翅膀的天使尽情地向外蔓延开了，其速度甚至超过了奥伯龙身旁的妖怪。跟他比起来，'在40分钟内绕地球飞行一周'这样的速度实在太过缓慢，太让人失望了。"

③ 参考阿拉戈的《安培的颂词》，见《史密森尼学会报告》，1872年，第111页。

堆成堆。一年之后，他才从这种精神麻木中走了出来。在他研读了卢梭关于植物学的著作之后，对于科学的热爱重新被点燃了。1799年结婚之后，他的宗教情感开始变得十分强烈。他产生了对天主教的强烈信念。这种信念虽然在其职业生涯的中期稍有减弱，但是在他的晚年，这样的信念再度变得极为强烈。他成了里昂的物理学和化学教授。在他妻子去世之后，安德烈·玛丽·安培变得十分抑郁，曾想着离开里昂。"安培，享誉盛名，却又为盛名所累的伟大的安培！除了在自己的科学研究方面，他再次变得犹豫、害怕、不安、苦恼，他相信别人更胜过自己。"[1]1805年，他来到了巴黎理工学校，在那里的20年间，他进行了一些十分重要的科学研究。[2]

汉斯·克里斯蒂安·奥斯特仅仅是发现了电流对磁体的作用，而安培发现了一个电流对另一个电流的作用：方向相同的平行电流会相互吸引，而方向相反的平行电流会相互排斥。[3]这些美妙的现象在一些批评者眼中，只不过是老旧的电的相互吸引和排斥理论。对此安培的回复是：尽管相同的电荷会互相排斥，但是携带平行电流的导体之间会互相吸引。此外还有一些人贬低了这一理论，他们声称因为两个电流会同时作用于同一块磁体，那么它们彼此之间会相互作用，这不是显而易见的吗？在听到这样的言论之后，安培从自己的口袋里拿出两把钥匙，说："这两把钥匙都会吸引磁体，那么你就因此认定这两块钥匙会彼此吸引吗？"

---

① 《他的爱的故事，安德烈·玛丽·安培的日记和早期信件》，伦敦，1873年，第164页。

② 接下来的这一段话引自1805年的一封信，其清晰地描绘了安培的生活："我的生活就是一个圈，没什么东西可以打破这种单调的生活……我只有一种娱乐方式，一种空洞且虚伪的娱乐。对此，我也没有那么喜欢，那就是跟巴黎那些形而上学家们探讨一些形而上学的问题，这些人比那些数学家对我要更友好一些。但是我的工作使得我不得不跟数学打交道，但是其无法帮助我消遣，因为我已经不怎么喜欢数学了。但是，毕竟我在这里工作，已经写了两篇关于计算的论文，之后要在这所学校的刊物上发表。除了在星期天，我很少见到这些形而上学家们，比如跟我关系不错的德比朗以及有时候会跟我一起在奥特伊用餐的特雷西。特雷西是巴黎唯一一个可以使我想到索恩河畔的地方。"见《他的爱的故事，安德烈·玛丽·安培的日记和早期信件》第322页。

③ 《化学与物理年鉴》，第15卷，1820年。

安培提出了一个判断电流使磁体偏斜方向的定则，即"安培定则"。法拉第在这一问题上，建立起了更为全面的概念，他还设计了诸多实验，证明电流和磁体具有环绕彼此运动的倾向。安培对这一结果进行了延伸。跟托马斯·约翰·塞贝克将电流视为磁作用的观点不同，安培认为磁主要是因为电流作用而产生的。磁体当中的每个粒子都具有电流，会产生磁极。让磁体磁化的过程就是让假设的分子电流向同一方向运动的过程。在安培看来，地磁的产生也是因为地球周边存在的电流。1823年，安培发表了一篇论文，专门对这一新现象作出了数学解释。麦克斯韦称这个研究"形式上极尽完美，准确程度上无懈可击"。

欧姆定律

格奥尔格·西蒙·欧姆[①]（1789—1854）是一位具有创新精神的研究者，尽管当时他跟那个时代的伟大物理学家都没有过接触，但是他自己独立地进行了物理研究，并且发现了一个伟大的定律，即以他名字命名的"欧姆定律"。他出生在埃朗根，在他的家乡读了大学，之后在哥特斯塔德、纽沙特尔和班贝克的学校中任教。在30岁时，他成为科隆一所中学的数学和物理老师。他在那里教了9年书，教学很成功。他那时候的一位学生勒热纳·狄利克雷（Lejeune Dirichlet）后来成了十分著名的数学家。欧姆十分想进行科学研究，但是由于缺乏充足的时间和书籍，以及缺少合适的仪器，他的科研进展十分艰难。他在很小的时候就跟着做锁匠的父亲学习机械技巧，使得他自己能够制造出供研究之用的仪器。他最开始进行的实验[②]是关于金属的相对传导性。他使用了由不同材料制成的粗细相同的导线，并测得在如下长度时各种材料导线的传导性是一样的：铜1000，金574，银356，锌333，黄铜280，铁174，铂171，锡168，铅97。根据他的测量数据，银的传导性远不如铜，但是事实上银是更好的导体。之后，欧姆核验自己的结果是否正确，并且发现了这一错误。第一次实验中用的银丝在拉伸的过程中覆盖上了油层，所以虽然将两根线进行了拉伸且使它们的厚度相同，但事实上第一

---

① 参考尤金·洛梅尔的《乔治·西蒙·欧姆的科学工作》，见《史密森尼报告》，1891年，第247—256页。

② 欧姆，《定律的测定，根据哪种金属接触导电等》，载《施威格的化学和物理杂志》，第46卷，1826年，第144页。这篇文章包含了欧姆定律的实验证据。

根线更细一点儿。之后欧姆对材料相同但是粗细不同的导线进行了进一步实验，得到的结果是如果导线的长度跟其横截面成比例，那么它们的传导性就相同。在这些试验中，他使用的电池中电流的变化给他带来了很大麻烦。最后在波根多夫的建议之下，他开始用热电元件作为电源，由此才摆脱了这一麻烦。

在欧姆确立欧姆定律所做的那些实验中，使用了两个锡容器，即A和B，如图18所示。他在A中盛放了沸水，在B中放入冰或雪。他准备了一根铋棒 *abb'a'*，并用螺丝将其跟一些铜条固定在一起，其两端分别浸入盛有水银的两个杯子中。因此这个热电元件的组成部分就是铋和铜。为产生电流，其将结合处ab放在容器A的中空圆筒X中，同时将 *b'a'* 放在容器B中的相应位置。只要用导体将两只装有水银的杯子连接起来，形成一个完整的线路，两侧的气压差就会产生电流。欧姆还指导一位机械工人为自己制作了一个扭秤。他用一根5英寸长的导线将一根磁针悬挂在一个扭头处。当磁针受到电流作用从在磁子午线中的静止位置发生偏移时，扭力会使其恢复到之前的位置。扭头转动的角度是以圆周的百分度来进行测量的，而使磁针从其原始位置发生偏离的力是跟这一角度成比例的。因此，我们可以通过扭头为了使偏转的磁针回到原始位置而转动的角度大小来判断电流的强度。

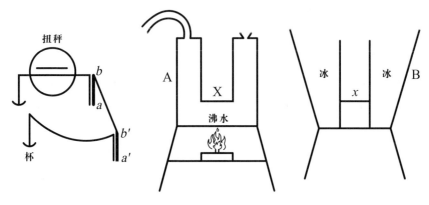

图18　欧姆实验容器

欧姆准备了8根粗细相同的铜线（正常铜线的7/8），分别为2英寸、4英寸、6英寸、10英寸、18英寸、34英寸、66英寸和130英寸长。它们被依次地插入电路之中。1826年1月8日，他得到了下表中数据：

导体序号	1	2	3	4	5	6	7	8
扭转角百分度	$326\frac{3}{4}$	$300\frac{3}{4}$	$277\frac{3}{4}$	$238\frac{1}{4}$	$190\frac{3}{4}$	$134\frac{1}{2}$	$83\frac{1}{4}$	$48\frac{1}{2}$

在同一月的11日和15日，他每天又测定了两组读数。他将这些读数制成了表格，随后说：下述公式可以完美地表述上面这些数字。

$$X = \frac{a}{b+x}$$

其中X表示的是导体的磁力效果强度，其长度为x，a和b是常数，它们取决于电流刺激力和电路其余部分的阻力。"他给出的b值为$20\frac{1}{4}$，同时基于上述这一组测量数据，a的值为7285。这些数字与上述结果十分接近。例如，以第三个导体为例，如果说x=6，那么通过计算X就是277.53，其测量所得的值为$277\frac{3}{4}$。随着实验选择黄铜导线作为电阻，或者将热电元件两侧的温度进行更改，比如换成融化着的冰的温度和室温（7.5℃），这些测量结果都会出现变化。通过温度范围的变化，欧姆确定了电动势的变化，其会产生不同的a值，但是不影响b的值。在所有的情况中，上述公式都是适用的。因此，这一新的定律就这样确定下来了，a代表的是电动势，b+x 指的是电路的总电阻，而 X 指的是电流强度。后来，欧姆还通过实验的方式确定了用以计算串联电路和并联电路下电池的电流强度的公式。这些结果发表于1826年。电动势、电流强度和电阻这些精确概念的引入和定义都要归功于欧姆。

1827年，欧姆在柏林出版了一本书，书名为《电路的数学研究》，其中包含了欧姆定律的理论推导过程。这一著作的闻名程度，要远远超过他在1826年发表的用于解释欧姆定律实验推导过程的论文。事实上，他的实验论文鲜为人知，在过去相当长一段时间内，甚至时至今日，依旧有人认为欧姆得出定律是基于理论推导，而从未用经验方法证明过。这样的误解可能在一定程度上解释了为什么一些人选择不接受欧姆的结论。柏林的H．W．达夫说道："柏林的《科学年鉴》的一位作家在评论欧姆的理论时，称其只是将一些毫无根据的猜测拼凑在了一起而已，即使是最为肤浅地观察一下这些事实都不会支持这样的理论。他继续写道，'对于这个世界充满敬意的人不能尝试着去读这本书，因为其中充斥着不可救药的欺骗，他想做的唯一事情就是损害自然界的尊严。'"①

欧姆的理想就成为大学教授，从而我们可以十分容易地想到，他的书不被人们认可会给他带来什么样的影响。1827年为了写书，他请了假，前往柏林，那里图书馆的条件要比科隆的更好。但是这本书出版之后，他不仅没能得到晋升，还招致了学校某位领导（黑格尔哲学的拥护者，所以反对实验研究）的恶意，结果欧姆辞去了在科隆的职务。

欧姆在柏林居住了6年，在一所军官学校每周讲三次数学课，每年的薪水是300泰勒（德国旧银币名）。1833年，他在纽伦堡的理工学校得到了一个职位。他在电学方面的研究逐渐获得了人们的尊重和赞誉。德国的波根多夫和费希纳、俄罗斯的伦茨、英国的查尔斯·惠特斯通和美国的亨利都表达了他们对欧姆研究的敬佩。伦敦皇家学会在1841年授予欧姆科普利勋章。1849年，在他62岁时，年少时的抱负终于实现了，他被任命为慕尼黑大学的非常任教授，并在1852年成为正式教授，再之后两年欧姆就去世了。

电阻的测量

欧姆的伟大推崇者查尔斯·惠特斯通认为，有必要以更加准确的方式对电阻进行测量，于是发明了所谓的"惠特斯通桥"。查尔斯·惠特斯通（1802—1875）出生在格洛斯特附近，做过乐器制造商，1834年成为伦敦国王学院实验物理学的教授。退休之后，一个人生活，他的收入来源就是自己的发明，特别是电报机。他是个具有非凡才能的实验家，但是不喜欢在公众场合发言。"他在国王学院履行自己的职务时，曾经教授过8节课的声学……但是他对自己在公众场合的表达能力十分不自信，这成了一个无法克服的障碍，不久之后他便不再继续教授这门课程了，但很多年他依旧在国王学院担任教授职务。尽管在私下的交谈中，所有人都会为他清晰有力的表达所折服，但是每当他想在公众场合表达观点时，总是不尽如人意。"②也正是因为这一原因，查尔斯·惠特斯通一些极为重要的研究结果都是由法拉第在皇家研究院的讲堂中代为展示的。

---

① 《约瑟夫·亨利纪念》，1880年，第489页。
② 《伦敦皇家学会的程序》，第24卷，第18页。

十分值得注意的是，那些在完善电阻测量方面作出了很多贡献的人，基本上都是那些对电报机发展感兴趣的人。查尔斯·惠特斯通发明了电阻器，之后被维尔纳·西门子发明的电阻箱所取代。较早时期测量电阻的方式因为会受到电池稳定性的影响，所以特别麻烦。贝克勒尔和查尔斯·惠特斯通解决了这一难题，前者的解决方式是引入了微分电流计，而后者则是采纳了亨特·克里斯蒂所建议的方式，最终促成了"惠特斯通桥"的发明。1843年，查尔斯·惠特斯通描述了这一装置的两种形式，它们只是在导线的安放方面略有不同。[1]

电流计的发展

1820年，在奥斯特实验闻名之后，哈雷的一名教授J. S. C. 施威格（1779—1857）发明了电流计。J. S. C. 施威格通过将导线多次绕过磁针，增加了电流的有效作用。1825年，佛罗伦萨的莱奥波尔多·诺比利（1784—1835）使用了无定向倍增器，包括两个紧密组合在一起的指针，一根指针的南极跟另一指针的北极朝向相同。1839年，巴黎的一位教授克劳德·塞维斯·马赛厄斯·普莱（Claude Servais Mathias Pouillet，1790—1868）发明了正切和正弦电流计。威廉·汤姆森爵士极大地改进了电流计作用的反应速度和灵敏程度，设计了可以通过海底电缆发信号的镜像电流计。近些年来，由A. 达松伐耳设计的电流计受到了普遍认可。从原理上来讲，它跟威廉·汤姆森爵士设计的用于海底电报的"虹吸收报机"，以及斯特金早在1836年就使用过的悬浮式线圈电流计是一样的。1890年左右，C. 弗农·博伊斯建议在一些精密试验中，用石英纤维取代丝绸来悬挂指针。

法拉第的工作

19世纪电和磁领域最为伟大的实验家迈克尔·法拉第（1791—1867）出生在伦敦的纽因顿，是一个铁匠的儿子。他曾经说过："我自己所接受的教育就是那种最为普通的教育，就是在一所普通的走读学校中学习一些关于读、写和算术的

---

[1] 《哲学期刊》，第133卷，第303—327页；《查尔斯·惠斯通爵士的科学论文》，伦敦，1879年，第127页。

基础知识。我不在学校的时候就在家中和街上打发时间。"[①]1804年，他在自己家附近的一家书店和装订厂做起了跑腿的小工，第二年成了那位装订商的学徒。与此同时，他喜欢读一些他经手的科学书目。他说："我做了一些十分简单的化学实验，每周只需要花个几便士的钱就够了，我还做出了一个电机。"19岁的时候，他有时在晚上去听塔特姆先生关于自然哲学的课程，他的哥哥出钱给他付听课的费用。1812年，他十分幸运地听了著名的化学家布鲁斯特·戴维爵士在皇家研究院的四次讲座。装订厂这份工作跟他的志向是不相符的。他之后说："我不想再做这种营商的工作了，商业在我眼中是不道德且自私的，我想投身到科学领域，在我的想象中，科学家是一些可爱可亲、心胸开阔的人。这样的想法驱使我最终采取了一个大胆又简单的方法，我写信给戴维爵士，表达了我的愿望，也希望他会支持我的观点，与此同时我把自己听他讲座的笔记一并发给了他。"

布鲁斯特·戴维在回信中说道："你提到的那些证明你自信心的证据远没有使我觉得不快……"1813年，法拉第成为布鲁斯特·戴维在皇家研究院的助手。同一年秋，布鲁斯特·戴维和他的妻子开始前往国外进行巡回演讲，法拉第作为记录员随行。在跟着布鲁斯特·戴维前往了法国、意大利和瑞士之后，法拉第在1815年回到了皇家研究院。他回来之后不久，就开始进行一些独创性研究，并在1816年发表了自己的第一篇论文，并开始在"市哲学学会"（City Philosophical Society）中发表演讲。他在一封信中写道："十分荣幸有机会能跟戴维爵士一起丰富化学和科学知识。"1821年，法拉第结婚了，他的妻子来到了他在皇家研究院的住所，两人在那里共同生活了46年。1824年，他当选为皇家学会成员，当时布鲁斯特·戴维是皇家学会的主席。十分遗憾的是，布鲁斯特·戴维出于嫉妒反对法拉第当选。但是，法拉第每次谈论起布鲁斯特·戴维时，都带着极大的敬意和钦佩，他总是说这位天才人物，在他的科学生涯的早期为他提供了很多帮助。1825年，法拉第成为皇家研究院的院长。

威廉·H.沃拉斯顿在英国研究了奥斯特在1820年进行的伟大实验，其于1821年在皇家研究院的实验室中（布鲁斯特·戴维也在场），尝试通过实验将因电流产生的指针偏转现象变成永久性的旋转。他希望能够出现电流围绕磁场旋转

---

① B.琼斯，《法拉第传记》，1870年，第1卷，第9页。

的交互效果，但是实验失败了。正如此前谈到的，法拉第也开始研究磁的旋转问题了。1821年圣诞节早上，法拉第第一次向他的妻子展示了磁针围绕电流转动的现象[1]（图19）。有人指责法拉第在这篇描述磁旋转的论文中没有提到沃拉斯顿，但是法拉第则说他从没受到过威廉·H. 沃拉斯顿的帮助。[2]

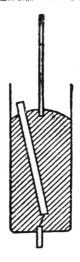

图19　磁体漂浮在水银中

其下端用线系住，其上端围绕带有电流的金属丝转动

　　法拉第之后开始研究气体液化、振动表面和一些化学问题。1831年，他发现了磁电和感应电流。早在1824年的时候，他说过，如果伏打电流会对磁体产生影响的话，那么磁体也应该对电流产生反作用。但是当时他没有任何的实验证据说明这一现象。现在他知道了带电体可以对非带电体产生作用，带有电流的导线也是带电体。那么这样的导线是否能够使其他导线也带电呢？1825年，他尝试着让电流通过导线，在这根导线边上放着另外一根连接着电流计的导线，但是没有观测到什么结果。他没有注意到当时产生了极为短暂的感应电流现象。1828年，他

---

　　[1]　约翰·廷德尔，《法拉第的发现》，纽约，1877年，第12页。不久之后，S. P. 汤普森写了一本关于法拉第的著作。

　　[2]　法拉第的全部解释见于《关于电磁旋转的历史陈述》，载《实验研究》，第2卷，第159—162页。

再次进行了实验，同样没有结果。[1]

但是法拉第坚持进行实验。1831年8月，他取了一个软铁环（图20），并在其周围缠上了线圈A和B。线圈B连接着一个电流计。当线圈A和装有10块电池的电池组连接起来之后，电流计的指针开始振荡，并且最终停在了原来的位置。在断开电源的时候，指针再次受到了影响。法拉第一开始并没有完全领会这一现象的全部意义。同年9月23日，他在一封信中写道："我现在正忙着电磁实验，我觉得我发现了一些好东西，但是不能说。这可能是海草也可能是一条大鱼，还要继续进行研究，最后应该能弄清楚。"第二天，他取了一个铁制的圆筒，在其周围放上与电流计连接起来的螺旋状线圈，之后将圆筒放置在一根磁铁的两极之间，如图21所示。"每次与磁体的N、S连接或者断开连接时，电流计上都会显示出磁运动。这样的现象跟之前一样并不是永久性的，只是瞬间的拉或者推……因此磁明显地转换成了电。"这一实验和奥斯特所做的实验正好相反，其是用磁铁引发电流。

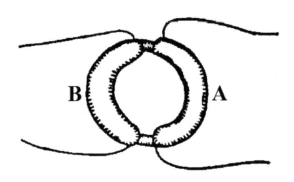

图20　法拉第软铁环

---

① B. 琼斯，《法拉第传记》，第2卷，第2页。

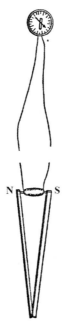

图21 磁运动

　　1831年10月1日，法拉第发现了感应电流。他将一根长达203英尺的绝缘铜丝绕成了螺旋线，并将它与一个电流计连接在一起。同时将另一根长度相同的线圈缠绕在同一块木头上，并且与由10块电池组成的电池组的两极相连接。"当电流连接或者断开时，会出现突然的振荡，但是这样的振荡幅度十分小，很不容易察觉到。电流是其朝着一个方向运动，断开时朝着另一方向运动，其他时刻电流计指针位于它的自然位置上。同年10月17日，他将一块永磁体插入到线圈中就产生了相同的效应。实验中这些出人意料的现象在于感应现象并不是持续的，而是即时的，"其更像普通莱顿瓶电击产生的电波，而不像伏打电池产生的电流"。[①]

　　这些具有划时代意义的研究成果，让人们明白了阿拉戈进行的一个神秘实验，他在1824年就观察到通过旋转铜盘可以让附近的磁体产生运动。

　　法拉第曾有一段时间放下了电磁的研究，转而研究电解和伏打电池。他发

―――――――――

　　① 法拉第对于这些实验的描述见《电力实验研究》，伦敦，1839年，第1卷；也可以参考《奥斯特瓦尔德的精确科学经典》，第81卷。法拉第所描述的进行试验的顺序并不完全是他得出发现的顺序。

现了电解定律：被电解的水量与通过水的电量是成比例的，与电压、电极面积和液体的传导性无关。因此，我们可以用被电解出来的气体的量来准确测量通过的电流的量。之后他声称相同的电流量，在不同的电解质中会电解出来相同量的气体。1834年，他引入了"阳极"和"阴极"这两个术语。

1834年，威廉·詹金观察到，将绕着电磁的导线和单个电池的两极连接起来之后，如果一个人两手分别手持导线的一端，那么开始时在连接点会感受到电击。巴黎的A. P. 马森也观测到了类似的现象。法拉第并不知道约瑟夫·亨利在自感应方面进行了研究，他本人于1834年开始研究这一作用，意识到这是一种"电流对自身的感应力"，成功地证明了"额外电流"的存在。"额外电流"在"断开"电路时方向跟原电流一致，并且会增强原电流；在"连接"电路时其方向跟原电流方向相反，并且会减弱原电流。"额外电流"存在的这一理论提出之后遭到了强烈反对，但是最终被其他研究者证明了。

奥利弗·洛奇爵士回忆道，法拉第的第一个电磁装置即发电机的前身，产生的效果微乎其微，以至于法拉第在做了有关该装置的演讲之后，还有学生问他这个装置到底有什么作用。一位教会的高层人士认为如果这东西落在纵火犯的手中，可能会造成十分危险的后果，所以他对这一发现表示了谴责。知识的发现永远先于大众的理解而存在。一位丹麦思想家说道："我们的生活总是向前的，但理解永远都是滞后的。"在思考法拉第的电磁实验时，廷德尔满腔热情地写下了这些话："我禁不住思考……磁—电的发现是有史以来最为伟大的实验成果，这就是法拉第成就的勃朗峰（阿尔卑斯山最高峰）。他一直在勇攀高峰，但是再也没有比这一发现更高的山峰了。"

这位勇敢的英国人在攀登高峰的同时，还有一位美国探索家也攀上了同样的高峰。他们两位在登顶之前，都没有意识到另外一位的存在。在涉及磁—电这一伟大发现，谈到法拉第的名字时也必须要谈到约瑟夫·亨利。

亨利的研究

约瑟夫·亨利（1799—1878）出生在纽约的奥尔巴尼。15岁时，他在一家钟表店当学徒，不过当时他的梦想是成为一名著名的演员和剧作家。随后他意外地看到了格雷戈里的《实验哲学演讲》。随着不断深入阅读，他爱上了科学。他进入了奥尔巴尼研究院读书，并在1832年成为那里的数学教授。1832年，他被任命为普林斯顿学院自然哲学教授，1846年成为华盛顿刚刚成立的史密森学会会长。1827年在奥尔巴尼，他开始进行独创性的研究。因为身兼数职，所以他的很多时间都是用来教课和做一些日常性工作，用以做研究的时间少之又少。在奥尔巴尼研究院，他每天要上7个小时的课，此外那边没有可以用以进行实验的房间，这使得他几乎无法进行实验。可以用的时间只有假期，也就是8月。他的研究都是在研究院的大厅中进行的，而且9月一到学校开学就得立刻停下来。[①]在美国，约瑟夫·亨利是自富兰克林之后第一位从事原创性电学实验的人。

约瑟夫·亨利最初取得的进展是在电磁方面。当然我们必须提前说明，在1820年阿拉戈和安培通过将钢针放在携带电流的螺旋线圈中实现了钢针的磁化，1825年威廉·斯特金描述了最早名副其实的电磁体。威廉·斯特金（1783—1850）是兰开夏郡一个懒散的鞋匠的儿子，他自学成才成为科学家，也是《电学年鉴》月刊的创始人。[②]威廉·斯特金在1825年制成的电磁铁可以举起9磅重的物体，是电磁铁自身重量的20倍左右。他用软铁取代了钢，将铁做成了马蹄形，并在铁表面涂漆，使之与稀疏地缠绕了软铁18圈的单层裸铜导线绝缘。电流来自内电阻很小的铜锌电池，只要电流接通，马蹄形铁就立刻变成了一块极强的磁铁，电路断开之后就会失去磁力。这一现象引发了人们极大的兴趣。乌特勒支的教授莫尔制成了可以举起154磅重量的马蹄形磁铁，但对这方面作出了重大改进的是奥尔巴尼的约瑟夫·亨利。他不再在铁表面涂漆，而是用丝绸覆盖在铜线上，使其绝缘。此外他还极大地增加了线圈缠绕的次数，制成的第一块磁铁线圈缠绕了400次，并于1829年3月展示了这一磁铁。再之后有人用几个两端自由的线圈缠绕住磁铁中心，进一步作出了改进，这些线圈是平行排列的，所以电池电流也可以分为几部分。约瑟夫·亨利实验了配合不同类型电池使用的合适的线圈大小，并且得出了十分重要的结论，即我们可以使用"高强度"磁铁和一根长导线，从许多电池串联成的"高强度"电池中获得电流；或者我们也可以使用"高数量"磁

---

① 玛丽·A.亨利，《法拉第和亨利的工作研究》，载《电气工程师》，第13卷，第28页。

② 威廉·斯特金的生平简介见S.D.汤普森的《电磁体》，纽约，1891年，第412—418页。

铁和许多短导线，从由一对大板组成的"高数量"电池中获得电流。前一种磁铁
适用于电池到磁铁之间的距离特别长的情况，如电报。亨利的电磁铁在使用由长
宽不到一手宽度的电极板组成的单一电池的情况下，可以举起50倍于磁铁自身重
量的物体。①

当时约瑟夫·亨利并不知道欧姆在1826年发现了欧姆定律，所以这些研究成
果的独创性是十分显而易见的。1833年，约瑟夫·亨利问巴赫博士："您能给我
一些关于欧姆理论的研究资料吗？在哪里可以找到？"1837年，他到了伦敦后，
才知道了欧姆的理论。②

1829年8月，约瑟夫·亨利正在测试不同长度导线的磁铁的起重能力，并使
用构成了今天电报机的"高强度"磁铁和电池时，注意到了电池电流通过的长线
圈导线在短路时，产生了让人意想不到的电火花。"自然……在那一刻揭开了面
纱，让他看到了另外一个方向上的可能性，等到1830年8月假期再次到来时，他
再次研究了这一新现象。"他意识到了其本质，并在1832年发表了一篇名为《长
螺旋导线中的电自感应》的论文。③法拉第关于"额外电流"的研究是在1834年
进行的，发表于1835年，所以应该说自感应现象这一发现的优先权应该属于这位
美国物理学家。

约瑟夫·亨利问了自己一个问题：如果电可以产生磁，那么磁是否可以产
生电呢？他将自己在奥尔巴尼研究院的"高数量"磁铁围绕其中枢，缠上细铜线
圈，线圈的两端在40英尺远处连接着一个电流计。其中枢位置穿过磁铁的两端，
电池板浸入到稀释的酸中。磁铁受到了刺激，电流计的指针也振荡了，于是答案
十分明显——磁确实能够产生电。跟法拉第一样，约瑟夫·亨利诧异地发现这一
现象是瞬时性的，而且在电路"断开"和电路"连接"时，指针偏转的指向是相
反的。几乎有绝对性的证据可以证明，约瑟夫·亨利是在1830年8月或者说是在

---

① 约瑟夫·亨利的研究结果发表于《美国科学期刊》，第19卷，1831年1月，第
404、405页。也可参考《约瑟夫·亨利的科学著作》，载《史密森尼学会报告》，第30卷，
1887年，第一部分，第37页。

② 《约瑟夫·亨利的科学著作》，载《史密森尼学会报告》，第30卷，1887年，
第一部分，第30页。

③ 《美国科学期刊》，第22卷，1832年，第408页。

法拉第第一次进行磁—电实验之前一年完成这一发现的。[①]约瑟夫·亨利充满了热情，并且准备在1831年8月再次进行一系列的实验。他开始制作一个更大的电磁铁和一个很大的"卷筒"，想做出一个有极大功的机器。他想制作一个直流发电机，但是还没有完成，假期就结束了。[②]

之后他又重新开始做实验，不是1832年8月，而是在6月。为什么呢？因为他偶然在一篇杂志上看到了一段话，说法拉第已经证明了磁可以产生电。这段话只是十分粗略地谈到了法拉第所做的实验。约瑟夫·亨利并不确定法拉第到底领先自己多少，于是他立即开始了工作。他使用了自己的老仪器，重复了上述的实验，并匆匆忙忙地写了一篇论文，并于1832年7月发表在《美国科学杂志》上。这篇论文包含了他在听说法拉第实验之前所做的实验，以及听说之后所做的实验。法拉第在1831年就发表了关于自己发现了磁—电现象的文章。毫无疑问约瑟夫·亨利的发现要早于法拉第，但是其发表时间要晚于法拉第的。因此，这一优先权理应属于法拉第。1837年，约瑟夫·亨利前往英国，并且结识了英国的一些伟大物理学家。约瑟夫·亨利喜欢详述他在法拉第的学会中度过的时光，法拉第和查尔斯·惠特斯通也表达了对这位美国物理学家的极大尊重。在伦敦国王学院，有一次法拉第、查尔斯·惠特斯通、丹聂耳和约瑟夫·亨利曾试着从温差电堆中得到电火花，但是失败了。约瑟夫·亨利后来使用自己发现的软铁片上缠着长导线产生的效应，成功地完成了这一实验。法拉第得知之后开心得像个孩子，跳起来大声喊道："这个美国人的实验好啊！"[③]

之后，约瑟夫·亨利继续在物理学不同分支上进行着独创性研究，但是在他所有的研究中，完成度最高的时间是1838年的夏天，他在普林斯顿进行了不同等级的感应电流研究。正如我们之前看到的，法拉第观察到了电流产生的感应电流。法拉第发现的次级电流只是瞬时性的，所以显而易见，它既不能像一次电流一样运作，也无法在另一个电路中产生感应电流。约瑟夫·亨利证明了更高等级

① 《约瑟夫·亨利的科学著作》，载《史密森尼学会报告》，第30卷，1887年，第一部分，第53页及之后。

② 《约瑟夫·亨利的科学著作》，载《史密森尼学会报告》，第30卷，1887年，第一部分，第54页。

③ 《约瑟夫·亨利的纪念》，华盛顿，1880年，第506页。

的感应电流是可能存在的。"人们已经发现，25个人手拉手可以感受到一个小电池中三级电流带来的电击；同样地，手臂也能感受到五级电流带来的电击。"[①]

约瑟夫·亨利在1842年作出的一个观察，对近代电磁理论产生了重要影响。他证明了莱顿瓶的放电并不是简单地恢复到平衡状态，而是连续快速地前后振动，直到其逐渐降为零为止。1847年，赫尔曼·H. 亥姆霍兹在自己的论文《力的守恒》(*Ueber die Erhaltung der Kraft*)中再次表明莱顿瓶的放电是振荡式的，但是早在赫尔曼·H. 亥姆霍兹和约瑟夫·亨利之前，费力克斯·萨瓦里（Felix Savary）在1827年就已经从某个实验中得出了这一结论。[②]1853年，威廉·汤姆森爵士（他当时并不知道前人所做的研究）从理论和数学推导中得出结论，即这种放电必然是振荡性质的。

变压器的设计

我们可以将约瑟夫·亨利于1830年（不确定）的"高数量"磁铁和线圈状的中枢和法拉第在1831年使用的软铁环（见图20）看作最早的变压器。在约瑟夫·亨利研究的激励之下，查尔斯·格拉夫顿·佩奇（1812—1868）发明了现在我们所知的鲁姆科夫线圈。查尔斯·格拉夫顿·佩奇出生于塞伦，曾就读于哈佛学院，1840年之后成为华盛顿专利局的审查员。他早期进行的一些研究成果发表于1836年。1838年，他制造出了一个比较完善的感应线圈，[③]主线路使用的是粗铜线，次级线路使用的是很细的导线，通过自动锤振动接触水银来实现电路的连接和断开。为了减少断路时的接触时间，他在水银上边加上了油或酒精。之后其他人也提出这样的设计方案，而且人们通常把这一设计归功于珍·里昂·傅科。1839年，德国的J. P. 瓦格纳和内夫（Neef）率先提议用铂来代替水银接触。伍

---

① 关于约瑟夫·亨利在感应电流工作上的详细说明，可以参考《备用电流互感器》，第1卷。

② 《约瑟夫·亨利的纪念》，1880年，第255、396、448页。

③ 关于这个线圈的描述，见《美国科学期刊》，第35卷，1839年，第259页，其中也包括了这一线圈的图示；也可参考比德尔的《变压器原理》，1896年，第291页；弗莱明的《交流变压器》，第2卷，1892年，第26页；F. 乌彭伯恩的《变压器的历史》，1889年，第7页。

蓬本（Uppenborn）在评论查尔斯·格拉夫顿·佩奇的线圈时说："佩奇使用这一仪器产生的效果要比鲁姆科夫的仪器产生的效果强得多，佩奇只用了一块格鲁夫电池就成功地在一个二级线圈上感应出了如此之高的电动势，在真空管中产生了4.5英寸长的火花；与之相比，虽然鲁姆科夫的发明受到了极大的关注，但是并没有达到这样的效果。"1850年，查尔斯·格拉夫顿·佩奇制造的一个线圈可以在空气中产生长达8英寸的火花。伍蓬本说："在考虑到所有情况之后，让人十分诧异的是，在鲁姆科夫线圈的发明依旧处于起步阶段时，佩奇发明的具备极高输出功率的线圈甚至在1851年还不为欧洲人所知。"显然，这一线圈本应该以查尔斯·格拉夫顿·佩奇命名，而非以海因里希·丹尼尔·鲁姆科夫命名。

海因里希·丹尼尔·鲁姆科夫（1803—1877）出生于德国汉诺威市。1819年，他来到巴黎，之后在那里开办了一家物理仪器制造厂。在经历了长时间的实验之后，他在1851年发明了著名的"鲁姆科夫线圈"，可以在空中产生2英寸长的电火花。1858年，他发明的一个线圈在法国电器展览会[①]上赢得了一等奖，奖金高达5万法郎。雅明说海因里希·丹尼尔·鲁姆科夫去世的时候没剩什么钱，他几乎将挣得的所有钱都用于科学事业和慈善事业了。[②]

"鲁姆科夫线圈"是"开放磁路式"的变压器，而我们这个时代商用的变压器如法拉第最开始发明的环都是"闭合磁路"式的；在后者中，磁力线不是通过空气，而是沿着铁流动。克伦威尔·福利特伍德·瓦利、保罗·杰布洛霍夫、C．W．哈里森、E．B．布赖特、费兰蒂、卡尔·奇波诺夫斯基、马克思·德里、奥托·提图斯·布拉西、戈拉尔和吉布斯、威廉·斯坦利等发明了我们在电灯和长距离电力传输系统中使用的变压器或者变流器。因此，法拉第和约瑟夫·亨利出于对科学的热爱而进行的研究，成为现代最广泛的一个商业领域发展

---

① 有人认为这一奖项应该给美国物理仪器制造师爱德华·塞缪尔·里奇（1814—1895），他改进了海因里希·丹尼尔·鲁姆科夫1951年的线圈，将二级线圈分成了许多部分，以提高其绝缘性。波根多夫在此之前曾提过这样的建议。爱德华·塞缪尔·里奇发明的一个仪器于1857年在英国进行了展示。据说海因里希·丹尼尔·鲁姆科夫拿到了一个这样的仪器，成功地进行了复制，并且拿到了这一大奖。参考A．E．多贝尔的文章，载《美国艺术与科学学院院刊》，第23卷，1895—1896年，第359页。

② 《自然》，第17卷，1877年，第169页。

的基础。除此之外，其极大地促进了文明的进步，也为人们的生活带来了极大的
舒适。

静电感应

现在回过头来看看伦敦皇家研究院的法拉第，他在1835年之后开始研究静
电感应。库仑等人持有一种"超距作用"理论，即电荷在一定距离之外，在不受
到中间介质的任何影响下，也会彼此吸引或者排斥。法拉第认为这样的观点是错
误的，他认为电相互吸引和排斥作用是分子运动通过绝缘介质中周边粒子而产生
的，而介质当然也会参与到电力的传播中。因此法拉第将这样的介质称为"电介
质"。为此，法拉第做了一些实验，也取得了让他满意的实验结果。他发现感应
作用并不总是发生在直线上，因为超距作用理论认为是不存在介质作用的，所以
感应作用肯定是直线的；但是恰恰相反，感应作用也会通过周边粒子而在曲线上
发生。法拉第将这些曲线称为"力线"，并通过实验证明了两个带电物体之间电
力的强度随着绝缘介质的性质变化而变化。他因此作出了现在所谓的"电容率"
这一重大发现。亨利·卡文迪什很早之前就得出了同样的结论，但是他作出的这
些重大发现之后很久都不为人所知。法拉第用来比较电容率的仪器本质上就是一
个莱顿瓶，不过其中的电介质可以进行更换。这个容器包括两个同心球体，中
间的空间中可以填入任何物质。他将空气作为标准电介质，发现在硫黄中电的吸
引和排斥力是空气中的2.26倍，虫胶清漆中的是空气2倍，玻璃中的是空气1.76倍
多。法拉第的实验发表于1837年，1870年之后关于这一现象的知识大大增加了，
但是因为电吸附现象，不同观测者测定的不同物质的电容率极为不同，这让人十
分不解。

法拉第在进行这些研究中创造了一个符号，之后在物理教学中得到了普遍使
用，即他的"力线"。1831年，他看到铁屑显示出来的线时，第一次提出了"力
线"这个说法，但是这个概念在他之前就已经有人提出来了，比如说T. J. 泽贝
克。[1]法拉第在推导的过程中，用"力线"代替了数学分析，因为他并没有学过
数学分析。为了避免法国数学物理学家普瓦松和安培得出实验结果的那种分析方

---

[1]　参考 T. J. 泽贝克的论文，载《奥斯特瓦尔德的精确科学经典》，第63页。

式，他用"力线"来帮助自己。他似乎能够通过自己的心灵之眼，清楚地看到一根根"力线"从物体中发射出来。[1]近些年来，法拉第发明的符号不仅被接纳为技术符号，而且还在教学中得以使用。甚至在德国，即电磁超距作用理论的大本营，法拉第的理念也得到了支持，因为赫兹已经通过实验证明了经由麦克斯韦进一步发展的法拉第电介质理论中基本假设的正确性。[2]

光和电

法拉第通过猜想认为光和电或磁之间存在着一些直接关系，并进行了很多实验试图证明这一点，但是都失败了。终于在1845年，他通过实验证明了其强烈的信念是正确的。"我终于成功地使一条磁曲线或力线发了光，并成功地磁化了一条光线。"[3]法拉第使一束偏振光束通过一片由电磁铁形成的强烈磁场中的"厚玻璃"。他使用了尼科耳棱镜，发现在磁铁作用下光波出现了扭曲，其振动出现在了不同平面上。他说："不仅仅是厚玻璃，固体、液体、酸类、碱类、油、水、酒精和以太全都有这样的能力。"休厄尔在写给法拉第的信中是这样评价光和磁这一关系的："我禁不住想，在实现归纳推广这件事情上，你又向上攀登了如此一大步。你已经攀登得如此之高了，而且完全站稳了脚跟。"

法拉第的强磁铁和厚玻璃，使他得以验证他的另一猜测。磁性仅仅限于铁和镍这样的事实在他看来十分奇怪，他肯定并非如此。在知道了铁的磁力强度在极高温条件下会减弱这一事实之后，他开始怀疑其他金属在低温条件可能会显示出磁性。早在1836年，他实验了一些金属，将它们的温度降低到-50℃，但是没有什么结果。1839年，他在-80℃的条件下再次重复了这些实验，还是没有什么结果。1845年，他发现了钴也是磁性物质。终于在1846年，他发表了自己的研究成果。1845年11月4日，他用丝绸将一块厚玻璃悬挂在新电磁铁的两极中间的某个位置。当电磁铁被激发之后，厚玻璃受到了两极的排斥力，移动到了正中间位

---

[1]　参考克拉克·麦克斯韦的《远距离行动》，载《自然》，第7卷，1872—1873年，第342页。

[2]　参考 A. 舒尔科的文章，载《数学教学》杂志，第25卷，第403页。

[3]　参考 B. 琼斯的文章，载《数学教学》杂志，第2卷，第196页；也可以参考《实验研究》，第19系列。

置。法拉第还实验了其他物质，发现只要有充足的磁力，所有的液体和固体都会受到吸引力或排斥力的影响。硫黄、橡皮、石棉、人体器官都会被磁力排斥，它们都是抗磁性的。法拉第说："如果一个人像穆罕默德的棺材那样置身于磁场之中，他会不停地转向，直到处于横穿这些磁线的位置。"①抗磁性现象之前也有人观测到过，但是法拉第并不知道这些实验。布鲁格曼斯、A. C. 贝克勒尔、巴依夫、赛格和泽贝克都表示磁铁会对两三种物质产生排斥力。查尔斯·惠特斯通请法拉第关注贝克勒尔的物质磁性研究，法拉第回复道："我十分震惊，他竟然如此接近这一伟大原则和事实的发现，但是竟然又跟它们全部失之交臂，重又陷入到了陈腐不堪的老旧观念中。"②

光的电磁理论

大概从安培的时代开始，人们提出了一些新的电学理论。③早期的理论忽视

---

① 1853年，伦敦三个十分厉害的表演者表演了"桌子转动"的把戏，在公众中引发了极大的轰动。人们并没有进行什么研究，就将这样的现象归因于电、磁或者一些还未被发现但是可以影响到无生命物体的物理力。法拉第研究了这一现象，并写了如下的话："我一直在研究怎么去逆转关于这些转桌子的人的事情。我本不该这么做，但是最近有很多人问我到底是怎么回事，所以我觉得有必要跟所有人分享一下我的看法和观点，以停止这种纷至沓来的问询。人类的思想是如此的软弱、轻信、多疑、迷信、鲁莽和怯懦，我们所在的世界又是如此的荒谬。"法拉第还抱怨了一些名声不小的人物："他们没有调查研究现在已知的力量是否能够解释这些现象，就声称这是因为一些未知的物理力，甚至还有一些人说这是魔力或者超自然力量，他们就是不愿意承认自己的学识不足以弄清楚这一现象的本质。我认为这一现象使我们察觉到，我们现在的教育体系使得我们公民的智力状况在某些重要的原则上存在巨大的缺陷。"见B. 琼斯的相关文章，载《数学教学杂志》，第2卷，第300—302页。

② 在创造"抗磁性"和"顺磁性"这样的词汇时，法拉第写信向W. 休厄尔请教。W. 休厄尔在1850年的回信中写道："我十分高兴听到你想创造一些新的词汇，因为这意味着你正在追寻新的思想……那些语言方面的纯粹主义者肯定会反对'厌磁性'和'抗磁性'这种词汇的对立或调和。似乎在您看来存在着两类不同的磁体，一类磁体的线跟地磁线相互平行，而另一类则是跟地磁线横向相交。对后者而言，可以保留前缀dia，而前者可以用前缀para或者ana也许para更好一点儿，因为parallel（平形）这个词的存在可以做一些类比。"

③ 参考约瑟夫·约翰·汤姆森的《电学理论报告》，载《英国协会报告》，1885年，第97—155页；赫尔曼·H.亥姆霍兹的《电与磁联系的后世观》，载《史密森尼学会报告》，1873年。

了电介质的作用，而是假定存在着一两种电流质，这些理论并没有考虑到能量守恒定律。法拉第意识到了电介质的作用，这"也许是电学理论发展过程中最为重要的一步"。此前，我们已经看到他之所以能够作出这一发现，是因为他极力想摆脱那个时代极为盛行的超距作用理论，事实上他的研究为这一理论宣判了死刑。詹姆斯·克拉克·麦克斯韦充分利用了自己的天赋，以数学语言表达了法拉第的观点，并对它们加以完善，终于形成了光的电磁理论。

詹姆斯·克拉克·麦克斯韦（1831—1879）出生于爱丁堡，很小的时候就具备了智力发展的优渥条件，不久之后便显示出了在数学和物理研究方面的能力。15岁时，他发表了一篇关于椭圆曲线的论文，还参加过在爱丁堡皇家学会举办的会议。1847年，他遇到了偏振棱镜的发明者威廉·尼科耳，并对偏振光现象产生了兴趣。坎贝尔教授[①]说，为使爱丁堡学院的教育"能满足时代的要求"，他们应该开设"物理科学"课程。一位一流的老师开始传授教科书中的物理学知识。"我现在清楚记得的只有一件事情，那就是麦克斯韦和P. G. 泰特在这方面的知识比学院的老师还要渊博。"

1847年秋天，詹姆斯·克拉克·麦克斯韦进入了爱丁堡大学，跟凯兰学习数学，跟J. D. 福布斯学习物理学，跟威廉·汉密尔顿爵士学习逻辑学。J. D. 福布斯准许他随意使用进行独创性实验的教室仪器。他在没有人帮助和监督的情况下，一直使用其中的物理和化学仪器，并且在图书馆中读完了所有的科学书目。1850年，詹姆斯·克拉克·麦克斯韦进入了剑桥大学，并成为数学荣誉学位考试的第二名。与此同时及之后，詹姆斯·克拉克·麦克斯韦喜欢上了写古诗，还经常把他写的诗给朋友们看。"他会因为自己的幽默而发笑，即使他自己一个人时，也可以怡然自乐。"[②]1856年，詹姆斯·克拉克·麦克斯韦成了亚伯丁郡马歇尔学院（Marischal College）的物理学教授，1860年成了伦敦国王学院的物理学教授，1871年成了剑桥大学的物理学教授。

---

① L. 坎贝尔和W. 加内特，《詹姆斯·克拉克·麦克斯韦的一生》，伦敦，1882年，第85页；也可以参考R. T. 格拉兹布鲁克的《詹姆斯·克拉克·麦克斯韦与现代物理学》，纽约，1896年。

② 他的诗见于L. 坎贝尔和W. 加内特的《詹姆斯·克拉克·麦克斯韦的一生》，第577—651页，其中十分出名的是他模仿廷德尔贝尔法斯特演讲所写的一首诗。

詹姆斯·克拉克·麦克斯韦在1861年和1862年发表了关于"物理力线"的论文，在1862年的论文中，他用数学语言表达了法拉第的理论，并且进一步完善了这一理论，他认为电磁场中的能量同时存在于电介质和导体中。法拉第此前说过"感应现象看起来是出现在维持运动的带电体使粒子进入到某种特定的极化状态中，这些粒子会带正电和负电……这样的状态肯定是受力之后强迫形成的，因为是力形成并维持了这样的状态，在力消失之后，就会恢复到静止状态。"詹姆斯·克拉克·麦克斯韦改变了法拉第使用的术语，以"电位移"组成的变化取代了电介质的极化。他认为电介质中的作用类似于弹性固体作用，即当力消失时，物体返回到初始状态。电位移中的变化是电流，被称为"位移电流"，用以区分导体中的电流，即"传导电流"（赫兹已经通过实验证明了这些"位移电流"是确实存在的，并且没有受到怀疑）。在会发生电位移的介质中，会产生周期性的位移波，位移波的速度跟光速十分接近。因此，"如果说磁介质和光介质这两种同时存在、范围相同且同样具有弹性的介质不是一种介质的话，那么它们的弹性也是完全一样的。"电磁现象和所谓的光现象是在同样的介质中发生的，而且究其本质，它们是完全一样的。詹姆斯·克拉克·麦克斯韦在他1873年出版的《论电和磁》（*Treatise on Electricity and Magnetism*）[1]这一伟大著作中阐释了这一理论。尽管说这本书中的理论并没有跟任何观测到的事实相矛盾，但是詹姆斯·克拉克·麦克斯韦本人并没有提供足够且具有决定性的证据来作为理论支撑。不过后来著名的赫兹以实验方式证明了詹姆斯·克拉克·麦克斯韦的伟大预言。

赫兹的电磁波实验

海因里希·鲁道夫·赫兹[2]（1857—1894）出生于汉堡，高中毕业后，开始

---

[1]　这本具有划时代意义的著作似乎总是存在着理解障碍。庞加莱写道："一位十分透彻地研究了麦克斯韦在其著作中所表达意思的法国专家跟我说，'他书中的内容我几乎都理解了，但是只有一个例外，那就是他所说的带电物体'。"赫兹也说过："许多人都曾经充满热情地投入到对麦克斯韦这本著作的研究之中，即使他能够跨越那些极不寻常的数学难题，也不得已停止下来，因为无法从前到后将麦克斯韦的所有思想进行整合和贯通。我自己在这方面的尝试也没有好到哪里。"见《电波》，由D. E. 琼斯翻译，第20页。

[2]　《电学家》，伦敦，第33卷，1894年，第272页；也可以参考由H. 邦福特所写的赫兹简介，载《史密森尼学会报告》，1894年，第719页。

从事土木工程。20岁时，他迎来了自己职业生涯的转折点，从之前的实践家变成了学习者。他前往了柏林，在H. 亥姆霍兹手下学习，并且取得了快速进步。1880年，他成为H. 亥姆霍兹的助手；1883年，成为基尔大学的编外讲师，并在1885年成为卡尔斯鲁厄技术高中的物理学教授。在这所学校，他完成了具有重要意义的电磁波实验。1889年，他在波恩接替了克劳修斯的职务，在32岁的时候就担任了一般人可能要在很多年之后才可能担任的高级职位。1892年他患的慢性败血症威胁到了他的健康，正值壮年的时候就离世了。

1888年，赫兹发现了可以检测到莱顿瓶或线圈火花中产生的电磁波的方法，这是詹姆斯·克拉克·麦克斯韦曾经担心永远无法实现的伟大成就。在莱顿瓶或者霍尔茨感应电机振荡放电时，电磁波会发射到空中。之所以称这样的波为"电磁波"，是因为有两个组成部分，即电波和磁波。赫兹成功地观测到了这两种波。如果电磁波落到反射面上（如一大片锡纸），那么它们会被反射回来，朝相反方向运动的这两束波会产生最小和最大干扰的位置点（波节和波腹）。赫兹的检测器十分简单，由一个圆形线圈组成，导线两端连接着黄铜旋钮，分别在近处进行调节。当有波落到导线上时，在合适的条件下会在两个旋钮之间形成非常小的火花。赫兹成功地反射、折射、衍射和极化了这些波。赫兹说："这些实验的目的是验证法拉第—麦克斯韦理论中那些基本假说的正确性，实验结果证实了这些基本假说是正确的。"[1]因此电就将光和"辐射热"这两个领域合二为一了。

赫兹在发表了自己的研究结果之后，得知英国的实验家一直在进行着这方面的实验。他说："请允许我在这里介绍两位英国同行，他们与我同时为了一个相同的目的而进行研究。在我进行上述研究的同一年，利物浦的奥利弗·洛奇教授研究了避雷针理论，并且还进行了一系列的小冷凝器放电实验，这使他观测到了导线中存在的振荡现象和波的存在。因为他全盘接受了詹姆斯·克拉克·麦克斯韦的理论，并且急切地希望对其进行验证，所以毫无疑问，如果我没有早于他作出这些发现的话，他肯定也会观测到空气中的波，并据此证明电力在空气中的传

---

[1]　赫兹的论文收集于《电波》一书中，由 D. E. 琼斯翻译，伦敦，1893 年。关于赫兹实验的全面叙述，可以参考弗莱明的《交流变压器》，第 1 卷；也可以参考 O. J. 洛奇的《赫兹的工作》，载《自然》，第 50 卷，1894 年，第 133—139、160、161 页；庞加莱的《关于麦克斯韦和赫兹》，载《自然》，第 50 卷，1894 年，第 8—11 页。

播。都柏林的菲茨杰拉德教授在几年之前，已经通过理论预测会存在这种波，而且一直在试着寻找可以产生这种波的条件。我自己的实验没有受到这些物理学家研究的影响，因为我是在试验完成之后才知道他们的。"[1]

自从赫兹实验结果发表之后，人们又发现了几种可以从莱顿瓶或者线圈火花中检测到电磁辐射的检测器。人们尝试用青蛙的腿进行测试，但是结果并不尽如人意。人们还曾用小的盖斯勒管来代替赫兹接收器或共振器中的微小火花放电隙。然而在这一方面最有用、最精巧的发明是"金属屑检波器"，它的发明是基于巴黎天主教研究所的爱德华·布朗利[2]和利物浦大学学院的奥利弗·J.洛奇[3]两人独立作出的观测。这一仪器一般是由一个装金属屑（铁屑效果很好）的管子组成，其被放置在一个配有伏打电池和电流计的电路中。金属屑会产生极高的电阻，但是只要电波接触到金属屑检波器，铁屑中产生的电焊作用会冲破电阻，电池电流增加，电流计会出现更大程度的偏离。博洛尼亚的奥古斯托·里吉（Augusto Righi）对赫兹的振动器或波—辐射器进行了改进。最近一项无线电报专利极大地吸引了公众的注意，其只不过是对赫兹、洛奇、布朗利和里吉的仪器进行了改进而已。[4]

磁的理论

我们已经看到安培在观察到螺线管作用跟磁铁类似之后，提出了磁理论。根据这一理论，所有的磁体都只是电流的集合。他认为在每个分子周围，都存在着不停运动的微弱电流。这样的假设无法经由实验证实，而且多多少少有点儿天马行空的感觉，所以之后的理论家们更倾向于西米恩·丹尼斯·普瓦松（1781—1840）的假定，即场开始作用时，每个分子都会被磁化；或者威廉·韦伯的假定，即每个粒子永远都带有磁性。不过威廉·韦伯并没有试着解释这一磁性的来源，他的观点认为在硬钢中，分子之间存在着某种摩擦力，使得磁化的钢的分子不会

---

[1]　赫兹的《电波》，由 D. E. 琼斯翻译，第 3 页。

[2]　《法国科学院通报》，第 3 卷，第 785 页；第 112 卷，第 90 页。

[3]　《自然》，第 50 卷，第 133—139 页。

[4]　《电学家》，伦敦，第 39 卷，1897 年，第 686 页；也可以参考 O. 洛奇的《凝聚原理的历史》，载《电学家》，第 40 卷，1897 年，第 87—91 页。

重新回到原来杂乱无序的状态。后来，剑桥大学的 J．A．尤因（J．A．Ewing）在某种程度上对威廉·韦伯的理论进行了修改，指出我们只需要考虑磁化的分子对彼此产生的力，就可以完整地解释这一现象了。他准备了许多组小磁铁，像磁针一样配上枢轴，每个都可以自由转动，但是又受到其他磁铁的影响。他将可以随意控制磁力强度的一块电磁铁作为外部的磁化力。J．A．尤因使用了这一模型，模拟了铁的磁化现象：当磁化力很弱时，磁性的增加是十分缓慢的；之后随着外部磁力的增强，铁获得磁力的速度增强了一段时间；但是之后进入了磁化的第三阶段，即磁力增加的速度下降，铁也接近了饱和状态。[①] 如果现在磁化力逐渐减小，这一模型就会模拟出铁的情况，首先磁化的减少是十分缓慢的，之后开始出现不稳定性，磁化会迅速消失。当外部力完全消失之后，模型中依旧会残存一些磁性。当磁化力作用在相反方向时，极性会迅速地发生逆转。J．A．尤因说："因此我们发现模拟出了铁或者其他磁铁，在通过一整个磁化过程中显示出来的全部特征。任何这一过程的结果都是在表明磁性和磁化力的关系曲线中形成了一个循环，磁性的变化永远后于磁化力的变化。我们将这种现象称为'磁滞'。"

铁在被磁化时，获得了能量；当铁的磁性消失时，能量也会流失。当磁化周期性地改变时存在一个净亏损，或者说是能量的消耗（其转变成了热），其消耗量跟这一循环的面积成比例。J．A．尤因解释发热时说："当分子开始变得不稳定且剧烈运动时，其会振荡，并使得周边分子振荡。"这些振荡产生了热。在受热之后，铁的透磁率会增加并持续到下一个阶段；当温度极高时，磁性几乎突然间消失。这种透磁率的增加似乎是因为膨胀，所以分子中心间隔会增加，此外也是因为一些分子处于振动状态了，分子会更容易从某一组合进入另一组合。至于磁性的消失，J．A．尤因说："我们至少应该猜想一下，在更高温条件下磁性的突然消失是不是因为振动，变得愈发激烈，使得分子开始旋转，而它们的极性当然无法产生磁性。"

对发电机、发动机和变压器设计者的强烈需求，极大地刺激了对于铁和钢磁性的研究。亨利·奥古斯蒂·罗兰率先精确测定了在一块给定的铁或镍中不同

---

① 参考 J．A．尤因的《磁感应的分子过程》，载《自然》，第 44 卷，1891 年，第566—572 页；再版于《史密森尼学会报告》，1892 年，第 255—268 页。

磁化力和磁化程度之间的关系。[1]让我们先来聊聊这位最重要的美国物理学家的生平。

亨利·奥古斯都·罗兰（1848—1901）出生在宾夕法尼亚州的洪斯代尔，在很小的时候，就展现出了对科学的强烈兴趣以及对拉丁语和希腊语的反感。1870年，他从纽约特洛伊的伦斯勒理工学院土木工程系毕业，一年之后，又回到该学院当起了物理学讲师。在他发表了几篇小论文之后，开始研究铁的磁性。正如给姐姐的信中写的一样，他认为这会"给他带来很好的名声"。但是他在这方面的思想过于前卫，没人看得懂他写的东西，所以他的论文不止一次遭到了拒绝。这个时候，詹姆斯·克拉克·麦克斯韦发表了著名论文《论电和磁》，于是亨利·奥古斯都·罗兰将自己的论文寄给了詹姆斯·克拉克·麦克斯韦，并且相信詹姆斯·克拉克·麦克斯韦肯定能够准确地判断出这篇论文的真正价值。詹姆斯·克拉克·麦克斯韦十分热情地接受了他的论文，并随即在1873年8月将这篇论文发表在《哲学杂志》上。亨利·奥古斯都·罗兰所进行的实验是第一个用绝对度量表示结果的磁学研究，同时研究的论证过程使用了法拉第的磁力线理论。亨利·奥占斯都·罗兰指出通过磁体的磁力线的流动可以精准地计算出米，其定律"类似于欧姆定律"。开尔文勋爵提出了"透磁率"的概念，并用来表示磁化力和磁化程度之间的比例。亨利·奥古斯都·罗兰的论文在国外受到了重视。D. C. 吉尔曼校长在创办约翰霍普金斯大学的时候，曾请詹姆斯·克拉克·麦克斯韦为他提供物理学教职方面的参考人选。詹姆斯·克拉克·麦克斯韦推荐了亨利·奥古斯都·罗兰。D. C. 吉尔曼作为董事会成员访问西点军校的时候，西点军校的米基也对亨利·奥古斯都·罗兰推崇备至。于是D. C. 吉尔曼通过电报将亨利·奥古斯都·罗兰邀请到了西点军校。在哈德逊河河畔，D. C. 吉尔曼和亨利·奥古斯都·罗兰散步聊天，D. C. 吉尔曼说："他跟我分享了他对科学的梦想，而我跟他分享了我对于高等教育的梦想。"

亨利·奥古斯都·罗兰得到了聘用，但是得先去欧洲学习一年。他在柏林的亥姆霍兹实验室待了几个月，在此期间，进行了一项十分困难的实验，即研究运动静电荷的磁效应。自从电子理论出现之后，这一实验的理论意义就显得愈发重

---

① 《哲学杂志》（4），第46卷，1873年，第140页。

要。转动的静电荷像电流一样会影响磁针。他得出的结论遭到了一定的怀疑，因为有一些实验者取得的结果跟他的相反。亨利·奥古斯都·罗兰本人之后在1889年和1900年再次重复了这一实验。在约翰霍普金斯大学，他培养了很多年轻的物理学家。他不适合课堂无趣的日常教学工作，很多研究生靠的都是自己的聪明才智。曾经有人在谈到研究生时问亨利·奥古斯都·罗兰："你平时和他们一起做什么？"亨利·奥古斯都·罗兰答复道："一起做什么？我应该让他们自己放手去干。"他教过的学生都说亨利·奥古斯都·罗兰一直激励着他们前进，他向来讨厌虚伪和欺骗。物理学家乔治·F.巴克曾告诉瑞利勋爵，他曾和亨利·奥古斯都·罗兰一道拜访过费城基利的工作坊，基利声称他可以用只有他本人知道的神秘力量来带动发动机。该工作坊确实展现出了一些让人震惊的效果，但是亨利·奥古斯都·罗兰怀疑所谓的金属丝实际上是传送压缩空气的中空细管，于是他走上前去想要把细线切断。基利立刻飞奔到他面前阻止，他们两人扭倒在了地上。基利去世之后，人们才发现他使用了欺骗的手段来产生这些效应。

势的概念

势的概念在理论物理学中的应用可谓是十分广泛。提出这一概念的人是数学家拉格朗日和拉普拉斯，他们是最初将这一概念应用到了引力问题中的。第一位将势函数应用到其他问题领域中的是乔治·格林（1793—1841），将势因引入到了电学和磁学的数学理论中。他发表于1828年的论文，甚至都没有引起英国数学家们的注意，直到1846年开尔文勋爵将其再版之后，才有人开始关注。此外，开尔文勋爵、米歇尔·查斯利斯、J．C．F．斯特姆和高斯重新发现了格林曾作出的所有一般性理论。数学家们将势定义为如下函数："相对于坐标轴的微分系数等于沿着坐标轴作用的力。"随着能和功的概念在物理学家眼中发挥着越来越重要的作用，"势"这一术语被认为是所做的功或者获得的能。例如，"在任意一点上的电势就等于将单位电荷从无限远处移动到这一点上所消耗的功。"这一概念在初等物理教学中经常使用，并且经常用温度差或者水平差做类比来对其进行解释。

地磁

在哈雷的时代之后，芒廷和多德森、贝林和约翰·丘奇曼（费城，1790年；伦敦，1794年）发表了他们测定的地磁偏角图表。人们依旧在争论地球到底有多少个磁极。克里斯钦自由城天文观测台的台长克里斯多夫·汉斯廷（1784—1873）在1812年试图回答丹麦皇家科学院悬赏的一个问题，即"为了解释地磁相关的现象，我们有必要假定地球存在两根及以上的磁轴吗？"他认为有必要。他将地磁研究作为自己终身研究的科目，尝试着对所有观测到的现象进行数学分析，想严格地验证哈雷关于地球存在四个磁极的猜想。根据等磁偏角线的长期变化，他认为地球北部存在着两个磁极，它们斜着向西方运动；地球南部也存在着两个磁极，它们也斜着向西方运动。所有磁极回到相同的相对位置所需的最短时间大概是岁差运转的周期。"在挪威政府的慷慨资助下，他前往了西伯利亚，在那里他跟迪尤和埃尔曼一起寻找亚洲磁极的理想位置。他们于1828年4月25日从柏林出发……在洪保德的建议之下，俄罗斯帝国建立了10个磁极观察站，高斯、萨宾和拉芒等人基于克里斯多夫·汉斯廷和埃尔曼收集的资料，取得了重大成就。克里斯多夫·汉斯廷毫无争议地证明了在西伯利亚存在着一个磁极，其是北美属不列颠那个磁极的补充，也证明了地磁是双轴的。"[1]在北半球，地磁的最大值出现在两个地方，即加拿大北部和西伯利亚北部，这一事实决定性地证明了地球并不是一个单磁铁。但是克里斯多夫·汉斯廷的理论和爱德华·萨宾爵士（1788—1883）的理论似乎跟近些年来的观测不符。地磁及其长期变化的原因依旧是一个谜团。[2]

绝对测量单位

德国的卡尔·弗里德里希·高斯（1777—1855）在地磁精准研究方面取得了重要进展，他与亚历山大·冯·洪保德（1769—1859）一道，创办了德国地磁研究会。这一机构的主要目的是在一些固定点上持续观测磁要素（磁倾角、磁偏角和磁强度）。这些观测始于1834年，大部分在1842年结束了。卡尔·弗里德里

---

[1] 《伦敦皇家学会的程序》，第24卷，1875—1876年，第5页。

[2] 参考 A. W. 洛克，《地球磁学的最新研究》，载《自然》，第57卷，1897年，第160页及之后。

希·高斯和哥廷根的威廉·韦伯（1804—1891）一同设计了在这些观测中所使用的仪器。卡尔·弗里德里希·高斯的理论并不想解释地磁及其变化的原因，只是简单地想用数学方法表示出地球表面的磁分布。他经常沉浸在太阳和地球的磁电关系的思考中，但是并没有得出决定性的结论。[1]

卡尔·弗里德里希·高斯在1832年宣读的一篇地磁论文中，提出了一套绝对单位制。鉴于所有的力都可以通过它们产生的运动对其进行测量，那么只有三个基本单位是必需的，即长度、时间和质量单位。这一绝对单位制的好处在于：如果所使用的单位都是从这三个单位中延伸出来的，那么测量所得的结果彼此之间是可以进行比较的。高斯把单位质量在单位时间内的单位速度作为力的单位。他把单位距离内作用在相等量上产生单位力的量作为磁的强度单位。卡尔·弗里德里希·高斯在测量地磁中使用了绝对单位制，这使得他在哥廷根的同事威廉·韦伯将绝对单位制引入到了电中。威廉·韦伯关于这一问题最早的一些论文发表于1846年、1852年和1856年。彼得斯堡的莫里茨·赫尔曼·雅可比曾提议将指定尺寸的铜线作为电阻的实用单位，后来威廉·韦伯用绝对单位对电阻进行了测定。鉴于铜的电阻会随时间变化而变化，柏林的维尔纳·西门子（1816—1892）于1860年提出用一个1米长、横截面为1平方毫米、在0℃下（"西门子单位"）的水银棱柱的电阻作为电阻的实用单位。威廉·韦伯也用绝对单位对这一电阻进行了测定。1861年，英国科学促进学会和伦敦皇家学会任命了一个以开尔文为首的委员会，来推荐一个单位（"B．A．单位"）。威廉·韦伯提出的电阻绝对单位是速度，英国委员会最终采纳了这一单位。1881年，巴黎举办了一次国际电学家大会，坚持使用了威廉·韦伯的绝对单位，只不过用厘米、秒和克取代了威廉·韦伯和高斯使用的毫米、秒、毫克作为基本单位。此次大会还以每秒1厘米的速度的109倍作为欧姆（电阻单位）。大会延循了威廉·韦伯之前的思想，给出了伏特、安培、库仑和法拉的定义。[2]詹姆斯·克拉克·麦克斯韦第一次系统地提出了"空间方程"这一主题。

---

[1] 参考《关于太阳和地磁的报告摘要》，弗兰克·H．毕格罗的文章，载《美国农业部公告》，第21卷，1898年。

[2] F．罗桑伯格，《物理科学》，第三部分，第302、514—519页；A．基尔，《绝对测量单位的历史》，波恩，1890年，第188—199页。

想找到一个适当的、不变的且等于109绝对单位的电阻是个艰难的任务。"B．A．单位"有点儿太小了。1881年国际电学家大会任命的一个委员会在1883年临时采纳了"法定欧姆"作为单位。其是0℃时，106厘米长且横截面面积为1平方毫米的水银柱的电阻。包括瑞利和马斯卡特在内的一些著名的研究者认为，这个水银柱太短了，但是另外一些实验家获得的值更小，所以最终采纳了中间值106厘米。"法定欧姆"无法让任何人满意，其在任何国家也没能成为法定单位。[①]

在指出此前的测定结果存在一些错误之后，亨利·A．罗兰发现人们争论的水银柱的长度应该为106.32厘米。1892年，在英国科学促进学会的会议上，德国、法国和美国的物理学家受邀讨论电的单位问题，他们弃用了"B．A．单位"和"法定欧姆"。欧姆被定义为在冰融化的温度下、重量达14.4521克且横截面面积恒定不变、长度为106.3厘米的水银柱的电阻。通过规定水银的质量，而非水银柱横截面面积，1克水银在0℃下具体体积大小这个不确定的难题就被避免了。1893年，世界博览会期间，在芝加哥举办的一场大会中采纳了国际单位制。1892年定义的"欧姆单位"之后成了"国际欧姆"，同时对其他单位也进行了定义，如焦耳成为功的单位，瓦特成了功率的单位，亨利成了自感应的单位。

部分真空中的放电

在19世纪中期之后，人们开始对部分真空中的放电进行了认真的研究。1853年，巴黎的A．马森使一个高功率鲁姆科夫线圈在托里拆利真空装置中放电。再之后，为了进行实验研究，J．P．加西奥制造了包含不同痕量气体的管子。几年之后，图宾根的一位吹玻璃工（之后成了波恩一家物理化学仪器制造厂经营者）海因里希·盖斯勒（1814—1879）开始以极高的工艺制造这样的管子，后来人们将这种管子称为"盖斯勒管"。提议将这些管子命名为"盖斯勒管"的人是普吕克尔，他说："尽管最早的这种管子并不是盖斯勒制作的，但是我认为将这种管子以他命名是比较公正的。"[②]通过真空管产生这样的放电现象是十分美丽的，

---

① 《科学》，第 21 卷，1893 年，第 86、87 页。

② F．罗桑伯格，《物理科学》，第三部分，第 521 页。

但是无法帮助我们更深入地理解电或者气体理论。随着水银空气泵的不断改进和不断实现更高程度的稀薄化，放电现象更加普遍了。1869年，明斯特的希托夫注意到随着真空泵中的空气越来越少，区分阴极和阴极辉光的暗区变宽了，直到最后充满了整个管；阴极放电会在玻璃上产生十分明显的荧光。1878年威廉·克鲁克斯公布了一些更加惊人的实验结果。

威廉·克鲁克斯于1832年出生于伦敦，1859他创办了《化学时报》。他的高真空实验开始于1873年，当时他正在研究铊的原子重量，尝试着在真空中进行这样精确的测量，以避免空气浮力影响实验结果。他用排出了空气的金属箱来称量受热物体的重量，发现天平显示出不规则性，而通过温度差造成的空气流是无法解释这一现象的。威廉·克鲁克斯于是详细地研究了这一现象，并且在1875年发明了著名的辐射计。一开始，威廉·克鲁克斯和其他人一样倾向于认为，叶片的转动是因为以太波的直接影响。但是威廉·克鲁克斯通过不断排出玻璃泡中的空气，最终成功地使叶片停止转动。因此，泰特、杜瓦和他本人均从现代气体分子运动论中寻求帮助，并且将这一现象归因于残余气体的分子。这些分子作用在受热之后叶片的黑色表面上，并且以更大的动量弹了回来，它们的反作用力推动了这些叶片。詹姆斯·克拉克·麦克斯韦以气体分子运动论为基础，对这一运动进行了数学研究。在被排出大量空气的管中，"残余气体的分子相对而言不需要什么振荡就可以穿过管子，其从极发射出来时会以极高的速度运动，它们的特性如此新颖、突出，完全为法拉第所提出的术语'辐射物质'正名了。"通过一些精妙的实验，他证明了"辐射物质"是以直线传播的，当被固体物质拦截时，它们会投下阴影，转动一个小叶片，并且受磁铁影响偏向（此前希托夫和其他人已经证明了这一点）。威廉·克鲁克斯在意识到管子中残余气体的状态和运动之后，认为自己可以将这样的气体称为"超气态"或者物质的"第四种形态"，其跟气态气体的差别与气态气体跟液体的差别一样大。"第四种形态"这一理论遭到了很多批评，特别是来自德国人的批判意见，这一理论目前并没有得到普遍接受。

伦琴射线

尽管在加西奥的时代，阳极放电一直是人们最为关注的课题，现在阴极放电吸引了人们的全部注意力。赫兹发现"阴极射线"会通过金属箔。他的助手P.

勒纳准备了一个带有小铝箔窗口的真空管，让"阴极射线"通过这一窗口进入到空气中。它们依旧保留了引发磷光现象的能力，但是在空气中只能传播很短的距离。P. 勒纳认为这些射线并不是飞行的例子，而是"以太中的现象"。[1]人们依旧在讨论这些神秘射线的本质时，1895年，维尔茨堡的威廉·康拉德·伦琴[2]发现了一种全新的射线，这种射线一经发现就在全世界引发了极大的轰动。他发现克鲁克斯管发射出的一种辐射，可以让涂有钡、铂、氰化物的纸屏发出十分明亮的光。对于普通光线而言，不透明的材料如纸、木头、铝等，它们在这种新辐射面前却是可穿透的。这一辐射可以穿透动物组织，但是无法穿透骨骼，这一事实使其可以用来拍摄人的骨骼，拍的底片上具有一些阴影图案。这些新射线的性质还不为人所知，伦琴将它们称为"X射线"，但是称它们为"伦琴射线"更加普遍，也更加合适。这些射线不会出现折射，也不会发生正常的反射和偏振。约瑟夫·约翰·汤姆森做了一个实验，似乎证明了伦琴射线和阴极光线是不同的，因为真空内的阴极光线无法使照相底板感光。[3]他还发现了这种射线会让绝缘体导电，因此能够使带电体放电。改进之后的管，即所谓的"聚焦管"被用于X光线照相术。1896年，法国国立工艺学院的安东尼·亨利·贝克勒尔作出了一个重大发现，似乎能够把旧的辐射形式和新的辐射形式之间建立起联系。他是亚历山大·艾德蒙·贝克勒尔的儿子，也是安东尼·塞瑟·贝克勒尔的孙子。他观测到某些铀化合物在经过太阳光照射后，会发射出跟伦琴射线类似的射线，可以穿透铝板或者硬纸板，但是能够被折射，也可以出现偏振现象。钍及其化合物发射出的射线跟这两种射线类似，斯克罗多夫斯卡·居里和G. C. 施密特几乎是同时作出了这一发现。钍射线可以被折射，但是在通过电气石时不会出现偏振。

---

[1]　P. 勒纳有关阴极射线的论文，载《电学家》，伦敦，第32卷，1893年，第323页；第33卷，1894年，第108页。

[2]　伦琴，《一种新的辐射形式》，载《电学家》，伦敦，第36卷，1896年，第415—417、850、851页。

[3]　人们愈发清晰地认识到阴极射线是由快速运动的带电原子或离子组成的，而伦琴射线则是以太中的波或脉冲组成的。

感应起电机

我们有两种能够产生高电势差的方式：一种是通过使用鲁姆科夫线圈等这样的感应线圈，另一种是使用感应电机。这些机器都是从伏打的电气盆演化而来的，哥廷根的格奥尔格·克里斯托夫·利希滕贝格（1742—1799）、亚伯拉罕·贝内特、伦敦的提比略·卡瓦洛（1749—1809）、威廉·尼科尔森（1753—1815，伦敦《尼科尔森自然哲学、化学和工艺杂志》的编辑）、贝利、瓦利、开尔文、陶普勒、W. 霍尔茨和维姆胡斯特等人对这些机器进行了改进。

在这些机器设计方面，第一个重大进展是在1865年完成的。在那一年，多尔帕特（Dorpat）的A. 陶普勒（之后成了杜雷斯顿理工学校的教授）和W. 霍尔茨制造出了感应电机，后者对自己的机器进行了完善。1879年，陶普勒将这两种机器的原理进行了合并，制成了"陶普勒—霍尔茨感应电机"。柏林的一位工匠J．R．沃斯在1880年制成了一个类似的机器。W. 霍尔茨在1880年描述了一种带有锡箔辐条和接触刷的电机，詹姆斯·维姆胡斯特[1]在1882年和1883年也描述了同样的电机，而且独立地对其作出了改进。[2]

温差电

托马斯·约翰·泽贝克（1770—1831）在1821年发现了温差电。他出生在雷瓦尔（俄罗斯爱沙尼亚），17岁时离开了自己的国家，之后再没有回去过。他在柏林学习了医学。他生活很富裕，可以自由地投身到科学研究中。1801年到1810年间，他生活在耶拿，结识了谢林、黑格尔、里特、戈特和其他名声显赫的人。但遗憾的是，在关于颜色的学说上，他全盘接受了一种反牛顿的错误观点，即戈特在自己的《色彩论》一书中十分详细且极为自信地提出的理论。1818年，托马斯·约翰·泽贝克当选为柏林科学研究院的成员，在柏林定居了下来。奥斯特实验引起了他的兴趣，于是他之后进行了长期的电学研究。他想验证关于电流磁性的一些猜想，于是制造出了部分由铜和部分由铋组成的电路。他将其中的一个金

---

① 《工程学》，第35卷，1883年，第4页。

② 关于最近不同类型电机的理论，可以参考 W. 霍尔茨、维姆胡斯特和 V. 谢夫斯所著的文章，载《电学家》，伦敦，第35卷，1895年，第382—388页；也可以参考约翰·格雷的著作《电作用机器》。

属连接点握在手中，十分满意地发现手心和金属连接点之间存在的温度差使得电流计指针出现了偏转。他将其中某个连接点进行了冷却，发现出现了相似的效果；不同金属呈现出的效果是不同的，当温度差增加时，效果更加明显。他使用了"温差磁"流这样的表达，后来他反对"温差电"这样的术语。

在托马斯·约翰·泽贝克有了这样的发现之后13年，巴黎的一位钟表匠珍·查尔斯·阿扎纳斯·珀尔帖（Jean Charles Athanase Peltier，[1]1785—1845）将自己的后半生投入到了科学研究之中，证明了电流不仅可以产生热，而且也可以产生冷。他发现在铜–锑连接点上，当电流从锑流向铜时，温度会上升10℃，而当电流反方向流动时，温度会下降5℃。之后人们发现了铋–锑连接点上的温度差异会更大。因为自己的电磁感应定律闻名的海因里希·弗里德里希·埃米尔·伦茨（1804—1865）成功地通过珀尔帖效应使水结冰。

直流发电机和电灯的发展

在法拉第和约瑟夫·亨利确立了电磁原理之后，人们一直在努力使其可以得到实际应用。最早的直流发电机存在两个缺陷：磁场强度不够或者不适于使用；产生的电流不够稳定。1856年，柏林的维尔纳·西门子将导线缠绕在带有沟槽的铁芯上，进而改进了梭形电枢，实现了磁极之间强磁场中磁力线的集中。10年之后，曼彻斯特的亨利·工尔德用电磁铁取代了之前使用的永久磁钢。他使用了三个西门子的机器，其中两个使用的都是电磁铁。装有钢磁体机器会产生电流，其会激发第二个电机的场磁体，第二个电机产生的中枢电流会继续刺激第三个场磁体。实验中所使用的是最后一个电流，一盏电灯发出了十分亮眼的光，使得人们十分震惊。在通过凸透镜时，光可以引燃纸张。电弧不仅会熔化铁丝，还熔化了一根61厘米长、6平方毫米粗的铂条。尽管66年之前，在1800年，汉弗莱·戴维爵士就已经注意到了这一现象，甚至在更早之前J. W. 里特也注意到了，但是人们依旧觉得这一现象十分新颖。汉佛莱·戴维在自己的试验中使用了由2000个电池组成的电池组和很多炭棒。

1866年，维尔纳·西门子通过自己制造的一个新机器证明了，电磁铁即使

---

① 参考《珀尔帖回忆录》，载《史密森尼学会报告》，1867 年，第 158—202 页。

不需要单独的励磁机，也可以正常运行，而且电机本身的中枢产生的电流可以激发场磁体。这样的想法似乎一直流行着，因为差不多与此同时，默里、克伦威尔·福利特伍德·瓦利（1828—1883）、查尔斯·惠特斯通等人都独立地提出了这样的观点。在西门子电机的电枢中，线圈围绕着一个圆柱形的核心，另外一种典型的电枢是线圈环绕着一个环。这是佛罗伦萨的安东尼奥·帕辛诺帝（Antonio Pacinotti）在1861年发明的，此外巴黎的泽诺布·索菲尔·格拉姆（Zenobe Theophile Gramme）在1868年也独立地发明了这一装置。这一电枢的广泛使用要归功于格拉姆。从他们那个时代以来，用于不同目的的直流发电机的制造已经得到了极大的完善。西门子兄弟、查尔斯·F. 布拉什、托马斯·A. 爱迪生等人制造出了性能很好的发电机。[1]

使用直流发电机的设计使得电灯的出现成为可能。除非能够想到使串联的电灯自动作用且彼此不受影响的方法，否则弧光灯的发明是不可能的。W. E. 斯泰特在1847年发明了可以做到这一点的调节器，之后维尔纳·西门子等人也作出了许多设计，其中包括装有发条的灯、螺线管灯和带有离合器的灯。

弧光灯不适合用于家居照明，因为家居照明需要不太刺眼的灯光。从1877年到1880年，发明家们为了解决这一难题制造了白炽灯。为这一电力应用装置作出贡献的人有英国的约瑟夫·威尔逊·斯旺和莱恩-福克斯、海勒姆·S. 马克西姆、威廉·爱德华·索耶、阿尔本·P. 曼和托马斯·A. 爱迪生。

在早期试验中，人们尝试过用电流通过铂丝使其受热，直到发出白色光芒。1878年，爱迪生也进行这样的实验，但无论铂还是铱都无法避免熔断的风险。同一年，纽约的索耶和曼尝试着从植物组织中提取碳纤维。他们在灯泡中充入氮气，以防止纤维燃烧，但是这一尝试失败了。1879年，莱恩－福克斯认为铂和铱是不能用的，于是使用了碳化的植物纤维。1879年2月，约瑟夫·威尔逊·斯旺向公众展示了一个在空玻璃泡中装有碳灯丝的灯泡。约瑟夫·威尔逊·斯旺的成功让爱迪生舍弃了铂和铱，1879年10月，爱迪生制造了一个用煤烟和碳化的焦油灯丝构成的真空灯。1880年1月，约瑟夫·威尔逊·斯旺把棉帆线浸入到硫酸中，之后再将其碳化用作灯丝。爱迪生派遣很多探险者前往南美洲和远东地区，寻找

---

[1] 关于细节，可以参考威廉·汤普森的《历史笔记》《发电机机电》。

可以用来制作灯泡的合适的纤维材料。1880年，他使用了碳化的扁竹条作为灯丝。大多数现在使用的灯泡的灯丝都是碳化之后的羊皮纸化纤维素。几位实验家之间的角逐十分紧密，让人激动不已。在新灯泡投入到商业使用中后，围绕专利权有效性还发生了数不清的官司。[①]

雅可比在1850年发现了发电机的作用只不过是将电动机作用逆转过来而已，所以同一台机器既可以充当发电机，也可以充当电动机。丰泰恩（Fontaine）和格拉姆于1873年在维也纳展览会上第一次提出且证明了，发电机产生的电可以传输到另外一个电动机上。从那时起，电动机设计的细节取得了巨大的进展。两台在巴黎制作的格拉姆电动机于1876年在费城的世纪博览会上展出，之后分别被宾夕法尼亚大学和珀杜大学买走了。

在美国和其他国家，在无数次实验了电气铁路之后，终于在1879年，西门子和哈尔斯克公司在柏林工业展览会上试运行了第一个电气铁路。[②]

直到1883年，电车发展方面取得的进展主要归功于德国的维尔纳·西门子，但是在这时，因为C. J. 范·德珀尔、利奥·达夫特、F. J. 斯普拉格等人的努力，美国在这一方面也取得了巨大进展。

1879年，沃尔特·贝利向伦敦皇家学会展示了第一个多相电动机，这只是一个玩具，没有得到进一步的关注。1885年，伽利略·费拉里斯在图灵的实验室中制造并使用了一个双相电动机。他使用了两个相互独立、周期相同的交流电流，但是其相位不同，因为会产生一个旋转式的磁场。没有一个电动机需要超过两根导线这样的想法可能使任何人产生兴趣，但是这位理论物理学家例外，他直到1888年才发表了自己的研究结果。[③]仅仅在过了几个月之后，当时在匹兹堡的尼古拉·特斯拉基用同样的原则制造出了商用发电机，独立地作出了这一发现。由多布罗沃尔斯基设计的一个旋转磁场电动机在1891年的法兰克福展览会上进行了

---

① 详见 F. L. 蒲伯的《电白炽灯的演变》，1889 年。

② 详见《磁石在美国》。爱迪生、斯蒂芬·D. 菲尔茨和惠灵顿·亚当斯等人正在实验电车，并且在申请专利。参考 W. 亚当斯，《电气化铁路的演变》，第9页，再版见于《工程师协会会刊》，1884 年 9 月和 10 月。

③ 这篇论文的译文见于《电学家》，伦敦，第 36 卷，1895 年，第 281 页；也可以参考《自然》，第 44 卷，1891 年，第 617 页。

展示和使用。从那时之后，人们陆续发明了很多这种形式的电动机，它们在美国和欧洲的应用也更加广泛了。

电报和电缆

在法拉第和约瑟夫·亨利具有划时代意义的研究发表之后，人们知道了电磁理论，在此之后，电报似乎相对而言更容易实现了。许多研究者都持有这样的信念，随即投身到了实验之中，这些实验或多或少都取得了成功，所以现在很难说到底具体是哪一个人发明了电报。1821 年，安培提出可以利用电磁装置来传输信号。1833 年，哥廷根的高斯和威廉·韦伯在天文台和物理展览馆之间架设了一根长达9000 英尺的原始电报线。1831 年，约瑟夫·亨利在奥尔巴尼通过电磁铁的吸引，在远处产生了可以听到的信号。1837 年，纽约的塞缪尔·芬利·布里斯·摩尔斯设计了一种电报，通过电枢的吸引力在一张移动的纸上产生点和线。慕尼黑的卡尔·奥古斯特·施泰因海尔发现地球可以作为回路中的一根导线。在塞缪尔·芬利·布里斯·摩尔斯的努力之下，美国在华盛顿和巴尔的摩之间铺设了第一条商用电报线。

塞缪尔·芬利·布里斯·摩尔斯（1791—1872）最初接受的是艺术类教育，他是纽约国家设计学院的创始人。他在欧洲大陆的学校中学习了艺术。1832 年，他从欧洲大陆乘船回美国时，第一次想到了电报。他进行了几年的实验，取得了一定的成功，最后他的助手盖尔博士使用了约瑟夫·亨利发现的原理，使得塞缪尔·芬利·布里斯·摩尔斯的机器可以在远处运作。[1] 在经历过很多次失败之后，在美国政府的帮助之下，塞缪尔·芬利·布里斯·摩尔斯成功地在华盛顿和巴尔的摩之间架设了电报线。1844 年 5 月 24 日，从美国最高法院的大厅中发送出去了一则消息：“上帝创造奇迹！”塞缪尔·芬利·布里斯·摩尔斯的装置是现在使用最为广泛的。

---

① 参考《亨利教授关于电磁电报历史的声明》，载《史密森尼学会报告》，1857 年，第 99—106 页；威廉·B. 泰勒的《亨利与电讯报》，载《史密森尼学会报告》，1878 年，第 262—360 页，其中包含了电报机历史的很多细节信息。

　　海底电报的实验最早在1837年就开始了。[①]在一些较短距离的海底电缆线实验成功之后，1857年第一条横跨大西洋的海底电缆线开始动工了。在此之前一直争论了很久的一个问题是，在长达2000英里的电缆线中，信号传输的速度如何。当时，关于电传播的方式还存在极大的模糊性。查尔斯·惠特斯通在1834年已经通过旋转镜证明了，电的传播速度为每秒28.8万英里，但是拉蒂默·克拉尔曾在艾里和法拉第面前对地下800英里长的导线做过实验，得出的结论是电从一端传播到另外一端花费了半秒钟时间。其他实验得到的结果大概位于这两者之间。

　　当时的一位年轻人威廉·汤姆森（现在的开尔文勋爵）在给加布里埃尔·斯托克斯爵士的通信中解释了这些差异。这一封信是威廉·汤姆森一份非常重要的论文的基础，于1855年发表在《皇家学会论文集》中。他通过理论推导出来的第一个结论是：电是没有速度的，就像热流经一根杆的时间只取决于杆一样，电从电缆的一端传输到另外一端的时间只取决于电缆本身，也就是取决于电阻和静电容量的乘积。那个时代许多著名的工程师都反对这样的观点。威廉·汤姆森还试图说明，电流想抵达大西洋另外一端的电缆处并达到稳定状态，需要花费很长的时间，所以如果人们想要电缆"有所回报"的话，那么就不能等待电流，而是必须在电流增加的同时立刻随同电流发送信息。他得出的另外一个重要结论是，信号的延迟跟长度的平方成比例。威廉·汤姆森估计电缆的传输速度为每分钟三个单词，西门子估计每分钟一个单词，查尔斯·布赖特爵士估计每分钟可以传输10~12个单词。普通记录仪器显示的结果是平均每分钟1.8个单词。1858年8月5日，英国和美国之间进行了第一次电缆通信。当时的美国总统发出了一条包含祈祷词的信息："希望上帝保佑，让电报可以成为两国之间永久和平和友谊的纽带。"全部信息共包含150个英文单词，传输时间为30个小时。随着时间流逝，信号越来越弱，一个月之后，大西洋电缆中的声音彻底消失了。威廉·汤姆森计算出了新大西洋电缆的最好比例，并在1866年铺设成功。他设计了用于发送信号的仪器，无定向反射电流计是对高斯和威廉·爱德华·韦伯最初设计的仪器（用于他们在哥廷根之间铺设的电报线）的改进版本。威廉·汤姆森的电流计将电缆

---

　　① 详见W.E.艾尔顿，《海底电报60年》，载《电学家》，伦敦，第38卷，1897年，第545—549页。

电报速度从一分钟2~3个字提高到了22~25个字。在光缆信号传输中使用镜式电流计时，需要十分关注亮点的移动，容易造成眼睛过度疲劳，所以人们弃用了镜式电流计，转而使用了威廉·汤姆森的"虹吸记录器"。威廉·汤姆森以及之后克伦威尔·F. 瓦利继续进行的研究证明，先发送一个正电流，然后短时间内再发送一个负电流，可以进一步提高传输速度。

电话机的发明

理论上的电话机的最早记录可以见于1854年巴黎的《杜蒙塞尔应用陈述》。当时法国的一位电报员查尔斯·布尔瑟（Charles Bourseul）想到了用电传输声音的计划。这位作者说："假设一个人可以在一个足够灵活、不会失去任何声音振动的可移动圆盘边上讲话，这个圆盘会交替地从电池处连接和断开电流，另外一人在远处使用另一个同时振动且频率相同的圆盘。"查尔斯·布尔瑟并没有成功实现他的这一想法。

戴维·爱德温·休斯描述了电话机发展史上的第二步："俄罗斯亚历山大皇帝二世邀请我给他、他的皇后和沙尔斯科伊·泽洛的宫廷大臣们讲课，我照做了。我不仅希望将自己的电报仪器送给皇帝陛下，还希望将最新的装置都送给陛下。美因河畔法兰克福城弗里德里克斯多夫的菲利普·雷斯教授把他新发明的电话送到了俄罗斯，通过这个仪器，我可以完美地发送和接收所有的音乐声，也可以听到讲的几个字。但是这并不稳定，有时候可以清楚地听到说的某个字，但是有时候因为一些无法解释的原因，什么都听不清楚。这个神奇的装置是基于电话理论而发明出来的……这个仪器的发明者不幸在1874年就去世了，几乎不为人知，而且穷困潦倒。但是从那时开始，德国政府开始对他进行一些补偿，比如承认他是第一发明人，而且还在弗里德里克斯多夫公墓上为他建了一座纪念碑。"[1]菲利普·雷斯的实验是在1861年进行的。

在之后的15年间，电话机遭到了忽略；之后在1876年，亚历山大·格雷厄姆·贝尔（1847—1922）发明了他的电话机，现在其依旧作为电话听筒而为人们

---

[1] 《电学家》，伦敦，第34卷，第637页；也可以参考威廉·汤普森的《历史笔记》、《发电机机电》。

所用。电话机第一次公开展示是在1876年费城的百年展览上，不过当时展示的形式还存在一些缺陷。贝尔出生在苏格兰爱丁堡，1872年之后一直居住在美国。1878年在剑桥的演讲中，克拉克·麦克斯韦说当贝尔发明电话的消息传到欧洲时，他估计这种新的仪器的复杂性和精密性会超过虹吸记录器，就像虹吸记录器超过普通的拉铃索一样。但是当这一仪器出现在欧洲的时候，"其各部分组成部件我们都很熟悉，而且业务爱好者都能把它组装起来，其不起眼的外观着实让人有些失望，人们只是因为通过它真的能够讲话才稍稍没那么失望。"[①]

说来也奇怪，在贝尔获得其电话专利的同一天（1876年2月14日），以利沙·格雷为一个相似的仪器申请了专利，此后一家公司取得了这两位发明者的专利。

尽管贝尔的电话机作为"信号接收机"而言是完美的，但是作为"信号传送器"却存在缺陷。爱迪生发明了碳精送话器，戴维·爱德温·休斯发明了传声器，迈出了对这一缺陷进行改进的第一步。爱迪生的发明是在1877年完成的，由与一个碳精按钮相邻的振动板构成。后来的电话机如布莱克、伯利纳、洪宁等人发明的电话机中使用的传送器的发明，都是基于爱迪生电话机中应用的松散接触原理。[②]

戴维·爱德温·休斯的传声器和爱迪生传送器的原理是一样的，但是其安装和作用却不相同。1865年，戴维·爱德温·休斯实验了雷斯的电话机。在听到贝尔成功之后，他开始重新研究，并且制造传声器。1878年，他第一次在自己的房间中向赫胥黎、洛克伊尔和W．H．泼里斯等人展示了这一仪器。这·新的仪器具备最为原始的一些特征："共振器由孩子用的半便土木质存钱盒组成，通过封蜡将一个短玻璃管跟其连接起来，玻璃管内装有锡和锌的混合物，两端用两片系着导线的炭片封着，电路中使用的是由三个丹聂耳电池（由三个小果酱罐构成）组成的一个电池组。导线跟另一房间中的贝尔电话机连接起来。一端打开的存钱盒用作传话口或者传声器，贝尔的电话机作为接收机。用耳朵直接听是听不到声音的……但是用贝尔电话机可以听得很清楚。"[③]

---

①　《自然》，第18页，第160页。

②　参考W．H．普里斯的《电话》。关于更多信息，可以参考托马斯·格雷的文章《电报及电话发明人》，载《史密森尼学会报告》，1892年，第639—657页。

③　《自然》，第55卷，1897年，第497页。关于电话交换机的起源和发展，参考《电话系统的大脑》，载《电学家》，伦敦，第34卷，1895年，第395页。

声学

振动和波的实验研究

在18世纪，研究声学的主要是音乐家和数学家；到了19世纪，声学逐渐成了物理学研究的一个正式分支。"声学之父"是出生在威滕伯格的恩斯特·弗洛伦斯·弗里德里希·奇洛德尼（Ernst Florens Friedrich Chladni，1756—1827）。他父亲想让他学习法律，但是父亲去世之后，他开始投身到了科学学习中。在读了几篇关于声学的论文之后，他认为"在声学领域需要发现的东西还很多，因为与科学的其他学科相比，声学当中的数学物理假定实在是少得可怜"。欧拉和伯努利的数学论文使他开始研究回音板。为了生计，他不得不到处奔走表演艺术和进行科学讲座。他发明了一种新的乐器，即上低音号，在德国、法国和意大利时曾表演过这种乐器。他收集了很多陨石。"他以他伟大的发明才能、机敏的智慧和良好的品性而闻名。"[1]

恩斯特·弗洛伦斯·弗里德里希·奇洛德尼通过实验研究了弦、杆和板的振动。"奇洛德尼图"是十分有名的，由聚拢在振动板的波节线上的沙子形成。1809年，恩斯特·弗洛伦斯·弗里德里希·奇洛德尼在法国研究会展示了他的"奇洛德尼图"，立刻就在研究会成员中引发了极大的兴趣，这些人中包括拉普拉斯。拿破仑让恩斯特·弗洛伦斯·弗里德里希·奇洛德尼在杜伊勒里宫中重复了实验，并给了他6000法郎，让他把自己所著的《声学》（首次出版于1802年）一书翻译成法文。恩斯特·弗洛伦斯·弗里德里希·奇洛德尼发现了弦或杆的纵向振动，并且将它们应用到了固体中声速的测定。他首先研究了杆的扭转转动，并且测定了物体振动的绝对速率。他通过在风琴管中注入气体测定其音调的方法，测定了声音在除空气外其他一些气体中的速度。1866年，A.孔脱发明了一种更为简洁的比较气体或液体中速度的方法。"孔脱法"现在已经普遍地在初等教学中使用了。

托马斯·杨作出了一个在光学和声学中同等重要且影响深远的发现，即"波的干涉原理"。他在自己于1800年发表的一篇论文中解释了这一原理，之后在他

---

① F.罗桑伯格，《物理科学》，第三部分，第125页。

的自然哲学课程中再次解释了这一原理。威廉·韦伯和他的兄弟恩斯特·海因里希·韦伯（1795—1878）认真地研究了波运动这一课题，于1825年发表了他们的著作《波动理论》。

人们在过去很长时间内都认为，具备冷凝和稀疏形态的声波在液体中是完全无法传播的，因为液体具有不可压缩性。佛罗伦萨的西门特学院曾经在1657年至1667年进行了很多实验，研究了水的压缩性。他们将水注入中空的银球中，将口封住，并且用锤子敲击银球使其变形。水会从金属的气孔中被挤压出来。显然，水不具备可压缩性。罗伯特·波义耳认为水是具有弹性的，但是其无法通过决定性的实验证明自己的观点。1762年，约翰·坎顿在皇家学院中证明了水是具备可压缩性的，但是他的实验没有引起什么关注。1822年，奥斯特测得了更为精确的水的压缩性数值。跟坎顿一样，他在实验过程中让盛有水的容器的内外压力相同，以避免其容量出现变化。当增加了一个大气压之后，他发现水的体积减小了47/（10万）。1827年，日内瓦力学教授珍·丹尼尔·克莱顿和雅各·卡尔·弗朗茨·斯特姆（1803—1855，1830年之后在巴黎担任数学教授）测得的值要相对大一些，即513/（100万）。他们还一起测定了水中的声速。这些实验是在日内瓦湖城，相距8.38英里的托农岛和洛尔岛之间进行的。在一个岛上的水下放置了一个铃，实验时用锤子敲击它，在另外一侧的水下放置着一个特制的号角状助听仪器。他们测得的声速为每秒1435米。曾任巴黎的教师，后来成了法兰西学院物理展览馆管理员的菲力克斯·萨伐尔（1791—1841）在1826年证明了，声波在液体中的传播方式和固体中的方式一样。卡尼亚尔–拉图尔（Cagniard-Latour）成功地通过汽笛使水产生了声振。卡尼亚尔–拉图尔把这种可以在水中产生可听声音的仪器成为"汽笛"。为了计算振动，他极大地改进了汽笛及其运作机制。萨伐尔使用了这种仪器和其他装置，测定了可听度的极限。他可以听到振动频率为每秒2.4万次或4.8万次的物体发出的音调，下限为每秒14次或者16次。

亥姆霍兹的和声理论

赫尔曼·H. 亥姆霍兹使声学发展进入了一个新的时代，于1863年第一次出版了自己的《论音觉》一书。亚历山大·J. 埃利斯于1875年将该书的第3版翻译成了英语，自那之后，陆续出现了新的德文和英文版本。赫尔曼·H. 亥姆霍兹认为乐音的产生是因为空气的周期运动，他以音高、音调和音色来区分乐音。他发现音质是由"偏上部分的音"决定的，约翰·廷德尔将其称之为"泛音"。几乎所有的乐音都会有这些泛音，其数量和相对强度决定了音色。欧姆首先提出只有一种振动形式不会产生高泛音，其仅仅由基音组成，即摆和音叉产生的一种特殊振动形式。赫尔曼·H.亥姆霍兹进行的实验显示出了元音音色的直接组成，其"跟绝大部分乐器产生的音不同，因为它们的分音响度不仅取决于它们的序列，而且还在极大程度上取决于这些分音的绝对音调"。"如果分音数目不平衡的话（就像在窄音部分被堵住的管风琴，中点被压住的钢琴弦以及单簧管等），那么音色会很空；而当大量的高泛音出现时，音色像鼻音。当大部分音都是基音时，音质十分浓烈；但是当基音无法压制住高泛音时，音质十分稀疏。"[①]赫尔曼·H.亥姆霍兹设计出了球面共鸣器，借此分析了人的声音和一般的乐音。他以电磁仪器用音叉制造了合成音，并且成功地制造出了元音，其跟人声发出的元音十分接近。他以同样的方式模仿了管风琴的音色，"虽然在模仿的声音中缺少了拍击管唇空气流产生的嗖嗖声"。

"节拍"的研究使赫尔曼·H.亥姆霍兹发现了一个新的和声理论。毕达哥拉斯已经发现一根弦线分成两个长度之后的比例越简单，这两部分弦线产生的声音越和谐。后来研究者发现，弦线出现这种情况的原因与其长度和振动比率的关系相关。为什么纯音听起来比较舒服一直是个谜团，即使是在莱昂哈德·欧拉宣布人类的灵魂会从简洁中获得本质的快乐之后，这一谜团也没有解开。赫尔曼·H.亥姆霍兹使用了自己制造的一个昂贵的多音汽笛进行了关于节拍的实验。两个单音时，在一个单位时间内的节拍数量等于振动频率之差。如果节拍数量是每秒33下，那么产生的不和谐音是难以忍受的；如果节拍数更大或者更小，效果稍微好一点；如果节拍超过了132下，那么这种不和谐性就会完全消失。如果每种声音都有泛音存在的话，那么和谐或不和谐性的问题就更加复杂了。基音和泛音之间产生的节拍，或者泛音之间存在的节拍都必须考虑在内。人们发现一般情况下，随着两个乐音音调的差别不断变化，使得节拍干扰作用越来越明显，那么两个基音振动的比率也越来越大。因此，赫尔曼·H.亥姆霍兹的理论解释

---

① 　赫尔曼·H.亥姆霍兹，《音感》，由埃利斯翻译，伦敦，1885年，第118、119页。

了为什么音乐中比较简单的比例会让人感觉更加舒服。

赫尔曼·H. 亥姆霍兹的和声理论受到了很多音乐家和哲学家的批评，但是这些批评并不怎么有效，反对的声音消失了。

当两个单乐音同时发出时，会出现两种声音现象：①上文谈到的节拍现象；②组合音。后者有两种类型——和音和差音。和音是由赫尔曼·H. 亥姆霍兹发现的，而差音是由德国风琴演奏家安德里亚斯·索尔格在1744年发现的，之后又被著名的意大利小提琴家朱塞佩·塔尔蒂尼发现。假定这两个单乐音的振动频率分别为每秒m和n次，那么差音的振动频率为$m-n$次，和音为$m+n$次。为了产生差音，原音必须具备一定的强度。赫尔曼·H. 亥姆霍兹为此使用了汽笛。相较之下，和音更难观测到。赫尔曼·H. 亥姆霍兹预测到这种音的存在并且发现了它。巴黎著名的声学仪器制造大师鲁道夫·柯尼希（Rudolf Konig）持有的一些观点，跟这位伟大的德国观察者是相左的。鲁道夫·柯尼希认为快速节拍出现时，其自身就会产生新的音。这个理论并不是他提出的，拉格朗日和托马斯·杨此前都持有这样的观点，但是赫尔曼·H. 亥姆霍兹本人是反对这样的观点的。鲁道夫·柯尼希并不确定用他的音叉是否能够观察到和音和差音，但是他声称他听到了$m-vn$和$(v+1)n-m$所表示出的振动频率，其中$m>n$，而v是整数，所以vn和$(v+1)n$是紧邻较高音的那些较低音的泛音的振动频率。W. 沃伊特[1]在1890年声称，赫尔曼·H. 亥姆霍兹的和音和柯尼希的节拍音在理论上都是可以产生的，不过在不同情况中占主导地位的音不同。如果两种振动频率的能量接近相等，那么和音会更加明显，否则的话，节拍音会更容易听到。

鲁道夫·柯尼希改进了E. 利昂·斯科特在1859年完成的一个发明，并且发明了用来进行声音分析的著名的感压焰仪器。爱迪生在1877年第一次描述的留声机也是为了同一目的而发明的。

为了研究振动的组成，巴黎圣路易斯学院的教授利萨茹在1855年设计了一个十分精妙的方法。他使用了两个振动的物体（比如说音叉），然后配上小镜子。一束光线从一个镜子反射到另一镜子，之后再反射到屏幕上。一般情况下，这些物体的振动平面是互相垂直的。追踪光点在屏幕上所描绘出的曲线就是著

---

[1]　《魏德曼编年史》，第 40 卷，第 652—660 页。

名的"利萨茹曲线"。但是在此之前很久，美国马萨诸塞州塞伦的纳撒尼尔·鲍迪奇就已经发现了这一曲线。1815年，佛蒙特州柏林顿的教授迪恩发表了一篇名为《论从月球上观察地球运动》的论文，还设计了一个复摆用来做演示。29年之后，布莱克本将这一装置引入到了科学领域中。这篇论文使得鲍迪奇开始检查悬挂在两点上的摆的运动理论，还进行了一些实验来检验这一理论。他在实验过程中画出的图和利萨茹曲线是一样的。[1]

---

① 参考J. 洛弗林的《利萨茹曲线的预测》，载《美国学术公报》，第8卷，第292—298页；关于迪恩和鲍迪奇的论文，见《美国艺术与科学学院院刊》，第1版，第3卷，1815年，第241、413页。

20世纪

20世纪的前25年可以说是打基础的时期,在这段时间,学界重新审视并且拓展了物理学和化学的所有根基,包括物质结构、化学元素嬗变的可能性和力学基本定律,等等。

放射现象

在实验物理学中,很少有什么题目可以像放射现象一样,引发学界极大的关注,并且深刻地重塑了物理学基础理论。放射现象已经在医疗和手术中得到了愈发广泛的应用,其在部分程度上使中世纪的炼金梦成为现实。

贝克勒尔和放射现象

我们此前谈到,1895年W.K.伦琴(1845—1923)发现了X射线,巴黎的亨利·贝克勒尔(1852—1908)发现了放射现象。当时正在研究磷光现象的亨利·贝克勒尔发现,铀盐不仅仅在刚接触到光时,而且在暗中放置几个月之后,依旧会发出辐射。他发现,这种辐射会使得照相底片感光,同时能够在一定距离内释放带电体,这些特性为我们提供了研究这些新射线的两种方法。

居里夫人、钋、镭

后来被人们称为居里夫人的玛丽·斯克洛多夫斯卡[1]于1867年出生于华沙,她的父亲在当地某个文化团体中担任物理学和数学教授。她在私立学校中学习了法语、德语、俄语和英语。17岁时,她成为一名家庭女教师,晚上继续自己的

---

[1] 玛丽·居里、皮埃尔·居里的《自述》,由夏洛特和弗农·凯洛格翻译,纽约,1923年,第155—242页。

学习。1891年，她前往巴黎，她的姐姐在那里学习医学。她居住在一间阁楼中，并在索邦大学学习物理学。她当时学习得十分费力，部分原因是她的数学基础不够好。1893年，她以第一名的成绩获得了物理学科学学位，并且在1894年以第二名的成绩获得了数学科学学位。在那之后，她开始在索邦大学的一个物理实验室中进行实验研究，以完成自己的博士论文。在那里，她结识了皮埃尔·居里（1859—1906），皮埃尔·居里当时刚刚成了巴黎物理和化学学院的教授。他们在1895年结了婚。她开始跟居里一起在该学院的实验室中进行研究工作。1897年，她完成了一项关于钢的磁性的研究。当时，她和她的丈夫因为贝克勒尔发现了铀而感到十分兴奋。居里夫人决心进一步研究这种物质。她发现钍和铀具有一样的特性，像化学家使用分光镜一样，她不停地使用静电计进行观察，后来她发现某些矿物所释放的辐射要远远超过其中含有铀和钍的矿物元素，这表明肯定还存着某种不为人知的活性物质。在皮埃尔·居里、居里夫人和G. 布罗蒙的共同努力之下，他们在1898年7月[1]宣布发现了一种新的元素，他们以居里夫人的祖国为这种新元素命名，称其为"钋"。[2]这种元素是和铋的化合物一起从波希米亚的圣约阿希姆斯塔尔发现的黑色发光含铀矿（即沥青铀矿）中提取出来的。

在研究钋的过程中，他们发现不仅从沥青铀矿中提取出来的铋的化合物具有放射性，而且从中提炼出来的钡的化合物也具有放射性。他们发现普通的钡的化合物是根本不具备放射性的，所以从沥青铀矿提取物中所观察到的放射性肯定是因为新的元素。1898年12月，他们宣布分离出了这种新物质的盐，将其称之为"镭"，而事实证明这种元素要比钋更加重要。但是当时钋和镭是化学元素这个问题并未得到证明，也没有获得普遍认可。[3]这一研究最为困难的部分还未完成，即测定镭的原子量和其他特性，以及分离出纯元素镭的工作。这需要勇敢地进行许多年的努力才可能完成。不过居里夫妇没有适合进行研究的实验室，也没有资金和实验室助手。他们获悉圣·约阿希姆斯塔尔的铀工厂在处理完沥青铀矿之后，会有部分铀残留在扔掉的残渣中。在获得了该工厂的拥有者奥地利政府的

---

① 《法国科学院通报》，第127卷，1898年，第12、15页。

② 《法国科学院通报》，第127卷，1898年，第175页。

③ 《自然》，第62卷，1900年，第152页。

首肯下，他们拿到了几袋这样的残渣，是"跟松针混杂在一起的褐色粉末"。再之后他们获得了几吨这样的残渣。他们在巴黎物理学院附近一间荒废的屋子中处理这种物质，而这间屋子曾经是一间医疗解剖室。屋子的房顶是漏的，并且无法抵御冬寒夏热。但是居里夫妇坚持进行了研究，并于1902年成功提炼出了0.1克的纯氯化镭。他们研究了其特征光谱，并且宣布首次测定其原子量为225。

1900年，皮埃尔·居里成为索邦大学的助理教授，居里夫人成为巴黎附近塞夫勒女子高等师范学院的教授。她在1903年完成了自己的博士论文。同一年，H. 贝克勒尔、皮埃尔·居里和居里夫人共同获得了诺贝尔奖。1906年，皮埃尔·居里在巴黎一条街道上被一辆货车撞死，养育和教育两个小女儿的担子就落到了居里夫人一人身上。之后她继任了丈夫在索邦大学的职务。1907年，安德鲁·卡内基提供了研究资金。她准备了十分之几克的纯氯化镭，重新测定了镭的原子量为226.2，并且在1910年分离出了纯金属镭。次年，她荣获了诺贝尔奖，虽然身体不适，但她还是前往斯德哥尔摩去领了奖。镭盐在医疗和工业中得到了应用，这意味着必须要确定一个测量镭质量的标准。她为此制定了一个标准，其由一个几厘米长包含了21毫克氯化镭的玻璃管组成，存放在塞夫勒国际度量衡局内。当时巴黎正在组建一个镭研究院，居里夫人积极地参与到了该院实验室的设计中。"一战"期间，居里夫人通过使用放射疗法积极地参与到了救护工作中。1921年，她前往美国，接受了美国妇女为她提供的1克镭，这是她们从科罗拉多的500吨钒酸钾铀矿中提炼出来的。这1克镭被用在了巴黎的镭研究院中，她本人担任该研究院的院长，她的女儿艾琳是研究院的研究人员和老师。

锕、镅

1900 年，A. 德比尔纳在沥青铀矿中发现了第三种放射性物质，F. O. 吉赛尔也独立地发现了这一元素。耶鲁大学的伯特伦·鲍敦·波特伍德（1870—1927）对他们的发现作出了清楚的区分，将 A. 德比尔纳发现的物质分成了两种元素：一种是吉赛尔发现的物质，即所谓的"锕"；另一种新的元素，他将其称之为"镅"。

镭盐的可得到性

镭非凡的放射性引发了轰动，但是相关实验一开始有很大的局限性，因为获取镭盐存在很大困难。大约1900年，在F．O．吉赛尔的指导下，汉诺威附近利斯特（List）的E．德·哈恩公司与沃尔芬布特大学预科的朱利叶斯·埃尔斯特（1854—1920）和汉斯·盖特尔（1855—1923）合作，开始制作少量含镭的放射性镭盐，并将一些较为低廉的放射性副产品投入到市场中。[①]在此之前，法国的化学产品中心协会已经在德比尔纳的指导之下，安排含镭的钡盐的售卖。[②]

对能量守恒定律的攻击

早前，氯化镭或溴化镭的一个特性给科学家们留下了深刻印象，即它们可以在释放辐射的时候，不发生任何明显的物理或者化学变化。一开始，学界认为这是因为涉及的能量太过微小，[③]但是之后经过更加精准的测量，科学家发现结果还是如此，因此这一解释显得有些苍白无力了。蒙特利尔的麦吉尔大学的欧内斯特·卢瑟福和R．K．麦克朗在1900年发现，1克氧化铀每秒释放4.2×10^{-11}卡路里的热量，而镭的放射性是铀的10万倍以上，[④]其他人在镭放射性方面测得的数据甚至比这个更高。每个小时，镭释放的热量足以使跟其相同重量的水的温度从冰点升到沸点，但是早期观察的结果显示，这种热量的稳定释放并没有出现衰减的迹象。就像阿拉丁神灯一样，镭无穷无尽地释放着射线和热，无疑是在挑战能量守恒定律这一自然界的普遍定律。[⑤]古斯塔夫·勒·邦说："如果说能量守恒定律——从一些十分简单的案例中抽象化出来的概括性定律——也会屈服于这一挑战的话，那么我们必然会得出结论，即世界上没有任何事情是永恒不变的。即使是这一神圣的科学定律也要屈从于这一主宰世间万物亘古不变的循环——出生、成长、衰老和死亡。"[⑥]

---

① 《自然》，第62卷，1900年，第152页。
② 欧内斯特·卢瑟福，《放射性物质》，1913年，第17页。
③ 《自然》，第61卷，1900年，第547页。
④ 同上，第63卷，1900年，第51页。
⑤ 同上，第62卷，1900年，第154页。
⑥ 古斯塔夫·勒庞，《物质演化》，由F．莱格译为英文，伦敦，1907年，第18页。

那些笃信能量守恒定律的人试图以其他解释来解决这一问题。W．克鲁克斯[1]认为这一现象是因为铀和钍的化合物从其周围的气体分子中吸收了能量，并将其转化成了辐射能。居里夫人[2]则认为世界上存在比X射线穿透力更高的射线，只能够被像铀和钍这样重原子量的物质所吸收。J．埃尔斯特和H．盖特尔[3]反对上述两种假说，后来他们提出了一个相对确切的说法[4]，即"释放能量的放射性物质的原子会以分子的形式从不稳定的结合转变为稳定的状态"。欧内斯特·卢瑟福和F．索迪[5]在他们关于原子衰变的基本论文中也表达了同样的想法。他们在1902年和1903年通过实验证明了，在释放能量的过程中，镭确实发生了变化，确实出现了某种形式的转化。他们认为镭原子发生了变化，而原子内部的能量则转化成了原子外部的动能。也正是因此，虽然这场席卷物理学界的恐怖风暴摧毁了19世纪一些科学理论，但是能量守恒定律成功地幸存了下来。克鲁克斯曾经说过："仅仅十分之几克的镭就破坏了化学领域的原子理论，为物理学的根基理论带来了革命性的变化，使炼金术的想法得以重生，并且给一些骄傲自大的化学家造成了沉重的打击。"[6]

镭的光谱

再稍微仔细地追寻事件发生的前后经过，我们发现最先测定镭光谱的人是尤金·德马尔凯（1852—1904），他从居里夫人那里获得了一些矿石样品，并借此对镭光谱进行了测定。他发现在不纯的氯化镭光谱中，除了存在钡、铅、钙和铂的谱线外，还存在一条新的明亮谱线，其$\lambda =3814.7\text{Å}$，在他看来这足以证明一种新元素的存在。[7]

---

[1] 《自然》，第58卷，1898年，第438页。

[2] 《法国科学院通报》，第126卷，1898年，第1101页。

[3] 《魏德曼编年史》，第66卷，1898年，第735页。

[4] 同上，第69卷，1899年，第83、88页。

[5] 《哲学杂志》，第4卷，1902年，第376、569页。

[6] E．E．F．德尔贝，《威廉·克鲁克斯爵士的生平》，1924年，第286页。

[7] 《法国科学院通报》，第127卷，1898年，第1218页；第129卷，1899年，第716页；第131卷，1900年，第258页。

放射现象引发的电离现象

许多实验家极为重视铀、钍和镭的辐射现象，但起初他们所得出的研究结果是相互矛盾的。[1]1899年，欧内斯特·卢瑟福得出了一个重要的结论，即铀所产生的气体导电性是因为电离现象，而这跟J．J．汤姆森实验中X射线引发导电性的情况是完全相同的。

镭辐射的相关特性

几位观测者在1899年同时作出了另一个极为重要的发现，即物体释放的部分辐射受磁场影响发生偏转现象。F．O．吉赛尔、St．迈尔、E．V．施魏德勒、贝克勒尔和皮埃尔·居里都观察到了这一现象。镭释放出的射线受到磁场影响出现偏转，与真空管中阴极射线的情况十分相似。皮埃尔·居里发现镭所释放的射线分为两类：其中一类是显然不会受磁场影响出现偏转的（现在被称为α射线），另一类则会出现偏转，并且具备更强的穿透力（现在被称为β射线）。人们通过两种方式证明了这一辐射的部分射线跟阴极射线具有相近的关系，一种是由居里和居里夫人完成的，即电荷传输的存在；另一种则是由H．贝克勒尔所完成的，即静电磁场中发生了偏转。[2]欧内斯特·卢瑟福经过不懈努力，终于发现在强力磁场的影响之下，α射线会出现轻微的偏转现象，但是其方向跟β射线相反。他是通过电的方法证明了这一点，后来贝克勒尔又通过照相法验证了这一结果。[3]

第三类镭射线（现在被称为γ射线）是由P．维拉德[4]通过照相法发现的。事实证明这一射线的穿透性要比真空管中产生的X射线的穿透性更强，而且γ射线不会受到磁场的影响而出现偏转。

"射气"

1900年，欧内斯特·卢瑟福在钍化合物中发现了一种神秘的"射气"，能

---

① 欧内斯特·卢瑟福的有关文章，见《自然》，第62卷，1900年，第153页。

② 《自然》，第63卷，1901年，第398页。

③ 欧内斯特·卢瑟福的有关文章，见《哲学杂志》，第5卷，1903年，第481页。

④ P．维拉德的有关文章，见《法国科学院通报》，第130卷，1900年，第1010、1178页。

够使周围的气体发生电离现象，此外还能够保持几分钟的放射性，之后才慢慢消失。这种射气只是钍的一种蒸气吗？[1]他用自己持有的不纯的镭的样本进行了测试，并没有出现射气。1901年，居里夫人和A. 德比尔纳将镭放入一个球体中，并排空里边的所有空气，得到了一种放射性气体物质。随着带有强烈放射性气体物质的出现，球体真空度不断降低。欧内斯特·卢瑟福通过研究从汉诺威附近利斯特的E. 德·哈恩公司处所获得的镭样本发现，如果对镭进行加热，那么其释放的射气的量是正常温度下的1万倍之多。这些射气是放射性物质或者放射性气体或者跟分子大小相当的放射性粒子所产生的蒸气吗？1901年，欧内斯特·卢瑟福研究了镭射气在空气中的扩散速率，鉴于镭的原子量比较重，他发现这种射气的扩散率要远远超过镭蒸气应有的速率。因此他得出结论，这种气体物质并不是镭的蒸气。[2]之后，欧内斯特·卢瑟福和索迪发现钍射气的特性跟惰性气体的相似。[3]

1902年，欧内斯特·卢瑟福和F. 索迪发现明显的化学变化会产生新的物质类型，他们从钍元素中分离出了一种他们称之为钍X的放射性物质，发现一段时间后钍X活性会慢慢消失，与此同时钍的活性会慢慢出现。[4]F. 索迪从不会释放α射线、只会释放β射线的铀中获得了铀X。正如此前提到的，欧内斯特·卢瑟福和F. 索迪在1902年秋提出了下述观点：元素放射性显示的是亚原子层面的化学变化，这种变化通常伴随着辐射。[5]

从镭中获取氦

威廉·拉姆塞和F. 索迪进行的实验似乎证明镭会分解成氦。[6]这一结论使得"众人纷纷称奇"。我们还记得氦元素是皮埃尔·朱尔斯·凯撒·詹森（1824—

---

[1]　欧内斯特·卢瑟福的有关文章，见《哲学杂志》，第49卷，1900年，第1页；《自然》，第62卷，1900年，第154页。

[2]　欧内斯特·卢瑟福的有关文章，见《自然》，第64卷，1901年，第157、158页。

[3]　《哲学杂志》，第5卷，1903年，第484、485页。

[4]　《自然》，第66卷，1902年，第119页。

[5]　《哲学杂志》，第5卷，1903年，第485页。

[6]　威廉·拉姆塞和F. 索迪的文章，见《自然》，第68卷，1903年，第246页。

1907）和诺曼·洛克伊尔（1836—1920）通过观察太阳发现的。诺曼·洛克伊尔将其命名为"氦"。1895年，威廉·拉姆塞（1852—1916）和诺曼·洛克伊尔从钇铀矿（mineral clevite）释放的气体中发现了氦元素。含铀的矿物中几乎都存在氦这一事实，使得欧内斯特·卢瑟福和F. 索迪认定"很有可能，氦是放射性元素衰变之后的一种最终生成物"。①威廉·拉姆塞和F. 索迪在1903年7月进行的实验彻底消除了围绕氦这一问题的不确定性。②他们将溴化镭的射气放入到光谱管中。起初光谱上并没有出现氦，但是4天之后，氦特征的光谱线出现了，因此他们发现了镭射气转化之后产生了氦。

1903年秋，欧内斯特·卢瑟福③向英国协会提交了自己和F. 索迪提出的假说，即放射性物质的原子会分解，这种衰变的过程正是产生放射性的原因。放射性物质电中性的原子会扔出带正电的物质，其构成了α辐射；而原子当中剩下的物质则构成了射气。射气会再次扔出带正电的物质，这个过程会不断重复，直到带正电的物质全部耗尽，且物质不再具有放射性为止。在镭的例子中，原子当中所储存的能量极为庞大，学界估计每克不少于1×10^6尔格。奥利弗·洛奇和约瑟夫·拉莫尔也支持这一观点。开尔文勋爵④在自己所写的一封信中，根据自己对原子这一概念的理解，提出了另一个理论，认为"放射性物质所释放的巨额能量是产生于原子外部的，只不过其来源的存在形式我们现在还不能发现而已"。一年之后，开尔文再次表示，如果说镭产生的热具备的极高发射率"能够持续数月时间，那么其必然会从外部补充能量"。⑤1904年，他分别给出了释放α射线和β射线的镭原子的模型。⑥

1903年，学界终于确定将镭辐射射线的名字固定为"α射线""β射线"和"γ射线"。1904年，欧内斯特·卢瑟福所著的《放射性》⑦一书第一版出版，

---

① 欧内斯特·卢瑟福和F. 索迪文章，见《哲学杂志》，第5卷，1903年，第453页；第4卷，1902年，第582页。

② 《自然》，第68卷，1903年，第355页。

③ 同上，第68卷，1903年，第610页。

④ 同上，第68卷，1903年，第611页。

⑤ 同上，第70卷，1904年，第107页。

⑥ 同上，第70卷，1904年，第516页。

⑦ 同上，第70卷，1904年，第241页。

其中包含了到那个时代为止与放射现象相关的所有研究结果。书中提出了一个假说，即镭元素所释放的热是因为镭原子自然地衰变为能量更少的物质，而且这一过程显然是不可逆的。α粒子是带正电的，而且人们一般认为其质量是氢原子的两倍。镭原子的其余部分构成了镭X，其衰变成了α粒子和射气，后者又会继续衰变，最终产物可能是钋。因此，1个镭原子应该包含1个钋原子和6个α粒子，但是有理由认为α粒子最终会变成氦原子。欧内斯特·卢瑟福在当时认为，镭原子似乎是包含钋和氦的化合物，它是一个分子，而非是一个基本原子。尽管如此，其放射性过程的速度不受温度的影响，这似乎证明变化是纯原子性质的。欧内斯特·卢瑟福怀疑镭本身是从铀演化而来的，并为此提供了一些依据。他估计，镭原子的平均寿命不少于1500年。

开尔文反对衰变理论

1906年8月发生了一起重大事件，即在伦敦《泰晤士报》上掀起了关于镭的争论。起初，F. 索迪在英国协会中讨论了元素的嬗变，并且指出铀会逐渐变成镭，镭会变成射气和其他几种产物，这一过程多半会一直持续到变成铅，铅继而逐渐转变成银。开尔文勋爵在协会会议之后，随即公开地对这种说法提出了挑战。[1] 开尔文勋爵几乎是单枪匹马地反对这种用以解说镭的特性的嬗变和转化学说。他认为从镭中产生氦并不比从钇铀矿中发现氦更能证明嬗变的真实性，我们只能认为镭和钇铀矿中都包含氦。开尔文勋爵并不认为有任何实验证据可以表明太阳的热是由镭造成的；他认为这种热是由万有引力造成的。奥利弗·洛奇、H. E. 阿姆斯特朗、R. J. 斯特拉特和A. S. 伊芙[2]等人参与到了这一讨论中。开尔文勋爵引用了欧内斯特·卢瑟福将镭视为化学合成物的说法，并且认为镭可能是由1个铅原子和4个氦原子组成的。F. 索迪也引用了欧内斯特·卢瑟福的看法，即只要有某个确定的实验事实跟衰变理论是相悖的，那么我们就应该放弃这样的理论。1907年8月，开尔文勋爵再次在英国协会中表达了自己对这种嬗变理论的反对。他认为我们不可能仅仅用完全相同或者相似的初始原子在组合上的不同，就

---

[1] 《自然》，第74卷，1906年，第453页。

[2] 《自然》，第74卷，1906年，第516—518页中对这些争论进行了解释。

足以解释所有不同的化学特性和其他特性。在同一会议中，欧内斯特·卢瑟福表示，尽管在当时人们根本没有办法断定，在放射现象中被释放出来的电子或者由原子光学特性所显露出来的电子，显示的到底仅仅是原子的外围部分还是原子内核的内部结构，但是电子必然发挥着重要的作用。

开尔文离世

几个月之后，1907年12月17日，开尔文勋爵与世长辞，享年83岁。[1]他因为在自己乡下房子走廊中做实验，感染风寒而去世。开尔文勋爵（威廉·汤姆森）于1824年出生在爱尔兰的贝尔法斯特，但是他具有苏格兰血统。他和他的兄弟詹姆斯·威廉姆斯曾在格拉斯哥学习。在那里，他进入了剑桥大学，并在1845年以第二名甲等数学学位优等生的成绩毕业。克拉克·麦克斯韦和威廉·汤姆森是在剑桥大学数学学位竞赛考试中荣获第二名的一流物理学家。威廉·汤姆森在22岁时成为格拉斯哥大学自然哲学教授，直到去世前一直担任着这一职务。因为在数学和物理学方面的非凡成就，他在1866年被授予爵士头衔，并在1892年被封为开尔文勋爵。他本人深受约瑟夫·傅里叶（1768—1830）和其他法国数学家的数学物理学的影响。正是约瑟夫·傅里叶在固体热流方面的数学研究促使他研究了电流通过金属丝的传播问题，并且解决了大西洋海底电缆在传输信号时遇到的诸多困难。我们在谈到物理实验室的进化时，会再谈到他对于实验室指导的极大热情。

镭的相继嬗变

1908年1月31日，欧内斯特·卢瑟福描述了放射性过程，[2]并且证明了由他本人和索迪在五年之前提出的衰变理论。欧内斯特·卢瑟福说："人们在追寻不同放射性物质之间出现的这种明显的相继嬗变现象方面，已经做了大量的工作……现在我们已经得到了一份关于不稳定物质的清单……镭射气转化方面的分析已经取得了一些十分重要的进展，也引发了学界的关注。在经历了镭A、镭B、镭C

---

[1] S. P. 汤姆逊，《威廉·汤姆逊的一生》，伦敦，1910 年。

[2] 《自然》，第 77 卷，1908 年，第 422 页。

三个短周期阶段之后，长周期的镭D出现了。而镭D在经历过两个短周期E和F之后，嬗变成了周期为140天的镭G。St．迈耶和施魏德勒以决定性证据证明了镭D就是这一由K．A．霍夫曼所分离出的放射性物质的基本组成成分，他将其称之为镭-铅。镭G跟居里夫人从沥青铀矿中分离出来的第一种放射性物质即钋是相同的，因此我们可以确信，这些物质都是镭嬗变之后的产物……我已经补充了另外一个介于镭D和钋之间周期为4.5天的物质。迈耶和施魏德勒已经证明了这样一种物质的存在。此外，我们也已经获得了一份关于钍嬗变产物的长清单。"

镭的母元素

欧内斯特·卢瑟福在描述直接产生镭的物质的研究时说："研究镭的母元素这一难以捉摸的元素一直吸引着学界的注意力，并且显示出了作为实验家指南的这一理论的重要意义……镭的母元素最可能是铀，其转化周期长达10亿年以上。如果属实的话，那么最初释放了镭的铀应该随着时间的逐渐推移再次产生镭，也就是说，镭会再次出现在铀中。F．索迪和波特伍德曾经分别对此进行过实验，他们的研究都表明……铀在几年的时间中并没有产生镭……然而还有一种间接但十分简单的方法可以解决镭的由来。如果镭是铀转化之后的产物……那么在古老的矿石中，镭的量和铀的量的比率一定是一个常数。如果说有足够长的时间让镭的量达到平衡值，那么这一说法肯定是正确的。波特伍德、R．J．斯特拉特和H．N．麦科伊已经通过各自独立的研究，完全证明了这一关系的恒定性，证明1克铀对应3.8×10^{-7}克镭。"1906年，波特伍德通过实验发现了一种介于铀和镭之间的物质即锕[①]，但是欧内斯特·卢瑟福证明了锕的存在本身不会导致镭的出现，其导致的是另外一种物质的出现。波特伍德后来证明了这一说法，他从铀矿中分离出了一种新的物质，其慢慢转变成了镭。他将这种新物质命名为"锾"。[②]这就是人们长期以来寻找的镭的母元素。由此，嬗变理论所作出的主要预测都已经通过实验得到了证明："我们现在能够将铀、锾、镭和它的一系列子元素联系起来，构成一个以铀为初始元素的大家族。"[③]

---

① 《自然》，第75卷，1906年，第54页。
② 同上，第76卷，1907年，第589页。
③ 同上，第77卷，1908年，第423页。

克鲁克斯的工作和他的离世

19世纪的科学家并不认为以后可以观测到单个原子。但是在1903年，威廉·克鲁克斯爵士[1]通过一个仪器——他自己的闪烁镜（几个先令[2]就可以买到）和只包含了极其微少的溴化镭——显示出了镭的α粒子在硫化锌屏幕上出现的瞬时闪光。这一闪烁现象跟流星雨十分相似，具有明显的不连续性，每个α粒子都会引发微弱的闪光。事实上，欧内斯特·卢瑟福和盖革已经计算清楚了每秒钟内一定量镭元素可以发射出的α粒子数。[3]

威廉·克鲁克斯爵士在镭方面的研究，是他漫长职业生涯中所做的最后一项重要工作，他于1919年离世。[4]1832年他出生在伦敦，是一个裁缝的儿子，也没怎么在正规学校接受过教育。小的时候，他就自己配备了一个实验室，并且总在尝试着各种实验和阅读他能够找到的所有科学书籍。他没有接受过大学教育，也没有教授职位。1870年，他开始了为期4年的关于精神现象的研究工作。本书已经谈论过他关于"辐射物质"的研究、他的辐射计和"克鲁克斯管"。他提出的"辐射物质"跟β射线十分相似，还发现了铊元素。

α粒子的射程

在研究原子结构时，α粒子的散射具有极其重要的意义。威廉·亨利·布拉格（1886年到1908年担任南澳大利亚阿德莱德大学的教授，1909年到1915年担任利兹大学的教授，1915年到1923年担任伦敦大学的教授）在大约1904年发现α粒子的射程是固定的。钍元素在空气中释放出α粒子时，其射程为38毫米。威廉·亨利·布拉格给出了一张可以清楚看得到一个α粒子飞行的显示图："无论在何种情况下，α元素的运动路径都是直线；其会穿过遇到的其他所有原子，无论这些原子是固体或者气体的一部分，都是如此……无论遇到什么阻碍，都不会发生偏转，直到其接近射程范围的尾端……将一块薄金属板放在粒子流的通道上，以夺取所有粒子的部分运动能量，但是所有粒子在和金属板原子碰撞之后

---

① 威廉·克鲁克斯的文章，见《自然》，第68卷，1903年，第303页。

② 先令是美国的旧辅币单位，1英镑等于20先令，1先令等于12便士。——编者注

③ F. 索迪，《镭的解释》，纽约，1920年，第45页。

④ E. E. F. 德尔贝，《威廉·克鲁克斯爵士的一生》，纽约，1924年。

都没有停止下来，而且粒子流中粒子的数量也没有出现任何变化。"[1]之后的实验证明了确实会有部分α粒子在通过其他物质时会或多或少出现偏转。欧内斯特·卢瑟福十分广泛地应用了这一散射现象。

α粒子是带电的氦原子

欧内斯特·卢瑟福证明了α粒子是由带正电的原子组成的。起初他假定这些粒子带有一个原子电荷，所以认为它们的质量是氢原子的两倍。但是1908年，他在进行计算α粒子数量实验时，发现每个粒子携带两个原子正电荷。欧内斯特·卢瑟福通过测量已知数量的α粒子携带的总电荷量证明了这一点。[2]因此一个α粒子的原子量是4，跟氦原子的原子量是相同的。欧内斯特·卢瑟福和T. D. 罗伊兹通过直接实验，证明了α粒子在失去电荷之后就是氦原子。[3]

α粒子和β粒子的照相路径

英国剑桥大学的C. T. R. 威尔逊进一步研究了α粒子的运动路径，并且成功地得到了α粒子的照相路径。[4]当密闭空间内部的潮湿空气突然膨胀时，温度就降了下来。如果是纯净的空气这样冷却下来的话，那么使一个α粒子从其中穿过，就会引发电离现象，湿气会压缩，集中在离子上，只要光照合适就可以短暂地看到α粒子的运动路径，也就可以将其拍摄下来，就像迷雾中长长的蜘蛛丝一样。C. T. R. 威尔逊说[5]："α粒子在其运动路径的每1毫米中，都会遭遇到上

---

[1] F. 索迪，《镭的解释》，第4版，纽约，1920年，第62页。W. H. 布拉格的文章，见《哲学杂志》，第8卷，1904年，第719页；第10卷，1905年，第600页；第11卷，1906年，第617页。W. H. 布拉格和R. D. 克莱曼的文章，见《哲学杂志》，第8卷，1904年，第726页；第10卷，1905年，第318页。

[2] 欧内斯特·卢瑟福和盖革文章，载《伦敦皇家学会公报》，伦敦，第81卷，1908年，第141—173页。

[3] 欧内斯特·卢瑟福和T. 罗伊兹的文章，载《哲学杂志》，第17卷，1909年，第281页。

[4] C. T. R. 威尔逊的文章，载《伦敦皇家学会公报》，伦敦，第87卷，1912年，第277页。

[5] F. 索迪引用C. T. R. 威尔逊的文章，载《伦敦皇家学会公报》，伦敦，第87卷，1912年，第64页。

千次的气体原子，在这个过程中会出现电离现象……而在这一现象发生过程中，这些云雾粒子（即被水浓缩而放大的离子）紧密地挨在一起，所以在照片上无法看到它们个体的样子。"α粒子几乎所有的运动路径都是直线，但是少数一些会出现突然的偏转。此外，β粒子会呈现出之字形的运动路径。

氮核的分裂

人工打破一种"稳定元素"足以算得上一项惊人的成就。我们假定使原子产生永久性变化需要分裂其原子核，通常认为原子核是由一些更为简单的部分所构成的组合体，其在所有原子中都是一样的。1922年，欧内斯特·卢瑟福和J.查德威克（J. Chadwick）成功分裂了一种非放射性物质的原子核，这种物质内部的原子是比较稳定的，也就是氮气。使得这样一种内部稳定的原子的原子核的组成部分分裂所需的力是极为庞大的，但是从镭中释放的飞速运动的α粒子就可以做到。他们成功地将氮核（质子）从氮原子的原子核中释放了出来，这是一个意义非凡的惊人成就。现代炼金术的时代事实上已经到来，科学家们对其他原子进行了尝试。除了氦、氖和氩之外，1922年，科学家们实验了所有原子量不超过40的元素。他们成功地从硼、氟、钠、铝和磷（他们原子数全部都是奇数）中分离出了氢粒子，但是从其他元素的原子核中并没有成功分离出来。假定α粒子和原子核之间的作用力在原子之中的核外空间（只要距离原子核不是很近）遵守平方反比定律，那么我们就可以用α粒子来测量原子的核电荷。

当科学家们发现质子可以从一些较轻的元素中发射出来之后，就出现了以下问题：造成元素衰变的α粒子会变成什么样呢？1925年，P. M. S.布莱克特在卡文迪什实验室，在欧内斯特·卢瑟福的指导之下，对氮元素中的超过40万个α粒子的运动路径进行了拍照，发现了质子和反冲原子核的运动轨迹，但是没有发现脱逃而出的α粒子。他断定，α粒子肯定是被氮原子核所捕获了，并且因为碰撞质子会发射出来，所以氮核的质量只会增加而不会减少。[1]另一方面，威廉·D.哈金斯和R. W.瑞安在芝加哥大学得到了一些不同的实验结果。[2]他们使用

---

[1] 欧内斯特·卢瑟福的文章，载《科学》，第62卷，1925年，第210、211页。

[2] 《美国化学学会期刊》，第45卷，1923年，第2095页；《自然》，第115卷，1925年，第493页。

了清水法，对 α 粒子在空气中的运动路径进行拍照，记录了 α 粒子分为三支即质子、原子核和 α 粒子路径时的碰撞。结果是，α 粒子并没有穿透原子核，也没有和原子核相结合，这可能是因为在碰撞发生之前，α 粒子就已经损失了一些运动能量。除了这些实验，1926 年，柏林的弗里茨·帕内特和沃尔特·彼得斯[1]在元素嬗变方面也进行一些实验，是关于氢转化为氦的实验。他们并不是通过放电，而是通过简单的催化作用完成了这些实验。当受到氦原子原子核的撞击时，氦变成氟，然后变成氢和氧。芝加哥大学的威廉·C. 哈金斯将这一现象报告给了华盛顿的国家科学院。

N射线

从心理学角度来讲述，N射线相关的事件十分有趣。一位在南锡的法国实验家相信自己观察到了一种新的射线，是由像淬火钢一样的处于应变状态下的固体所发射的。据称这些射线可以让本来带有微弱光芒的有磷光涂料的屏幕变得更亮。[2]一些实验家声称自己成功观测到了这种射线，但是法国、英国和德国一些资深的观察者在进行尝试之后，并没有观察到所谓的射线现象。最终连这位最初的发现者都不能让人满意地经受住一些客观考验，比如拍照等，所以大家也就逐渐不再相信了。光的亮度的变化似乎是由视网膜引发的，[3]也就是完全主观的原因，这一现象也被认为是纯粹的心理—生理现象。

热学

"黑体"实验

斯图尔特和基尔霍夫提出的"黑体"需要实验进行验证，但是这方面的实

---

① 《科学》，第 64 卷，1926 年，第 416 页。

② 《自然》，第 69 卷，1903 年，第 47、72、119、167 页，第 182 页有较好的整体解释内容。

③ 《自然》，第 69 卷，1904 年，第 378 页；第 70 卷，1904 年，第 198、530 页（作者为 R. W. 伍德）；第 72 卷，1905 年，第 195 页。

验室研究颇为艰难。在1895年到1901年间，即奥托·卢默（1860—1925）、恩斯特·普林斯海姆（1859—1917）和费迪南·库尔班在夏洛腾堡（Charlottenburg）帝国技术物理研究所开始进行实验的这段时间，这方面的研究未取得任何进展。他们测定了可以表示在任意给定温度下不同波长辐射强度的曲线。这些曲线表明，对于任一给定温度，某一波长辐射的强度超过其他波长辐射的强度，我们将其称之为"最优"波长。学界发现这些实验曲线很好地证明了W.维恩（1864—1928）[1]在理论上提出的"位移定律"，也就是绝对温度和最优波长的乘积是常数的定律。例如，假定绝对温度为1000° T，当 λ =3.1μm时，辐射强度最大；当绝对温度为2000° T时，波长相对较短时，即 λ =1.5μm时，辐射强度最大。这跟维恩提出的位移定律是一致的，因为1000×3.1=2000×1.5（近似）。奥托·卢默、恩斯特·普林斯海姆和费迪南·库尔班所进行的实验成为普朗克理论研究的指南。

瑞利的理论公式

实验研究和理论研究在当时都很丰富。瑞利勋爵（约翰·威廉·斯特拉斯，1842—1919）[2]在自己1900年的论文中提及了玻尔兹曼、W.维恩和普朗克在"黑体"辐射方面提供的公式（较为早期的研究结果），并且谈到"从理论层面来讲，我认为这些研究结果其实跟猜测没有什么区别"，"这个问题应该用实验来解决，但是同时，我想大胆地提出一个修改……其对我而言，更像是从事实推断结果"。他间接地提及了"能量均分定律"，该定律认为"应该比较公平地看待每种振动的形式；另外尽管因为一些至今为止的原因，这一定律大体而言是失败的，似乎我们应该将其应用到更重的振动方式中去"。这一能量均分定律受到了数学物理学家克拉克·麦克斯韦、路德维格·玻尔兹曼（1844—1906）和约西亚·维拉德·吉布斯（1839—1903）的重视。这几位杰出的学界领军人物从地理位置上而言相距极远，分别在英国剑桥、奥地利维也纳和美国康涅狄格的纽黑文，但是他们都基于概率论创立了"统计力学"。这些统计手段开始在辐射理论

---

① W.维恩，《辐射的量子理论》，柏林，1893 年，第 55 页。

② 瑞利勋爵的文章，见《哲学杂志》，第 49 卷，1900 年，第 539 页；《自然》，第 72 卷，1905 年，第 54 页。

中发挥起了重要作用。

瑞利勋爵在推导自己的公式时，首先考虑了一根长度为l的拉紧的弦线的横向振动。如果a是传播速度，p是任何一种振动方式细分后的数目，λ是波长，v是振动频率，那么鉴于$v\lambda = a$和$l/p = \lambda/2$，所以我们可以得出$v = ap/（2l）$。当振动从一种模式变化成下一种时，p也会变成$p+1$，或者$2l/a \cdot dv$。如果e表示单个运动的动能，那么均分定律意味着跟间隔dv相对应的动能应该为$2le/a \cdot dv$。这一表达式适用于弦线的所有部分，因此代表着动能的纵向密度。

如果涉及三维的话，则要考虑到边长为l的立方体内部的振动。在这种情况下，细分振动会出现在三个方向上。我们用三个整数p、q和r分别代表这些细分振动。我们可以将p、q和r看作一个点的三维坐标，这样得到的由点组成的体系就构成了一个代表体积–密度统一体的立方阵列。如果R代表坐标原点到其中任意一点的距离，我们就会得到以下表达式，即$R^2 = p^2 + q^2 + r^2$。而至于振动频率v，我们也可以得到一个跟振动弦线相似的公式，即$v = aR/（2l）$。忽略dR的高次幂，那么R和$R+dR$之间球体部分的体积为$4\pi R^2 dR$。这个表达式显示的是这个间隔内点的数目。但是我们由v得出的表达式为$dv = a/（2l）\cdot dR$，如果用这个值来代替dR的话，那么点的数目就是$4\pi（2l/a）^3 v^2 \cdot dv$。这一数值代表的是跟$dv$相对应的振动模式的数量。如果我们用$\lambda$代替$v$，并且记住$v\lambda = a$，且$v \cdot d\lambda + \lambda \cdot dv = 0$，那么得到的振动模式数为$32\pi l^3 \lambda^{-4} \cdot d\lambda$。如果现在我们再根据辐射中能量均分原理，假定每种运动模式的动能e是相同的，那么我们就可以得到跟$d\lambda$和单位体积（$l^3 = 1$）相对应的动能为$32\pi e\lambda^{-4} \cdot d\lambda$。如果我们将所有的能（动能加势能）视为动能的两倍，并且记得e跟绝对温度T成比例，那么我们会得到以下表达式：

$$C_1 T\lambda^{-4} \cdot d\lambda$$

其中C_1是一个常数，表示的是波长从λ到$\lambda+d\lambda$这段间隔内单位体积的全部辐射能。瑞利勋爵知道这一公式跟长波λ相关的实验数据是一致的，但是跟短波的数据不相符合。J. H. 琼斯等人之后重新审视了瑞利公式的推导过程，似乎是遵循能量均分定律、经典热力学定律（跟能相关的）和电动力学定律（跟将辐射视为电磁现象相关的）必然会得出的结果。但是瑞利的公式无法正确地解释大约同一时期奥托·卢默、恩斯特·普林斯海姆和费迪南·库尔班公布的观测数据。特别是在短波方面，差异很大。根据这一公式，在任一给定温度T下，能量主要集中在波长较短的那部分光谱内，因为这一部分中，λ很小，而λ^{-4}则会随着波长λ的减小而急剧增加。那么问题出在什么地方呢？如果能量吸收和释放的过程是连续的（正如我们一直假定的那样），那么能量的均分定律已经被证明是必然的结果。这一定律适用于辐射吗？

普朗克的量子理论

马克斯·普朗克本人反对能量的均分定律，为此他推导出了一个与观察结果相符合的理论公式。在这一公式的推导过程中，他大胆地采用了一个新的让人震惊的假定，使得现在物理学的根基正在发生根本性的变化。马克思·普朗克于1858年出生在基尔，曾在慕尼黑学习过几年，还在柏林待过一年，期间听了赫尔曼·H. 亥姆霍兹、罗伯特·基尔霍夫和魏尔施特拉斯的课程。他在慕尼黑当了几年的私人讲师，1889年在柏林接替了古斯塔夫·罗伯特·基尔霍夫的职位。1912年，他成为柏林普鲁士科学院的常任秘书，于1896年开始发表一些关于辐射的内容，但是直到1900年才提出了量子理论。

在相对早期的研究中，马克斯·普朗克对维恩提出的辐射公式印象很深，他提出的因子为λ^{-5}，而瑞利公式中的因子为λ^{-4}。曾经有一段时间普朗克受到自己错误印象的影响，即认为维恩的公式是唯一一个跟热力学第二定律相符合的公式，因此研究进行得十分费力。后来夏洛腾堡的奥托·卢默和恩斯特·普林斯海姆以及H. 鲁本斯（1865—1922）和费迪南·库尔班在"黑体"上的实验使得他放弃了这样的想法。马克斯·普朗克的思索过程如下：在不知道原子确切结构的前提下，假定存在振动频率为v的"振动体"。振动体会释放辐射，因此自身会损失能量。除非有新的能量补充进来，否则它会逐渐进入静止状态。如果有和这一振动体振动频率一样的辐射落到振动体上，那么这些辐射会被吸收。如果存在一个可以从周边吸收辐射而保持自身温度恒定不变的辐射物体，其含有大量振动频率为v的振动体，那么这些振动频率为v的振动体的吸收和释放必定会维持在均衡状态，即释放的能量必然等于吸收的能量。马克斯·普朗克假定在物体内部存在着众多不同组的振动体，并且每组的振动频率都是独一无二的。这样的物体的辐射就和一个"黑体"的辐射是相同的。假设Nv是频率为v的振动体的数目（假定数量很多），它们加在一起的能量为Ev。任何一个振动体的能量都是一个变量：吸收能量时增加，释放能量时减少。那么显然，平均能量就是振动体的总能量除以振动体的数量，即$Ev \div Nv$。普朗克遇到了如下问题，总共有多少种方式可以对任一频率v下的Nv个振动体中分配能量Ev？如果我们可以不加限制地以任意一种方式对Ev进行分割，那么分配能量的方式也是无限的。但是如果我们假定Ev是由一定数量的p构成的，而且它们是不可分割、有限且相等的，那么能量分配的方式就是有限的，并且可以通过算数的组合理论来确定这一数字。

在以上这两种假说中，一种是假定我们可以对振动体的能量进行不受限制的无数次分割，其可以推导出能量的均分定律和相对应的辐射公式，但是马克斯·普朗克发现其跟观测结果相矛盾。

马克斯·普朗克之后尝试了另外一种假说，这种听起来有些奇怪的假定认为能量是由不可分割的单元（量子）组成的，而对于具备相同频率v的同一组振动体而言，这些能量单元的分配方式是有限的。此外，这一假说也认为不同组振动体的频率是不一样的。这种有限性使得能量分配模式要遵从概率论。H．A．洛伦兹在评论这一大胆的假说时说："我们必须记得，只有那些辛勤工作并且深入思考的人才具备获得这种灵感的好运气。"[1]

借助维恩提出的"黑体"辐射"位移定律"，马克斯·普朗克认为不同频率振动体的量子大小是不一样的，它们的大小同频率v成比例，并且可以用hv来表示，其中h是常数，现在被称为"普朗克常数"。因此，高频率能量量子要大于低频率能量量子。马克斯·普朗克使用了O．罗默等人的观测结果，并发现$h = 6.5 \times 10^{-27}$尔格/秒。[2]

如果说振动体组Nv的动能E是由P个无法分割的部分或者量子组成的，那么根据组合理论，振动体中能量分配方式的数目为

$$\frac{(N+P-1)!}{(N-1)!P!}$$

比如，我们假定频率为v的振动体的数目为2，量子数为3，也就是说$Nv=2$，

---

① H．A．洛伦兹的有关文章，见《自然科学》，第13卷，1925年，第1081页。

② 马克斯·普朗克，《能量守恒原理》，1897年，第2卷，第237页。马克斯·普朗克早期关于辐射的主要论文都发表在《奥斯特瓦尔德的精确科学经典》上，编号为206。

P=3。通过这一公式或者通过试验，我们发现对于这两个振动体中的3个量子存在四种分配的方式，分别是：1,2；2,1；0,3；3,0。假设另外一组振动体的频率翻倍，那么Nv=3，P=5。这一组振动体中能量分配方式为2l。因此，把这两组振动体和在一起，能量的分配方式就会是$4 \times 21 = 84$（种）。

现在假设这两组振动体相同的总能量在其中的分配是不平均的，比如第一组中，Nv=2，P=5，第二组中Nv=3，P=4，那么振动体中能量的分配方式第一组为6，第二组为15。如果两组加起来的话，这一数字就为$6 \times 15 = 90$，而第一次试验中的数字为84。

因此，对处于热平衡状态下的物体的固定动能进行分配的方式的数目，会随着相同频率的振动体组Nv的能量分配模式变化而变化。不同振动体组中总能量的分配存在确定的方式，其会确保该物体中振动体能量分配方式的数目达到最大值。这一最大值代表的是物体处于均衡状态下的实际状况，并且得到了每一组振动体Nv的能量。知道了每一组Nv的能量Ev，我们就可以通过$Ev \div Nv$得到每一个振动体的平均能量。从这些数据中，我们可以得到频率间隔从v到v+dv之间单位体积的动能，或者可以取波长的间隔，比如从λ到λ+dλ。

马克斯·普朗克最后提出的辐射公式相当复杂。其给出了波长为λ的辐射强度公式，即

$$hc^2/\lambda^{-5}\left(\mathrm{e}^{\frac{hc}{k\lambda T}}-1\right) \tag{1}$$

式中，h是普朗克常数；k是另外一个常数，称为玻尔兹曼常数；hc/k=1.436厘米·度。他公布了得出公式（1）的几种不同方式。

在普朗克公式中，因子λ^{-5}会随着λ的减小而急剧增加。然而，这一公式没有遭遇瑞利公式的难题，即在短波情况下会产生过度的能量。因为分母的值会增加，并且增加速度很快，使得整体的表达式跟已知的实验结果是一致的。

当λT的值很小时（也就是说与hc/k比较起来很小时），普朗克的公式（1）就相当于W. 维恩的公式；当λT的值很大时，其就相当于瑞利的公式。如果普朗克常数h接近0的话，或者说如果抛弃能量量子存在的假定，那么无论λT取何值，普朗克公式都等于瑞利公式。

起初，马克斯·普朗克假定吸收和发射都是不连续的。他在1912年所著的

《热辐射》一书第2版中，为了减少经典理论和量子理论之间的冲突，指出只有发射是不连续的，再之后，他又回到了最初的假定。

之所以要十分详细地论述瑞利和普朗克公式，是因为我们希望向读者展示物理学曾经遇到了一堵无法逾越的石墙，同时指出物理学在先前迈进的过程中出现的一个伟大转折点。

根据马克斯·普朗克的量子理论，能量并不是从辐射体中流出，而是以彼此分离的粒子组合的形式向外发散。能量是颗粒状的，但是不同频率辐射的$h\nu$粒子大小是不同的。

普朗克公式引起了物理学界的关注，不是因为其论证逻辑具有极强的说服力（他的论证十分复杂，而且不是决定性的），而是因为其完美地符合观察结果。现在量子理论和传统物理学定律之间依旧存在着难以跨越的鸿沟。

h值及其重要性

马克斯·普朗克估计h的数值为6.5×10^{-27}尔格/秒。想测定小数第二位通常是十分困难的。后来的一些测定结果如下：杜安[1]和F. L. 洪德，$h=6.51 \times 10^{-27}$尔格/秒；D. L. 韦伯斯特[2]，$h=6.53 \times 10^{-27}$尔格/秒；E. 瓦格纳[3]，$h=6.49 \times 10^{-27}$尔格/秒；伯奇[4]，$h=(6.5543 \pm 0.0025) \times 10^{-27}$尔格/秒。J. H. 琼斯[5]在谈及$h$的重要性时说道：“尽管$h$的数值很小，但是我们必须意识到其存在事关整个宇宙的存活。如果h为0的话，那么整个宇宙的所有物质能量将会在十亿分之一秒内的时间内全部消失变成辐射。例如，由于不停地发出辐射，正常的氢原子将会开始以每秒1米的速度收缩，在大约1×10^{-10}秒之后，原子和电子将会坍塌，在辐射一闪而逝中消失不见。量子理论否认任何小于$h\nu$的辐射的存在，这事实上只允许存在那些可以释放大量能量的原子所释放的辐射。”

---

[1] 《物理学评论》，第6卷，1915年，第166页；第10卷，1917年，第624页。

[2] 《物理学评论》，第7卷，1916年，第587页。

[3] 《物理学杂志》，第18卷，1917年，第440页。

[4] 《物理学评论》，第14卷，1919年，第368页。

[5] J. H. 琼斯，《原子性与量子》，剑桥，1926年，第21页。

比热和量子理论

分子热或者原子热（对单原子物质而言）的定义是比热和分子或者原子量的乘积。按照迪隆和佩蒂特在1819年进行的测定，固体的原子热是一个常数，接近6。之后通过观察人们发现，随着温度降低，比热会急剧下降。1907年，人们尝试按照分子能量沿着x、y、z三个方向均分的理论，寻找这一现象的理论解释，但是并没有取得什么结果。同年，爱因斯坦[1]放弃了均分理论，假定振动体是以产生最大概率的形式分配能量量子而存在的，并借此提出了新理论。这里原子热就成为绝对温度和$h\nu$的一个函数。根据他的理论，低温情况下，原子热减少的速度要比实验快得多。苏黎世的彼得·德拜[2]对爱因斯坦的公式进行了修正，不再假定每种物质都具备确定的频率，而是假定固体能够振动，并且产生从零到特定最大值的全频率光谱。哥廷根的M. 博恩和特奥多尔·V. 卡曼[3]对德拜的理论再次进行了修正，使其跟观察结果更加一致。他们没有同德拜一样依赖经典弹性理论，而是考虑到了物体的晶体结构，即原子空间点阵的排列方式。[4]

量子理论应用的拓展

最初马克斯·普朗克所提出的振动体只具备一个自由度，即只是在一个方向上前后运动。但若是想将量子理论应用到固体和气体的运动论中，就需要对这一理论进行拓展，使其包括在多个方向上拥有自由度的物体。1911年，在布鲁塞尔的索尔维大会上，亨利·庞加莱强调必须要考虑到在具备多个自由度的物体中，量子如何进行分配的问题。马克斯·普朗克[5]和索末菲尔德[6]先后分别在1915年和1916年独立地提出了拓展这一理论应用的方式。之后，W. 威尔逊[7]、P. S. 爱

---

[1]　《物理学年报》，第22卷，1907年，第180页。

[2]　《物理学年报》，第39卷，1912年，第789页。

[3]　物理学杂志》，第13卷，1912年，第297页。

[4]　F. 赖歇，《量子理论》，1921年，第4章。

[5]　《物理学年报》，第50卷，1916年，第385页。

[6]　《物理学年报》，第51卷，1916年，第1、125页。

[7]　《哲学杂志》，第29卷，1915年，第795页。

泼斯坦[1]、K. 施瓦茨席尔德[2]（1873—1916）和P. 埃伦费斯特[3]在这一问题上进行了更为深入的研究。1916年，爱因斯坦[4]在普朗克辐射公式上作出了重要的新的推导。

对量子理论的评价

1925年，莱顿大学教授昂德里克·安东·洛伦兹（1853—1928）在评价量子理论时说："之所以能量元素理论可以发展成为一般性的量子理论，是因为其具有强大的适应能力，可以跟理论力学的一般性理论结合起来。如果探讨的是简谐振动问题，那么能量元素最初的概念就足以应用了。后来因为考虑到'相积分'的值或者'相空间'中有界区域的面积的大小，我们也学到要将其他一些完全或者在某些条件下的周期性运动甚至非周期运动进行'量子化'。在这些情况中建立起的量子条件总是如下，即所讨论的量只能是单位值的倍数，而且在这些单位值中，必须存在常数 h。现在我们已经认识到，我们不仅需要用这一常数来解释辐射强度和强度最大值时的波长，还需要用其来解释在许多其他情况中存在的定量关系。该理论可以跟其他物理量一道测定许多东西，比如固体比热、光的光化学效应、原子中电子的运动轨道、光谱线的波长、给定速度的电子撞击下产生的伦琴射线的频率、气体分子转动速度和晶体组成部分之间的距离等。我们可以毫不夸张地说，在自然界中，正是这些量子条件使得物质可以结合在一起，同时使得其不会因为辐射而完全失去能量。我们现在讨论的是确实存在的关系，这一说法显然是具有信服力的，因为从不同现象中得出的 h 值是一致的，而且跟25年前普朗克通过当时他可以获取到的实验数据计算出来的值相差无几……当然，将这些新的观念和经典力学以及电动力学的概念进行融合依旧是一个遥远的梦想，现在的量子力学还远远没有办法解决其基本原理中存在的不连续性。"[5]

---

① 《物理学年报》，第50卷，1916年，第489页。

② K. 施瓦茨席尔德，《恒星统计的积分方程理论》，1916年，第548页。

③ 《物理学年报》，第51卷，1916年，第327页。

④ 《物理学杂志》，第18卷，1917年，第121页。

⑤ 《自然科学》，第13卷，1925年，第1082页。

低温

詹姆斯·杜瓦爵士（1842—1923）一直在刻苦研究物体在低温状态下的物理特性，他跟伦敦英国科学研究所保持了长达46年的关系。他在1893年实现了氢的液化，并在1899实现了氢的凝固。他发现了木炭在低温下具备不可思议的吸收气体的能力，这也使得1900—1907年成为了历史上一个比较重要的时间段。[①]他在低温条件下进行了金属和其他物质电常数的实验，以及化学和照相作用的实验。他发现细菌在超低温下也可以生存，发出磷光的有机体在液化空气中就不会再发光了，但是在解冻之后又继续发光。

氦的液化和凝固

1908年，荷兰莱顿的H. 卡末林·昂内斯（1850—1926）在绝对温度只有4.2K[②]的条件下实现了氦的液化。在此之后，人们通常在低压下使氦沸腾来获得更低的温度。科学家通过研究证明，在极低的温度下，一些金属会变成超导体。似乎如果温度达到绝对零度的话，原子会以某种形式处于静止状态，那么物体就会变成绝对自由的运动路径，电子可以毫无阻碍地在其中穿行。1919年，美国政府为昂内斯提供了30立方米的氦气，以帮助他进行实验。1923年，H. 卡末林·昂内斯试图使氦凝固，但是并没有取得成功。后来，他使用了平行排列的12个玻璃和6个铁质朗缪尔真空管，在他能够获得的最完美真空状态下［1/（6.5万）大气压］，用蒸发液态氦的方式实现了-272.18℃，即0.82K绝对温度。[③]1926年，在H. 卡末林·昂内斯离世四个月后，W. H. 凯索姆[④]在H. 卡末林·昂内斯的实验室中，通过将液体氦置于高压低温下的方式，成功地实现了氦的凝固。氦是在一根放置在液态氦池中的窄铜管中实现凝固的。当铜管中的氦处于86个大气压和3.2K绝对温度下时，或者处于50个大气压和2.2K绝对温度下时，就会凝固。通过改变温度和大气压，他观测到了氦凝固的曲线。在所有的气体当中，氦

[①]《史密森尼学会报告》，1923年，第550页。

[②] K表示开尔文，是温度的国际单位，减去273就是我们日常生活用的摄氏度，即4.2K，就是-269℃。——编者注

[③]《科学》，第57卷，1923年3月30日，第7页。

[④]《科学》，第64卷，1926年，第132页。

是最难实现液化和凝固的。

热力学第三定律

1906年，W. 能斯特将H. 勒·夏特列（于1888年）等人在自由能方面的研究聚焦到了一个点上，即人们有时候所谓的热力学第三定律，也就是绝对零度实际上是不可能达到的。正如马克斯·普朗克所说的，这一法则意味着在物体达到绝对零度时，固体和液体的熵都为零。G. N. 路易斯在研究这一定律时观察到了一些限制条件："如果将每种元素在晶体状态下在绝对零度时的熵取零；所有物质都有有限的正熵，但是在绝对零度的条件下，熵可能变成零，并且在完美晶体物质的情况下也是如此。"[1]

热力学和统计学

尼尔·玻尔、H. A. 克雷莫斯和J. C. 斯莱特曾经怀疑过热力学第一定律的有效性，认为这一定律在将其应用到电子上时，仅仅是一个统计学定律。[2]在物体较大的情况下，这一定律经受住了所有考验，但是爱因斯坦[3]在他的狭义相对论中以一种新的表达方式将其余质量守恒定律结合了起来，这就要求能量守恒定律必须适用于所有坐标系体系。热力学第二定律依旧是人们可以进行思辨的课题。如果世界是有限的孤立系统，那么根据热力学第一和第二定律，世界的能量是恒定的，它的现象是不可逆转的，并且它的熵会趋向最大值。如果熵达到了这一最大值，那么这个世界的有效能就变成了零，所有的运动都会停止，所有物体的温度都会变得一模一样，而且这种最终状态在有限的时间内一定会达到。G. N. 路易斯[4]说："这个世界会慢慢变老，直到某一天彻底走向死亡，这在很多人看来都是非常悲观的，这个世界的熵不断趋近最大值这一说法'必然会受到挑战'。"如果克拉克·麦克斯韦假设中能够将个体分子分开的"小妖"[5]真的存

———————

① G. N. 路易斯和M. 兰德尔，《热动力学》，1923年，第448页。

② D. L. 韦伯斯特和L. 佩奇的文章，载《国家研究委员会公报》，华盛顿，1921年，第353页。

③ 爱因斯坦，《广义及狭义理论》，纽约，1921年，第54页。

④ G. N. 路易斯，《科学的解剖》，纽黑文，1926年，第142页。

⑤ 克拉克·麦克斯韦，《热理论》，第7版，1883年，第22章，第328、329页。

在的话，那么我们所生活的世界会走向不可逆转的结局这一说法就不是事实了。但是没有这种"小妖"的干预，这种分离就不可能实现了吗？其会不会在偶然的机会下发生呢？W. 吉布斯和L. 玻尔兹曼通过统计力学证明了逆转所谓的不可逆转现象是可能实现的，只是可能性极低罢了。G. N. 路易斯[1]说："这一理念已经成为现代物理学中一个极其重要甚至是最为重要的指导原则。"

我们应该看到用于解释布朗运动的概率论是从普朗克辐射公式中推导出来的。如果说热力学第二定律并不是绝对的，而只是一个可能性极高的定律，那么随着时间的推移，一定会出现一些例外的情况，而熵一定会不断趋近最大值也还没有被证实。以两种混合气体，比如氧气和氮气的"不可逆现象"为例。取一个中间被隔开的容器，一侧装入氮气，一侧装入氧气。分子数是有限的。如果在中间隔板处打上一个洞，那么这两种气体就会因为扩散而混合在一起。这时会存在以下可能性（虽然概率很低，但是确实会存在这样的可能性），即在偶然条件下，氧气和氮气会重新分开，就像一副纸牌，在经过反复洗牌之后，某一种特定的纸牌排列方式必定会出现。

光学

菲茨杰拉德和洛伦兹收缩假说

艾伯特·A. 迈克逊和E. W. 莫利在1887年的实验似乎证明了，在它们进行实验的地方，即俄亥俄州克利夫兰的一个地下室中，没有出现所谓的"以太漂移"，也即是说地球在运动过程中会拖拽着以太一起运动。这样的结论使得物理学家们陷入了困境。那么如何摆脱这一困境呢？1895年，都柏林的乔治·弗朗西斯·菲茨杰拉德（1851—1901）[2]和H. A. 洛伦兹[3]独立、大胆地作出了以下假

---

[1] G. N. 路易斯，《科学的解剖》，纽黑文，1926年，第148页。

[2] 乔治·弗朗西斯·菲茨杰拉德，《乔治·弗朗西斯·菲茨杰拉德的科学著作》，都柏林，1902年，第15卷，第562页。

[3] H. A. 洛伦兹，《光在电介质交界面上的反射和折射》，阿姆斯特丹，第1卷，1893年，第74页。

说，即运动物体在运动方向上会缩短。一根一码长的木棍在沿着其长度方向运动时，其长度会比静止状态下的长度更短。通过这样的假定，尽管认为以太是静止不动的，不会随着地球运动而运动，依旧可以解释迈克逊和莫利的实验。用物质的电学理论来解释这一假说，可能会在部分程度上使这一收缩理论听起来没有那么奇怪。洛伦兹继续拓展了这一假说，并且推导出了距离和时间的加法理论。其背离了牛顿的经典力学，现在人们一般称其为"洛伦兹变换"。这跟现代狭义相对论已经有些相似了。

20世纪以太漂移实验

戴顿·C. 米勒和 E. W. 莫利制造了一个干涉仪，其灵敏度是 1887 年艾伯特·A. 迈克逊和 E. W. 莫利所使用仪器的 4 倍。他们在 1902 年到 1904 年间在克利夫兰进行了实验，试图确定乔治·弗朗西斯·菲茨杰拉德收缩现象会不会在某些物体中变得更为明显。通过观察，他们并没有发现存在什么区别。

1905年，当时在苏黎世的爱因斯坦提出了狭义相对论，1915年又提出了广义相对论，其部分是基于以下假定，即艾伯特·A. 迈克逊和E. W. 莫利在以太漂移方面的实验取得了否定的结果。戴顿·C. 米勒觉得不能够这样就认为实验得到了否定结果，而应该在高海拔处重复这个实验，所以他将自己的仪器搬到了加利福尼亚威尔逊山天文台，并且于1921年开始在那里进行观测。这一年中，他似乎观测到了由真正的以太漂移所引发的效应，他对应得出了地球和以太之间的相对运动为10千米/秒。之后更是有人花了很长时间去研究可能存在的实验误差，以及试图通过假定地球在空间中的某些运动来对这一现象进行解释。但是一开始所假定的这些运动都跟实验的结果相矛盾。然而，之后几年时间内所进行的所有观察都指向了"一个从头到尾一直存在的小效应，不过这一效应至今没能得到解释"。[①]他也发现"所观测到的以太漂移的方向和程度不受地方时间的影响，而且相对于恒星时间而言是一个常数"。在戴顿·C. 米勒看来，这表明了"在这些观察过程中，地球轨道运动产生的影响是极其细微的……为了对这一现象作出解释，他假定在太空中地球的恒定运动速度是超过200千米/秒的，但是由于某些

① 戴顿·C. 米勒的文章，载《科学》，第 63 卷，1926 年，第 437 页。

未知的原因，在威尔逊山天文台上的干涉仪中观测到的地球和以太的相对运动速度减小到了10千米/秒"。①每秒200千米的速度，甚至比这更快的速度是"在朝着接近黄道极的天龙座顶的地方，其位置是赤经262°，赤纬+65°"。

迄今为止，戴顿·C.米勒的实验结果依旧没有得到证明。事实上，海德尔堡的鲁道夫·托马舍克②曾经进行过两个实验，但是都没有发现以太出现任何漂移。在其中一个实验里，他使用了一个带电的电容器，因为如果电容器在以太中穿过的话，应该会产生一个磁场，但是他没有观测到磁场的出现，即使是在阿尔卑斯山少女峰进行试验也没有观测到磁场。至于第二个实验，一开始是由伦敦大学的F.T.特鲁顿（1863—1922）和H.R.诺布尔③在1903年完成的，他们用一根金属丝将带电的电容器悬挂起来完成了这一实验。如果以太真的会发生漂移的话，那么电容器就会偏转，直到跟漂移方向成直角为止。但是他们并没有观测到电容器出现偏转。这一实验的理论依旧受到怀疑。1876年亨利·奥古斯都·罗兰也进行了实验④，证明了携带电荷的物体在高速旋转的条件下会产生磁效应，这一实验在经历了彻头彻尾的批评之后，终于在最后得到了证明，并且被人们接受了。但是，特鲁顿和诺布尔实验以及托马舍克的实验极为不同，这使得他们的理论更为复杂了。在以太漂移方面，罗伊·J.肯尼迪⑤也在威尔逊山天文台进行了实验，他对艾伯特·A.迈克逊的仪器进行了完善，将仪器放入到一个装有氦气完全密闭的金属箱中，以避免大气压和温度出现任何变化。除此之外，A.皮卡德和E.斯塔赫尔在瑞士里吉山的峰顶上进行了实验，卡尔·T.蔡斯在加利福尼亚的帕萨迪纳市进行了实验，所有这些实验都取得了否定结果。

艾伯特·A.迈克逊和E.W.莫利1887年实验所得到的否定效应，在极大程度上促使爱因斯坦在1905年提出了自己的狭义相对论。这一实验似乎证明了光的

----

① 戴顿·C.米勒的文章，载《科学》，第63卷，1926年，第441、442页。

② R.托马舍克的文章，载《物理学年报》，第78卷，1925年，第743—756页。

③ F.T.特鲁顿和H.R.诺布尔的文章，载《皇家学会哲学会刊》，伦敦，第202卷，1904年，第165页。

④ 参考《亨利·奥古斯都·罗兰的物理论文》，巴尔的摩，1902年；其中还有托马斯·C.门登霍尔写的纪念词。

⑤ R.J.肯尼迪的文章，载《国家学术公报》，第12卷，华盛顿，1926年，第621页。

速度无论在地球运动的方向上，还是垂直于地球运动的方向上都是相同的。爱因斯坦因此提出了相对论原则。他假定真空中的光速在所有条件下都是相等的。

北极光

自富兰克林时代起，人们就一直思考北极光现象，富兰克林认为这一现象是电现象。1872年，佛罗伦萨的G．B．多纳蒂（G．B．Donati）认为这一现象是由太阳释放的电射线引起的。柏林的尤金·哥德斯坦（Eugen Goldstein）认为这些极光来自太阳的阴极射线。克里斯蒂安尼亚的克里斯蒂安·伯克兰（1867—1917）认同这一观点，于是制造了一个小型地球模型，试图在实验室中制造出极光现象。他将地球模型放入到真空管中，并且将其置于阴极射线之下。在模型磁化之后，光亮集中在两极附近的螺旋路径之上，赤道上也出现了一圈较薄的光圈。卡尔·斯托默详细阐释了这些现象的数学理论。

北极光的光谱十分容易辨认，因为其都是大气中的气体发射的，但是有一个例外，极光之中存在一条明亮的绿线，其 λ =5577.35Å，跟任何化学元素的光谱线都匹配不上。直到1925年，多伦多的J．C．麦克伦南和G．M．施勒姆在研究氧光谱上大量氦或者氖的掺合剂效应时才将其确定了下来。[①]其是氧光谱的一部分，不过此前并没有人观测到它。通过激发氦、氧和氮的混合物，成功地将上述谱线和氮的带光谱系拍摄在同一底片上，这样在实验室中就可以得到整个极光光谱了。

恒星的直径

早在18世纪，科学家就通过观测得出了一些行星的直径。因此1733年詹姆斯·布兰得利在给詹姆斯·斯特灵的信中写道：他使用了一个长达123英尺的惠更斯物镜，成功观测到了木星的直径。18或者19世纪的仪器不足以观察恒星的直径。1890年，艾伯特·A．迈克逊阐明了天文观测方面的干涉法。如果用带有两个小孔或者狭缝的遮挡物遮住望远镜的物镜，来自恒星的光通过这两个狭缝进入

---

① J．C．麦克伦南和G．M．施勒姆的文章，载《伦敦皇家学会公报》，伦敦，第108卷，1925年，第501—512页；《自然》，第115卷，1925年，第382、607页。

到望远镜之中，我们用望远镜进行观测时，两个图像重叠之后就会发生干涉现象。随着两个狭缝之间的距离增加，干涉条纹会逐渐变得暗淡，直到最后完全消失。学界已经证明了，如果用狭缝间距去除恒星的光的波长，其商再乘以1.22，我们就可以得到以弧度表示的恒星的角直径。[1]1891年，艾伯特·A. 迈克逊在利克天文台使用了这一方法来测定木星卫星的直径，但是那个时代的仪器不大适合用这种方式去对恒星直径进行测定。直到1920年有了更大的望远镜和干涉仪之后，人们才使用这种方法成功观测了猎户座明亮的α星，阿拉伯人将这颗星称为贝"特尔古斯"（Betelgeuse），意思是"巨人的肩膀"。这些观测是由F. G. 皮斯在加利福尼亚威尔逊山完成的。干涉仪两个镜子之间的距离，也就是我们所说的两个狭缝的距离，大约是3000毫米；用其来除以有效波长5750Å或者0.000575毫米，然后用其商乘以1.22得到结果为0.047弧秒，这就是贝特尔古斯星的角直径。

通过计算人们发现这一角直径跟从70英里外观察一个直径为1英寸的球几乎是完全一样的。为了以英里来表示贝特尔古斯星的直径，我们必须知道它的距离大约是175光年[2]，所以它的直径大约为2.4亿英里，或者说是太阳直径的300倍。在得到这一结果后不久，人们发现心宿二的直径甚至比贝特尔古斯星的更大。

红外线光谱

19世纪时，威廉·赫歇尔、M. 梅隆尼、L. 诺比利、S. P. 兰利等人研究了太阳光谱红外区的辐射热和光现象，之后图宾根的F. 帕申[3]继续对这些现象进行了深入研究。他在1894年将S. P. 兰利通过研究所得出的下限5μm提高到了9.3μm，并且在1897年对仪器和方法进行完善之后，将这一下限提高到了23μm。所以相应的，在那个时代光谱研究法的波长范围是从紫外区0.1μm到红外区23μm，这大概是8个倍频程的范围。

---

[1] 艾伯特·A. 迈克逊有关光波的摘要，见《哲学杂志》，第30卷，1890年，第2页；《光波及其应用》，载《科学》，第57卷，1923年，第703页。

[2] 光年，长度单位，一般用于衡量天体之间的距离。字面的意思的指：光在宇宙真空中沿直线经过一年时间的距离。1光年为$9.46×10^{12}$千米。——编者注

[3] H. M. 兰德尔的《红外光谱》，载《科学》，第65卷，1927年，第167页。

　　帕申和加利福尼亚大学的埃克萨姆·珀西瓦尔·路易斯（1863—1926）很早就开始对元素在红外区的发射光谱进行了研究。路易斯[1]在霍普金斯大学做实验的时候，希望能够将A. A. 罗兰的波长表进行一定的拓展，以包括光谱中的红外区。他使用了凹面光栅，十分精准地测定了钠、锂、钙、银以及一些其他元素的红外谱线。帕申使用了光栅光谱仪，我们不久之后将会看到他所取得的实验结果可以用来作证里茨的组合原理。

　　帕申和H. M. 兰德尔在1910年使用了萤石光谱仪，测定了迄今为止得到的放射线最长波的长度，在钠元素的光谱中处于比μm稍高一点儿的区域。兰德尔和米歇根大学的E. F. 巴克尔在其他元素方面进行了相同的研究。

紫外线光谱

　　跟石英、岩盐和萤石棱镜相比，玻璃吸收紫外线的能力更强。A. 科尔努测定的太阳紫外线光谱最高值为 2922 Å，而 A. 米特和 E. 莱曼在 1909 年将这一数值推到了 2912 Å。之前我们已经讲到，科学家对金属的紫外线光谱进行了研究。加利福尼亚大学的 E. P. 路易斯测定了氪和氙的紫外线光谱，并且发现了氢在紫外线区域中的连续光谱。自马克思·V. 劳厄和 W. H. 布拉格时代起，人们意识到 X 射线是波长极短的光波。它们在落到物体表面上时会使物体的电子游离出去，人们发现这对于辐射的研究十分有帮助，其刚好位于 X 射线和此前所观察到的紫外线的间隔部分，而紫外线能够达到的最远处是在 1906 年发现的希欧多尔·莱曼射线，其数值为 1000 Å。R. A. 米利根[2]和他的合作者使用了凹面光栅，成功地改善了紫外线光谱学的研究方法，使得在这一困难区域内测量波长具备了成功的可能性。他们还测定了原子序数从 2 到 13（从氦到铝）的原子中电子的第二个环或第二壳层所发射的光学光谱，这具有十分重要的意义。J. J. 霍普菲尔德拍摄了紫外线末端氦、氮和氧的光谱，并且发现跟人们所预料的不同，这些气体在这一区域中是透光的。

---

[1]　E. P. 李维斯的有关文章，载《天体物理学期刊》，第 2 卷，1895 年，第 1、106 页。

[2]　《国家学术公报》，第 7 卷，华盛顿，1921 年，第 289 页。

宇宙射线

近期英国、德国和美国的物理学家通过连续的观测作出了一个惊人的发现，即存在着比X射线波长还要短很多的辐射射线。1903年，欧内斯特·卢瑟福和J. C. 麦克伦南注意到，即使是一个绝缘性很好的验电器也会发生电荷的泄露，但是如果将其放置在厚度较高的金属盒子中，就可以减少这样的泄露。这似乎表明存在着穿透性极强的射线，而金属墙壁只能阻挡一部分这些射线。德国科学家艾伯特·格克耳分别于1910年在苏黎世和1911年在伯尔尼发现在1.3万英尺的高空中，气球中验电器的"穿透性辐射"的强度跟放置在地球表面上时的是一样的。于是他作出推断，这些射线并不是来自地球的放射性物质。不久之后，维克托·F. 赫斯[1]和维尔纳·克尔赫斯特在5.6英里的高空处，重复了气球测量实验，发现高空之中的辐射强度是地球表面辐射强度的8倍。

1922年，R. A. 米利根和I. S. 鲍恩在得克萨斯州的凯利地区将气球送到了10英里的高空处，发现辐射会随着高度的增加而增加，但是其增加速度只有赫斯和克尔赫斯特结论的1/4。为了解决跟这些射线起源相关的各种不确定性，R. A. 米利根和他的合作者在派克斯峰、之后在美国加利福尼亚州极深且有积雪覆盖的缪尔湖和箭头湖进行了实验，选择这些地方是为了避免放射性对实验地点造成污染。直到水面下45英尺时，验电器的度数一直在下降。R. A. 米利根[2]说："缪尔湖上方大气的吸收力和水下23英尺处的差不多，所以我们发现从外太空进入到地球的射线的穿透性很强，它们能够穿透45+23=68（英尺）的水，或者说6英尺的铅，之后才会被完全吸收。这种射线的穿透力比我们之前所设想的任何射线的穿透力都要强。"克尔赫斯特通过近期在瑞士所进行的实验[3]表明，这些射线在银河系、仙女座和武仙座方向上最为强烈，但是R. A. 米利根之前所进行实验得出的结论是这些射线等量地来自太空中的各个区域。R. A. 米利根发现这些射线"并不是均质的，它们在光谱上分布于一片比X射线频率高得多的光谱区域中，大约是X射线平均频率的1000倍。这些射线在撞击到物质时，会激发与康普

---

① V. F. 赫斯的文章，载《物理学杂志》，第12卷，1911年，第998页。

② R. A. 米利根的文章，载《科学》，第62卷，1925年，第445—448页。

③ W. 克尔赫斯特的文章，载《科学》，第64卷，1926年，第12页。

顿效应理论所预测的频率相近的软射线。"①这些射线占据了"三个倍频程宽的光谱区域"。

在这些射线方面研究引出了一些极为根本的问题。R．A．米利根和G．H．卡梅认为他们的实验证据表明，除了在放射性现象中存在的分裂过程之外，在自然界中还存在着一个自然建造的过程，或者说化学元素生成的过程。这些在太空中穿行的宇宙射线就表明了这些新诞生的元素在以太中运动。②根据爱因斯坦的质能关系方程，当正电子和负电子进行结合，产生氦原子或者氧、硅、镁和铁等轻原子时，能量会以以太波的形式发射出去，而这些射线代表的就是这些能量的准确数值。我们必须要警惕，这种数字上的巧合是不是只是偶然现象！

光谱成就的总结

R．A．米利根在总结光谱研究方面成就时说："为探寻看不到的以太光波而催生的新的实验技术……在过去两年的时间中已经完全填补了人工电磁波和热波之间存在的空白。在短波领域，热火花真空光谱测定法和β射线分析方法也在实践中完全填补了光学和X射线领域中存在的空白，同时在远远超过镭的伽马射线的区域，已经新发现了一组几乎无限高频的射线。在从频率为每秒10万亿亿次到频率为0（几静电场）的连续区域内，所有这些波在传播速度、偏振以及电和磁矢之间的关系等方面完全具备相同的特性，这就意味着存在着一种适用于所有波长的传播机制或者说介质，至于它的名字，我们可以将其称之为'世界以太'或者'空间'，而空间不仅意味着虚空，空间是被赋予了确定性质的虚空。"③

光量子

爱因斯坦在早期的研究当中，除了将量子理论应用到热辐射领域之外，还

---

① 若想了解具体细节和参考书目，可以参考《美国光学会期刊》，第14卷，1927年，第112页。

② 《科学》，第67卷，1928年，第401页；第68卷，第279页。

③ R．A．米利根，《米利根的油滴实验报告》，第65卷，1926年，第74页。

应用到了其他现象中，①如光学领域。马克斯·普朗克假定他的振动体以量子hv的形式发射频率为v的辐射，并且从分散的量子中吸收辐射。如果一个物体释放量子，而另外一个物体吸收量子，那么这两个物体之间的空间发生了什么呢？马克思·爱因斯坦认为在这两个物体之间的空间中所穿行的能量是由以光速传播的量子（光量子）组成的。因此他假定这些可见光以及不可见光是由彼此独立在空间中飞行的孤立成分组成的，这一理论跟牛顿的微粒说有些相似。但是量子理论认为，不可见光的部分因为频率较高，所以就比较大；而牛顿的观点则认为红色微粒是要大于紫色微粒的。爱因斯坦发现他从麦克斯韦电学理论和电子理论当中所得出来的结论跟他所进行的观测相互矛盾，为了解决这个问题，他提出了光量子。他所提出的量子有助于解释荧光、磷光和光电现象。

一个用来佐证光量子假说的实验结果是所谓的"康普顿效应"，这是由当时在圣路易斯华盛顿大学的A．H．康普顿②发现的，后来W．杜安③和P．A．罗斯④经过详细的审查证明了这一现象。A．H．康普顿在实验过程中发现固体当中所发射出的X射线频率要低于初生射线。他根据量子理论进行了解释，其认为一个光量子与一个质量为其10倍的自由电子（X射线）碰撞时，量子会被弹回，只会从高频率变成低频率，也就是从蓝色区域变到红色区域。也就是说能量为hv，动量为hv/c的量子在与自由电子碰撞的过程当中，部分能量会被电子所吸收，成为一个新的更小的量子hv，并且被弹回。这个实验用旧的光的波动说来解释是十分困难的，其十分有利于新的量子理论。

傅科实验和现代观点

1850年，珍·里昂·傅科进行的判决性实验证明了光在水中的速度比空气

---

① 马克思·爱因斯坦的文章，载《物理学年报》第17卷，1905年，第132页；第20卷，1906年，第199页；第47卷，1915年，第879页。

② A．H．康普顿的文章，载《物理学评论》，第21卷，1923年，第483—502页；第22卷，第409—413页。

③ 参考W．杜安等合著的文章，载《国家学术公报》，华盛顿，第11卷，1925年，第25—27页。

④ P．A．罗斯的文章，载《国家学术公报》，第9卷，1923年，第246页；第10卷，1924年，第304页。

中要慢，这使得人们放弃了牛顿的光的微粒说。那么光的微粒说怎么会再次复兴呢？答案是，人们认为珍·里昂·傅科的实验不再是判决性的了。亚历克斯·伍德[1]因此说："我们是以错误的方式解读了折射现象。而事实情况是，当微粒接触到水或者其他介质的表面时，它平行于介质表面的速度分量因为受到类似于摩擦力的力的影响而减小了，而其垂直于介质表面的速度分量并没有发生任何变化，因此光在水中的传播速度要比空气中的慢。这并不是我们的理论有问题，而是我们在将理论应用到这一特殊问题上时出现了问题。"

X射线的性质

一开始的时候，人们对X射线的本质感到困惑。伦琴认为它们是纵波，但是C．G．巴克拉（C．G．Barkla）在1905年发现X射线会出现部分偏振现象，因此否认了这一猜想。剑桥大学的斯托克斯和哥尼斯堡的埃米尔·维歇特（Emil Wiechert）在1896年提出了一个假说，认为X射线是以太中的脉冲，而其他人则认为X射线是飞行的粒子。1912年，马克思·V．劳厄[2]在慕尼黑进行了一个著名的实验，并且观测到了干涉现象。在此之前，即使是使用最为精准的衍射光栅也无法观测到X射线出现任何形式的弯曲。劳厄使用了一个原子具备规律间隔的晶体，将其用作了一个天然光栅，借此成功地观察到了光谱的结果，并且证明了X射线波长范围为$1 \times 10^{-9} \sim 5 \times 10^{-9}$厘米。因此看来，X射线是波长很短的光波。

现在物理学家在光和X射线是量子还是波这个问题上的立场是比较反常的。光的波动说的生命力在于，它可以十分容易地解释光的干涉现象。当然现在还没有证据证明，我们只能通过光的波动说来对干涉现象进行解释。事实上，哈佛大学的W．杜安[3]已经表明，我们可以通过量子理论来对衍射、薄板颜色和晶体光栅现象进行解释。加利福尼亚大学的G．N．路易斯从根本上重新审视了我们对于时间和因果的概念，并且发现我们不需要光以太就可以通过量子理论来对干涉现

---

[1] 亚历克斯·伍德，《求真》，伦敦，1927年，第47页。基于"波动力学"对珍·里昂·傅科实验提出的解释，可以参见《自然科学》，第15卷，1927年7月15日。

[2] W．弗里德里希的论文，见《数学和物理》，1912年，第303—322页，第363—373页；《放射性与电子学年鉴》，第11卷，1914年，第308页。

[3] W．杜安的文章，载《国家学术公报》，第9卷，1923年，第158页。

象进行解释。[1]但现在来看，这些只不过是一些巧妙的想法罢了。

光电现象和量子理论

1887年，H. 赫兹发现电火花的紫外线光落在火花隙的负电极上时，会促进放电。一年之后，德累斯顿的威廉·哈尔瓦克斯（1859—1922）发现在光的影响下，物体会放出负电。P. 勒钠发现当紫外线甚至是X射线接触到某些物体时，无论这些物体在空气中还是在真空中都会释放出大量的电子。而释放出的电子的速度跟冲击物体的光的强度无关，而是取决于其波长——波长越短速度越快；对红光或者红外线而言，并不会产生明显的电子抛射现象。光的波动说无法十分成功地解释这些现象。而爱因斯坦通过量子理论提供了一个十分简单的解释。物体的表面会通过个体量子来吸收辐射，每个被吸收的量子 hv 都会吸引出电子。其能量消耗在两个方面：一方面是将电子从物体当中拖拽出来；另一方面是给电子 $\frac{1}{2}mv^2$ 的动能。而红光和红外线太弱，没办法从物体当中脱拽出电子。爱因斯坦为我们提供了一个非常重要的公式，即 $\frac{1}{2}m^2=hv-P$，这一方程在实验中被人们用来测定不同金属的P值和h值。马克思·爱因斯坦方程式的验证过程使得R. A. 米利根[2]开始关注光波的光电实验，也使得F. C. 布莱克和W. 杜安[3]、M. 德布罗意[4]和C. D. 埃利斯[5]开始关注 X射线和 γ 射线的相关实验。R. A. 米利根认为这一方程式"就其影响力而言，是可以跟麦克斯韦方程并列的"，而且"摧毁了现行的理论，其要求在以太物理学和物质物理学的关系方面建立起一套新的理念体系"。[6]

当这一变化是从 $\frac{1}{2}mv^2$ 向 hv 反方向进行时，就出现了一个十分有意思的情况：在一个真空管中，电子雨（阴极射线）在接触到阴极时，会产生两类X射

---

① G. N. 刘易斯的文章，载《科学解剖》，第119页。

② R. A. 米利根的文章，载《电子》，第5章。

③ W. 杜安的文章，载《物理学评论》，第10卷，1917年，第93、624页。

④ 莫里斯·德布罗意的论文，在第三届索尔维大会上宣读，1921年。

⑤ C. D. 埃利斯的文章，载《伦敦皇家学会公报》，第99卷，1921年，第261页；第105卷，1924年，第60页。

⑥ 《美国哲学学会公报》，第65卷，1926年，第68页。

线，即"标识辐射"和"轫致辐射"。Ch. 巴克拉、W. H. 布拉格、W. L. 布拉格、G. 摩斯利、达尔文、M. 西格巴恩、W. 杜安和A. W. 赫尔等人已经研究过这些现象。"轫致辐射"构成了一段连续的光谱，其在某一高频段时突然停止。根据量子理论，大体而言这意味着电子的能量 $\frac{1}{2}mv^2$ 部分转换成了其他形式的能量。但是如果 $h\nu$ 更大，就没有足够的能量来产生X射线辐射，光谱到了这里也就突然停止了。[1]现在我们暂停一下，来看一下"标识辐射"，其确实是一种短波线光谱，而且很可能是从对阴极原子的最内层处产生的，其结构取决于构成对阴极的物质。所以这里我们可以进行X射线光谱分析，来确定对阴极中是否存在一些化学元素，这跟罗伯特·威廉·本生和古斯夫·罗伯特·基尔霍夫所进行的光学光谱分析是十分相似的。我们可以将这种"标识辐射"分成不同系列，即短波K系列、长波L系列和波长更长的M系列。[2]不久之后我们就会看到，G. 摩斯利证明了这些系列彼此之间是以确定的规律串联起来的，其跟元素周期表中元素的原子序数是相关的。这些"标识辐射"X射线在K、L和M每个系列的短波端处还有一个连续光谱。这个连续的带状光谱在长波一侧突然停止，而"轫致辐射"的连续光谱在短波一侧突然停止。尼尔·玻尔借助量子关系，对相邻两个体系之间的连续带状光谱作出了简要解释。[3]

巴尔莫公式和里德堡常数

在半个多世纪之前，人们已经表述出了许多发光气体和蒸气的光谱线，并且将可见光谱以及靠近紫外区域的光谱做成了波长表。但是人们一直没有发现这些光谱线的分布规律，一直到1884年，约翰·雅各布·巴尔莫公布了他现已为人熟知的公式。约翰·雅各布·巴尔莫（1825—1898）是一所女子学院的老师和巴塞尔一所大学的无薪讲师，他在1884年6月25日将自己写的关于氢光谱线的论文提交给了巴塞尔科学学会。这是他人生当中的第一次研究成果，且是在他60岁时完

---

① W. 杜安和F. L. 亨特的文章，载《物理学评论》，第6卷，1915年，第166页；F. C. 布雷克和W. 杜安的文章，载《物理学评论》，第10卷，1917年，第624页。

② F. 赖歇，《量子理论》，柏林，1921年，第140、141、142页。

③ A. 索默菲尔德，《原子结构》，第4版，1924年，第749页。

成的。约翰·雅各布·巴尔莫考虑了氢光谱中4条明显谱线的波长、[①]波茨坦的 H.C.沃格尔在1879年发现的存在于紫色区域和紫外线区域中的众多新光谱线，以及哈金斯在一些白星光谱中发现的某些光谱线。约翰·雅各布·巴尔莫发现可以用一些极小的数字来表示四种主要谱线波长之间的比率，但是这跟声学上的泛音并不相似。起初约翰·雅各布·巴尔莫只考虑了4条主要的氢光谱线，逐渐得到了一个包含基数或者因子3645.6×10^{-7}毫米的公式。而用这一基数分别乘以9/5、4/3、25/21和9/8，就得到了这四条谱线的波长。如果将4/3写作16/12，将9/8写作36/32，那么就会发现这4个分子数分别是3、4、5、6的平方，而每个分母都比对应的分子数小4。通过总结，约翰·雅各布·巴尔莫给出了公式$\dfrac{m^2}{m^2-n^2}$，其中m和n都是整数。取n等于2，m等于3、4、5……，就能够得到一系列比例，将其乘以基数之后，这些数值会完全以不可思议的准确度对应氢光谱中已经确定的9条光谱线，以及哈金斯在白星光谱中发现的认为属于氢光谱的另外5条光谱线。巴尔莫公式被视为后来所有光谱公式的模型，为光谱线理论打下了一个坚实的基础。在最近的一些文献资料当中，人们以稍微不同的形式对这个公式进行了表述。

约翰内斯·罗伯特·里德堡[②]（1854—1919）于1890年在瑞典隆德大学任讲师时，给出了光谱线系的公式：

$$n = n_0 \frac{N_0}{(m+\mu)^2}$$

式中，波数$n = 10^8 \lambda^{-1}$，波长λ以单位 Å 表示，m可以是任意一个正整数；$N_0 = 109721.6$，其相对于任何光谱系和任何元素而言都是常数，n_0和μ则是各个光谱系所特有的常数。N_0或者N_0乘以光速c则是所谓的"里德堡常数"。约翰内斯·罗伯特·里德堡曾经说过，对于任何一种元素的双重线或者三重线而言，波数差都是常数。约翰内斯·罗伯特·里德堡已经将他的公式应用到了当时周期表中已知的前三组元素中。他和约翰·雅各布·巴尔莫独立地进行着自己的研究。

① 约翰·雅各布·巴尔莫，《关于氢原子谱线波长的通信》，巴塞尔，1887年，第548—560页。第二封通信在750—752页。也可以参考《物理学年报》，第25卷，1885年，第80页。

② 《哲学杂志》，第29卷，1890年，第331—337页。

1896年，约翰·雅各布·巴尔莫[①]给出了一个新公式，其可以表示出锂和铊的光谱线系，而这跟H. 凯塞和C. 伦格在汉诺威通过观测测定的结果是一致的。约翰·雅各布·巴尔莫也表示出了氦光谱线的不同系。约翰内斯·罗伯特·里德堡的研究引起了约翰·雅各布·巴尔莫的关注，约翰·雅各布·巴尔莫评论他自己给出的新公式和约翰内斯·罗伯特·里德堡给出的公式几乎是一模一样的，唯一区别之处在于里德堡公式中的常数对于所有元素而言都是不变的，而他的公式中的常数对于每个元素而言都有特殊值。

里茨的组合原理

沃尔特·里茨（1878—1909）是一位极有天赋的瑞士物理学家，虽然正值壮年的时候就去世了，但是依旧丰富了数学物理学的内容，并且开辟了研究光谱学的新道路。他提出了线光谱的组合原理[②]，并得到了约翰内斯·罗伯特·里德堡的认可："通过系列公式本身或者常数的加减组合得到了新的公式，使我们可以从先前已知的谱系中计算得知新的谱线。"或者可以具体表述如下：我们可以将每个观测到的频率v视为两个光谱项v'和v''之间的差，所以$v=v'-v''$。这一原则在研究玻尔理论中原子不同能量级别方面发挥着十分重要的作用。一般而言，人们认为这一原则是一个统一定律，可以应用到整个光谱区域中，即从红外线到紫外线，甚至到X射线。接下来我们来阐释这一原则的应用。现在巴尔莫公式的表述为

$$v = R\left(\frac{1}{n^2} - \frac{1}{m^2}\right)$$

式中，$R=109677.7\text{cm}^{-1}$，$n=2$，$m=3$、4、5……，所以对于氢线H_α，可以得到

$$v' = R\left(\frac{1}{2^2} - \frac{1}{3^2}\right)$$

而对于H_β，可以得到

$$v'' = R\left(\frac{1}{2^2} - \frac{1}{4^2}\right)$$

---

① 《物理学年报》，第11卷，1896年，第448—464页。

② 沃尔特·里茨，《沃尔特·里茨文集》，包括全部作品，巴黎，1911年，第62页。也可以参考《物理学年报》，第25卷，1908年，第660—696页。

那么根据里茨组合原理，就可以得到一条新线，即

$$v'' - v' = R\left(\frac{1}{3^2} - \frac{1}{4^2}\right)$$

相似地，如果是对于H_γ而言，那么用H_α和H_γ则可以得到

$$v'' = R\left(\frac{1}{2^2} - \frac{1}{5^2}\right)$$

这样的话，根据组合原理就可以得到

$$v'' - v' = R\left(\frac{1}{3^2} - \frac{1}{5^2}\right)$$

F. 帕申[1]通过实验，证明了这些理论结果是正确的。他在红外线区域中发现了两条强氢谱线，其构成了一个氢光谱系。F. S. 布拉克特[2]后来通过实验发现了这一谱系当中的其他成员，也观测到了这一新谱系中的前两条谱线，即$n=4$，$m=5$、6……，如果我们认为谱线H_α的频率为两个光谱项的差，那么根据里茨组合原理就可以得到$n=1$，$m=2$和$n=1$，$m=3$的两个频率。这表明了$n=1$，而$m=2$、3、4……的线系，而希欧多尔·莱曼[3]和R. A. 米利根[4]在紫外线区确实观测到了这一线系。

带状光谱

我们将发光固体连续光谱和发光气体线光谱之间的区域称为带状光谱，因为尽管这一区域布满了彼此靠得很近的点所组成的谱线，但是因为光的色散现象，它们看起来是连续的。1885年，巴黎的亨利·亚历山大·德兰德斯对这些现象进行了深入研究。在约翰·雅各布·巴尔莫提出他的线光谱公式时，德兰德斯研究了大量的经验数据，并且得出了一个公式，成了这一领域后续相关发展的模

① F. 帕申的实验报告，载《物理学年报》，第27卷，1908年，第537页。
② F.S.布拉克特的实验报告，载《天体物理学月刊》，第56卷，1922年，第154页。
③ 《天体物理学月刊》，第23卷，1906年，第181页；第43卷，1916年，第89页。
④ R.A.米利根的文章，载《天体物理学月刊》，第52卷，1920年，第47页；第53卷，1921年，第150页。

型。[1]带状光谱是由超过一个原子组成的分子的标识光谱，就像线光谱是单原子的标识光谱一样。

哥本哈根的N. 比耶鲁姆、波茨坦的K. 施瓦茨席尔德和隆德（Lund）的T. 黑尔林格[2]对德兰德斯基于量子理论的公式和玻尔理论进行了解释。K. 施瓦茨席尔德认为带状光谱线类似于吸收气体分子旋转的不同状态。这一现象十分复杂，因为同时涉及了振动和旋转。从光谱出发，计算包括由两个原子构成的分子的惯性矩和振动频率。带状光谱分为三类：①仅仅因为分子转动而出现的在红外线光谱末端的光带；②因为振动和转动而产生的光带，③涉及分子振动和转动以及电子运动的光带。"量子理论现在已经被应用到了带状光谱中……其认为这三类光带的存在是因为分子定态跃迁分别伴随着转动量子量的变化、旋转和振动量子量的变化，以及最后一种旋转、振动和电子的量子数的变化"。[3]

光带的精细结构在部分程度上是因为分子之中同位素的差异。因此原子量为 35 或者 37 的 $Cl\pm$ 相应地产生的带状光谱线 HCl（35）和 HCl（37）在波长方面有着轻微差别，所以将两者的光谱进行重叠，就会十分明显地看到两者光谱线的精细结构。分子转动的离心力在某些情况下足以造成分子的分裂，哈佛的 R. S. 马利肯[4]在氧化钙的实验中就证明了这一点。R. T. 伯奇[5]、J. C. 斯莱特[6]、R. S. 马利肯[7]、R. 梅克[8]和 F. 洪德[9]将原子理论中与电子系相关的内容

---

① 参考 A. 索默菲尔德，《原子结构和谱线》，第 4 版，1924 年，第 719 页。

② T. 黑尔林格，《学位论文》，隆德，1918 年；《物理学杂志》，第 20 卷，1919 年，第 188 页。

③ E. C. 肯布尔的文章，载《国家研究委员会公报》，第 11 卷，57 号，1926 年，第 12 页。

④ R. S. 马利肯的文章，见《物理评论》，第 25 卷，1925 年，第 509 页。也可以参考 J. 弗兰克和 P. 乔丹的《通过冲击引发量子跃迁》，1926 年，第 249 页。

⑤ R. T. 伯奇的文章，载《自然》，第 116 卷，第 170、207、783 页；第 117 卷，第 81、229、300 页。

⑥ J. C. 斯莱特的文章，载《自然》，第 117 卷，第 587 页。

⑦ R. S. 马利肯的文章，载《物理学评论》，第 26 卷，1925 年，第 561 页。

⑧ R. 梅克的文章，载《自然科学期刊》，第 13 卷，1925 年，第 698、755 页。

⑨ F. 洪德的文章，载《物理学杂志》，第 36 卷，1926 年，第 657 页。

推广应用到了分子上，并由此提出了一个分子理论。[①] 因此，R．T．伯奇作出了如下总结："分子中价电子相关的能量等级和原子中价电子相关的能量等级本质上在各个方面都是一致的。"[②]

连续原子光谱

分子会产生连续光谱，但是说来奇怪，原子也会产生连续光谱。约翰霍普金斯大学的R．W．伍德[③]通过钠蒸气实验最先阐明了这一点。后来J．赫鲁兹马克进行了进一步研究。他们观察到，钠吸收线的序列在密度上会朝着这一线系的末端方向而增加，并且在具备了连续性之后继续向紫外线区域延伸。

哥廷根的J．哈特曼[④]已经在恒星光谱中在巴尔莫系极限处观测到了离解氢的连续发射和吸收带。我们之前谈到，即使是在X射线区域也存在着连续光谱。

尼尔·玻尔在1922年基于频率条件$h\nu=E_2-E_1$，审视了存在于线光谱系末端边缘的这些连续光谱相关的理论。[⑤]

磁光和电光现象

此前我们已经注意到，法拉第在1845年时发现磁场中光的偏振面会发生转动。与所谓的法拉第效应相似，大约25年之后，格拉斯哥的约翰·克尔（1824—1907）发现在一个磁场中，当光从打磨过的磁石磁极面反射时，偏振面也会发生转动。1876年，约翰·克尔在格拉斯哥英国学术协会的一次会议中宣布了自己的这一发现。许多物理学家在不同的磁化方向、不同的入射角以及不同的光波波长等情况下，均观察到了这一十分不显眼的现象。1890年，柏林的H．杜波依斯、1906年威斯康星州麦迪逊市的L．R．英格索尔和1912年伦贝格的斯坦尼斯拉·洛里亚专门对这一现象与颜色之间的相关关系进行了深入研究。

克尔效应这一理论引起了很多人的关注。哥廷根的W．沃伊特（1850—

① 详见《国家研究委员会简报》，第11卷，第3部分，1926年，第57号。
② R．T．伯奇的文章，载《自然》，第117卷，1926年，第301页。
③ R．W．伍德的文章，载《哲学杂志》，第18卷，1909年，第530页。
④ 《物理学杂志》，第18卷，1917年，第429页。
⑤ 参见A．佐默费尔德的《原子结构》，第4版，1924年，第749页。

1919）从现代电子理论出发，提出了一种用以解释克尔现象的理论。[1]

1879年，E．H．霍尔在约翰霍普金斯大学罗兰实验室中发现了一种现象，其虽然本质上并不是光学现象，但是经常和克尔效应一道被人们讨论。这一现象表明，在一个金属薄片中，垂直于该薄片的磁场会使通过金属的电力线发生弯曲。

1896年，阿姆斯特丹的皮耶特·塞曼[2]观察到了一个极为惊人的现象，即光谱线的磁分裂。他发现光谱线在磁场中会分解为双重线或三重线。

在努力研究可以解释这一现象的理论的众多物理学家中，包括H．A．洛伦兹和J．拉莫尔；而德拜、索末菲尔德、N．玻尔等人更是从量子理论角度出发试图解释这一现象。[3]

复杂结构的光谱线中发生所谓的反常现象，即在与磁线垂直的方向上，一条光谱线会分裂成4条、5条、6条或者更多条线。[4]R．W．伍德[5]首次在带光谱中观察到了塞曼效应。但是至今在反常塞曼效应方面，还没有出现可以令人满意的解释。

1913年，约翰尼斯·斯塔克[6]在亚琛使用了极隧射线观察到了一个跟塞曼效应十分相似的电效应。电场中的氢光谱线会分解成一组彼此靠近的光谱线，被称为"斯塔克效应"。这一现象很难通过经典理论进行解释，但是N．玻尔[7]、爱泼斯坦[8]和K．施瓦茨席尔德[9]通过量子理论十分容易地为这一现象做出了解释。

---

① 参见《国家研究委员会公报》，华盛顿，第3卷，第3部分，1922年，第260页。

② P．塞曼，《磁性对辐射现象的影响》，阿姆斯特丹，第5卷，1896年，第181、242页。

③ 参见A．兰德，《量子理论的最新发展》，1926年，第55—57页。

④ 《量子理论的最新发展》，第67—71页。

⑤ R．W．R．伍德的文章，载《哲学杂志》，第10卷，1905年，第408页；第12卷，1906年，第329页；第27卷，1914年，第1009页。

⑥ J．斯塔克的文章，载《柏林学术会议会刊》，1913年，第932页。

⑦ N．玻尔，《关于线谱的量子理论》，第一部分，第二节，1918年。

⑧ 爱泼斯坦的文章，载《物理学杂志》，第17卷，1916年，第148页。

⑨ K．施瓦茨席尔德的文章，载《柏林学术会议会刊》，1916年5月11日，第548页。

力学[①]

狭义相对论

此前我们讲过，人们认为麦克逊和E．W．莫利在1887年得到的实验结果表明，在实验的地方根本不存在以太风或者以太漂移。英国的G．F．菲茨杰拉德和荷兰的H．A．洛伦兹不愿意接受以太和地球一起运动这样的结论，于是独立地试图寻找其他方式解决这一问题。正如我们之前所讲的，他们表示如果假定处于运动状态的物体在其运动方向上会收缩，并且随着速度不断增加，收缩程度也增加，那么就可以解释这一现象。爱因斯坦在1905年进行了更深入的研究，并且作出了一个十分重要的归纳总结，也就是所谓的"狭义相对论"。在这一理论中"洛伦兹变换"是有效的。他并没有考虑以太到底存不存在的问题，而是着手在尽可能少的假说基础上建立起一个理论。这一理论的基石是两个重要的假设。第一个假设为真空中光速是常数，并且不受光源运动的影响。荷兰天文学家威廉·德西特[②]通过观测双星系，证明了光速确实不受光源运动的影响。另外一个假设是狭义情况下的"相对性原理"，其意味着：如果相对于一个坐标系而言，另一个坐标系做匀速运动，并且不发生任何转动，那么第二个坐标系中发生的自然现象所遵循的一般性规律和第一个坐标系的规律是相同的。因此，如果第二个坐标系中一个一码长的木棍在第一个坐标系观察者的眼中长度为 $\sqrt{1-\dfrac{v^2}{c^2}}$（其中 v 是第二个坐标系相对于第一个坐标系的匀速度，c 是真空中的光速），那么第一个坐标系中一个一码长的木棍在第二个坐标系观察者的眼中长度也为 $\sqrt{1-\dfrac{v^2}{c^2}}$。

对相对论这一理论进行讨论，自然免不了要严格审视一下伽利略和牛顿的运动定律。[③]牛顿第一定律（惯性定律）说道，处于静止状态的一个孤立的物体将一直处于运动状态；如果其处于运动状态，那么会沿着一条直线以相同的速度保

---

① 关于19世纪的大事记，可以参考《贺拉斯·兰姆的演讲》，载《数学物理的发展》，剑桥，1924年。

② W．德西特的文章，载《物理学杂志》，第14卷，1913年，第429、1267页。

③ 例如可以参考 E．弗罗因德利希的《爱因斯坦引力理论基础》，柏林，1920年，第29—42页。

持运动状态。但是我们无法在自然界中找到一个处于绝对静止状态的物体，这样状态的物体在地球或者太阳或者星星上都不存在。只存在相对于某些坐标系而处于静止状态的物体。爱因斯坦严格地审视了他所谓的"伽利略式的坐标体系"，在这样的体系中，惯性定律是成立的，引力场是不存在的，所以严格来说以地球为基础的坐标体系都不是伽利略式的坐标体系。"在可见的恒星体系中，惯性定律在极大程度上是有效的……伽利略牛顿力学定律只有在伽利略式的坐标体系中才是完全有效的。"爱因斯坦重新解释了 A. H. L. 菲佐关于光在通过管子中流动的水时的速度实验。A. H. L. 菲佐此前得出的结论认为水会带着以太运动，但是其运动速度会比水的运动速度慢。爱因斯坦[①]没有考虑以太是否存在，而是假定无论管子中的液体或者水是否运动，光在水中的速度是不变的。他认为这一实验是将"洛伦兹变换"应用到以下问题中时直接得出的准确结论，这一问题为：已知光在水中的传播速度和水在管子中的运动速度，求光相对于管子的运动速度。

广义相对论

爱因斯坦在1905年提出的坤论只限于匀速运动。1915年，他对这一理论进行了进一步归纳总结，得到了包含所有运动的广义相对论。广义相对论的基石是三个假定的原理：第一，"广义相对性原理"。根据这一原理，在描述物理现象时，所有坐标系都是等效的。第二，"等效原埋"。根据这一原理，惯性质量等于引力质量，得出这一原理是因为所有物休的加速度都是一样的。第三，"马赫原理"。根据这一原理，在引力场中，空间的特性是由物体的质量所决定的。因此，广义相对论为我们提供了一个引力理论，并且事实上将引力简化成了空间和时间特性，用时空连续体的曲率取代了力的引力场。由物质所决定的非欧几里得时空连续体的几何特性决定了引力现象。

这一极其精妙的理论得到了全世界的关注。极其专业的数学家们开始努力对这一理论作出更全面的阐释或者试图对其进行进一步的归纳推广。苏黎世的

[①] 爱因斯坦，《相对论狭义广义理论》，由 R. W. 劳森翻译，纽约，1921 年，第46页。

H．魏尔[1]和英国剑桥大学的A．S．爱丁顿[2]对这一理论进行了阐释，包括给广义相对论中的电学现象提供解释。加利福尼亚州伯克利的R．C．托尔曼[3]、巴黎的E．卡坦[4]和马萨诸塞州的剑桥G．D．伯克霍夫[5]也提出了一些新颖的观点。在物理学界中，踏入这一领域的研究者达到了一个惊人的比例。学界对这一理论持批判性的态度，但是相对而言，极少有物理学家旗帜鲜明地反对这一理论，包括C．L．普尔[6]、T．J．J．西伊[7]、Ph．勒纳[8]和P．潘勒维。大量的观测天文学家和实验物理学家都投身到了验证广义相对论的事业中。迄今为止，还没有任何实验物理学家通过实验得到跟广义相对论相互矛盾的结果。

在谈到与这一理论相关的验证时，我们注意到：根据广义相对论，得到的行星的运动，会跟利用牛顿万有引力定律得到的结果存在细微的差别。例如，水星椭圆轨道的主轴一个世纪的时间围绕太阳转动的弧度应该是$43''$。勒韦里耶和S．纽科姆分别在1859年和1895年，发现水星轨道近日点运动大约为每世纪$43''$，这一现象无法用牛顿经典力学来解释。因此相对论解释了一个牛顿力学无法解释的现象。在之后的计算中，S．纽科姆得到的数字为$41''$，但是天文学家恩斯特·格罗斯曼[9]进一步打破了相对论和实际观测之间的一致性。他仔细地研究了S．纽科姆的工作，以稍微不同的方式选择和处理了大量的观测数据，并通过一组数据得到的近日点运动为每世纪增加$29''$，通过另外一组数据得到的结果为增加$38''$。恩斯特·格罗斯曼得到的爱因斯坦理论数据和他观测得到的结果之间的差值

---

[1] H．魏尔，《空间、时间、物质》，由H．L．布罗泽翻译，纽约，1921 年。

[2] A．S．爱丁顿，《空间、时间及引力》，剑桥，1920 年；《引力相对论报告》，伦敦，1920 年。

[3] R．C．托尔曼，《运动相对论》，伯克利，1917 年；《通用电气评论》，第23 卷，1920 年，第486 页。

[4] E．卡坦的文章，载《数学期刊》，第1 卷，1922 年，第141 页。

[5] G．D．伯克霍夫，《相对论与现代物理学》，剑桥，1923 年。

[6] C．L．普尔，《引力与相对论》，1922 年。

[7] T．J．J．西伊，《物理力的电动波理论》，第2 卷。《关于以太的新理论》，基尔，1923 年，1926 年2 月。

[8] Ph．勒纳，《阴极射线的研究成果》第15 卷，1918 年，第117 页；第17 卷，1920 年，第307 页。

[9] 恩斯特·格罗斯曼的文章，载《物理学杂志》，第5 卷，1921 年，第280 页。

分别为14″和5″。根据相对论，像水星运动这样偏心率较高的运动轨道，其近日点的运动也会比较大。相对论还预测，那些离心率小得多的行星的近日点运动十分不显眼，甚至完全观测不到。[1]

按照广义相对论，一束光线在经过引力场时会偏离它运行的直线路径。日食发生时，我们可以看到太阳附近的行星，也可以对它们进行拍照。如果将日食期间拍摄的星体照片跟平时夜间拍摄的照片相比较，就能够比较出星体在日食期间和其他时间的相对位置。光线出现弯曲肯定会改变这些星体在视觉上的位置。1919年皇家天文学会和伦敦皇家学会派遣了一支远征队前往巴西的索夫拉尔（Sobral）和西非的普林西比岛（Principe），他们在那里获得的数据比较充分地证明了这些理论结果。利克天文台台长W．W．坎贝尔[2]和R．特朗普勒通过拍照更精确地证明了这些结果，他们加入了W．H．克罗克的日食远征队来到了西澳大利亚的沃勒尔（Wallal），并且在1922年9月21日观测到了日全食现象。W．W．坎贝尔发现星象出现了1.72″的角位移，而爱因斯坦的预测值为1.74″。

人们还对广义相对论的另一个预言进行了验证，即恒星表面产生的光谱线，在跟地球表面相同元素产生的光谱线相比时，会向红端方向移动。在太阳的案例中，这一效应十分不起眼，很难进行测量。在1919年之前，德国研究者声称他们观察到氰带出现了向红端的位移，而其他观察者特别是威尔逊山的C．E．圣约翰得到了否定的结果。[3]1923年，C．E．圣约翰[4]成功地在331条铁的光谱线中发现了光线的位移。他山此得出的结论是：这种明显的不大一致的位移不仅是因为相对性，还因为多普勒效应和光在通过太阳大气层时发生了轻微的散射现象。他证明了这三种效应是可以区分开来的。1925年，威尔逊山的W．S．亚当斯[5]在一颗重恒星中观察到了光谱向红端移动的现象。让人感到吃惊的是，原子理论中的狭

---

① 爱因斯坦，《相对论》，纽约，1921年，第150—152页。

② W．W．坎贝尔和R．特朗普勒的文章，载《利克天文台公报》，第11卷，1923—1924年，第41页。

③ E．弗罗因德利希的文章，载《自然科学》，1919年，第520页。

④ C．E．圣约翰的文章，载《国家科学学术公报》，华盛顿，第12卷，1926年，第65页。

⑤ 《科学》，第61卷，1925年，第10页。

义相对论可以用来解释光谱线的精细结构。

说来奇怪，这一十分抽象的相对性理论引发了普遍的关注。人们对于这一理论推导出来的明显悖论要么感到兴趣盎然要么十分排斥。这一理论也为幽默作家提供了创作素材。

相对论的哲学意义

V. F. 伦曾[1]说："总体而言，近些年来理论物理学方面取得的进展有一个显著特征，即新的概念和原理并不意味着要放弃此前的物理学理论。早期的理论只会成为新出现理论中的特殊情况。这方面的例子多得不可胜数，但这里我想谈论的只是相对论方面的例子。因此牛顿的理论就是狭义相对论的一种特殊情况，而狭义相对论又是广义相对论中的一种特殊情况。在我看来，黑格尔的原理最好地体现了物理学发展的这一方面，即较低阶段的真理包含在其发展之后的高级阶段中。"用爱因斯坦的话说就是：[2]"没有人敢断言，牛顿的伟大创造会在真正意义上被这一理论或者其他理论所取代。他清晰且包罗万象的理念永远不会过时，而是成为我们现代物理学理念所赖以生存的基石。"

能量和质量的相当性，太阳辐射

根据爱因斯坦的观点，[3]能量和物质相似也是具备惯性的，而这样的说法导向了一些新颖的结论。如果将形成水的适量氢和氧进行称量，然后将两者混合在一起使其爆炸，随后将其冷却，那么如果能量也具备惯性这一说法是正确的，这意味着水的重量要小于形成它的气体的重量，而重量的差值就是通过辐射而消失的热能的重量。根据理论，9×10^{20}尔格（即c^2尔格，c是光速）的能量等于一克的质量。但是辐射消失的热能数量过小，我们用今天的测量手段是无法成功测量的。

---

① V. F. 伦曾的文章，载《加利福尼亚大学学报》，第4卷，1923年，第158页。

② 《爱因斯坦在伦敦的时光》，再版见斯洛森的《关于爱因斯坦的简单课程》，1921年。

③ 爱因斯坦的相关文章，见《物理学年报》，第20卷，1906年，第627—633页；P. R. 海勒，《物理学基本概念》，1926年，第71页。

近些年来，这一理论在天文学领域中发挥了重大作用。J. H. 琼斯[1]认为，由于质量可以转换成能量，"太阳辐射源头这个长久以来困扰学界的问题似乎终于得到了解决……太阳辐射的源头就是太阳的质量。太阳通过不停地将其质量转变为能量而保持其辐射……辐射率约为每分钟2.5亿吨，这表示太阳的质量确实在减少。"

19世纪，罗伯特·迈尔和威廉·汤姆森（开尔文勋爵）曾试图解决太阳辐射源头这一难题，他们曾认为这是因为有流星陨落到了太阳中，而它们的机械能转化成了热能。后来，赫尔曼·H. 亥姆霍兹和威廉·汤姆森提出了太阳收缩理论，认为这一收缩意味着势能变成了热能。这一理论在物理学家和地质学家之间的争论中发挥了重要作用，前者认为太阳和地球的年龄不会超过6000万年或者1亿年，而后者坚持认为这样的年龄太短了，根本不足以解释地质构造和地球上生命的演化。后来随着镭的发现，这一争论戛然而止，物理学家们也愿意让地质学家按照他们的需求将地球和太阳的年龄变长。但是一些年来一些更加细致的计算使得部分物理学家相信，即使是放射现象也无法解释太阳能量这一问题，因为镭的"半衰期"比较短。如果镭的质量每1730年减少一半的话，那么其所产生的辐射也会有相应的变化，而这与实际观测结果是矛盾的。[2]我们在上文当中谈到的原子内能理论更有希望解决这一问题。这一理论是由威廉·琼斯和爱丁顿提出的，质量会转变成能。而且，威廉·琼斯还假定太阳之中存在着原子量超过铀的放射性物质。

新的量子力学

量子力学在最初提出之后，分别在1915年和1916年经历了理论的拓展和推广，但即使如此，人们发现这一理论在某些方面依旧存在不足，还需要进行修正。例如，旧的理论无法让人满意地解释塞曼效应的反常现象。至于经典力学的困境，狄拉克（Dirac）[3]曾说："长久以来，人们一直认为摆脱这一困境的重点在于经典理论中一个基本假设是错误的，而如果我们抛弃这一假设或者以一个更

---

① 威廉·琼斯，《原子性与量子》，剑桥，1926年，第12页。
② D. H. 门泽尔的文章，载《科学》，第65卷，1927年，第433页。
③ 狄拉克的文章，载《伦敦皇家学会公报》，伦敦，第110卷，1926年，第561页。

一般性的理论取而代之，那么整个原子理论就会自然浮现出来。"

哥廷根的W. 海森堡[1]在发展量子力学系统理论方面作出了一些最早的贡献，M. 博恩、P. 乔丹、W. 泡利和P. 狄拉克对W. 海森堡的部分思想进行了简化和归纳。近期，苏黎世的E. 薛定谔[2]给出了量子力学的另一种形式。他受到巴黎的路易斯·德布罗意[3]论文的启发，提出了一个可以转换成玻尔和海森堡体系的波动力学理论。玻尔轨道被一种振动类型的结构所取代了，正如E. B. 威尔逊[4]所说，这种结构的特点在某些点上类似于J. J. 汤姆逊[5]在1903年提出的理念，他多年以来一直在努力提出和验证法拉第关于力线管和光粒子的理论。在原子模型历史结束部分，我们会更加充分地谈论德布罗意和薛定谔的理论。

布朗运动

英国植物学家罗伯特·布朗[6]（1773—1858）在1827年，借助显微镜观察到了水中极小的微粒极为活跃的和极为偶然的运动。水中的每个微粒不停地重复上升、下降再上升的过程，并且彼此之间都是独立的。微粒越小，就越活跃，这也就是所谓的"布朗运动"。这种运动在其他液体中也会发生。巴黎大学的让·佩兰甚至在肥皂泡上的"黑点"托起来的小水滴中也观察到了这种运动。他认为这种运动是"永恒的和自然的"。[7]直到1876年，W. 拉姆塞才提供了一个令人满意的解释，为此他提出了一个假说，即这些运动是由粒子和运动分子碰撞所导致的。后来，约瑟夫·德耳索（1828—1891）和伊尼亚斯·J. J. 卡尔邦纳尔（1829—1889）解释道："如果液体表面较大，那么引发压力的分子运动不会造成悬浮物体的位移，因为总的来说它们往往同时在各个方向上对物体施加推力。

---

① W. 海森堡的文章，载《物理学杂志》，第33、192卷，第879页。

② E. 薛定谔的文章，载《物理学年报》，第79卷，1926年，第361、489、734页；第80卷，1926年，第437页；第81卷，1926年，第109页。

③ 路易斯·德布罗意的文章，载《物理学年报》，第3卷，1925年，第22—128页。

④ E. B. 威尔逊的文章，载《科学》，第65卷，1927年，第265-271页。

⑤ J. J. 汤姆逊，《西利曼讲座》，耶鲁大学，出版于《电与物质》，1904年，第62页；《哲学杂志》，第48卷，1924年，第737页；第50卷，1925年，第1181页。

⑥ 罗伯特·布朗的文章，载《爱丁堡新哲学期刊》，第5卷，1828年，第358页。

⑦ 阿兰·佩兰，《原子》，由D. L. 哈米克翻译，伦敦，1923年，第85页。

但是，如果表面很小，无法抵消所有这些无规则的运动，那么我们必然可以观察到因此产生的压力是不平均的，而且会时不时地从一个点转移到另一个点。而在集合定律影响下，这些压力不会是均匀的。它们的合力不会再是零，其强度和方向将处于不停的变化之中。"里昂的利昂·乔治斯·古伊（1888年）[1]、亨利·F．W．西登托普夫（1900年）和爱因斯坦[2]也都得出了相似的结论。

有趣的是，这些解释阐释了机会或者概率的概念是如何进入到现代物理学理论中的。如果因为偶然，在某一刻，这些分子或者近乎全部的分子都沿着同一个方向对某个较大的平面施加作用力，那么这个平面有可能会移动。阿兰·佩兰说道[3]："如果我们跟细菌差不多大，那么在这样的时刻（当粒子上升时），我们应该可以在粒子做这种运动时将其上升的高度固定住，而不用费力气去抬高。举个例子，如果要修建一座房子，我们就可以省去搬升物料的成本了。但是要抬举的粒子越重，通过分子运动将其抬升到某一给定高度的概率就越低。设想一块被绳子悬在空中重量为1000克的砖块。在这个过程中肯定存在着布朗运动，但是这一运动肯定极其微弱。事实是……如果想盼着这块砖头因为布朗运动而上升到第二层的概率出现，我们可能需要几个地质世纪，甚至整个宇宙本身存在的时间都不足够。"因此，在热平衡的介质当中，不存在任何能够将介质热能（分子运动）转化为功的办法这一定律。只能够是统计学定律，但是对于正常大小的物体而言，违背这一原则几乎是根本不可能的事情，而在实践中考虑这一情况也是十分愚蠢的。上述解释布朗运动的假说虽然听起来很有说服力，但是也需要实验来验证，比如1908年，阿兰·佩兰准备了适当的乳状液，在某一高度范围内测定了圆柱体中颗粒分布的实验。阿兰·佩兰在巴黎对液体中的布朗运动进行实验时，芝加哥大学的R．A．米利根[4]和哈维·弗莱彻于1911年对气体中的布朗运动进行了实验。

---

① 《物理学期刊》，第7卷，1888年，第188页。
② 《物理学年报》，第17卷，1905年，第549页。
③ 阿兰·佩兰，《原子》，1923年，第87页。
④ 《物理学评论》，第33卷，1911年，第81页；第1卷，1913年，第218页。

兰利与空气动力学

19世纪后期，一些科学家十分严肃地质疑不借助比空气更轻的气体，而成功建造出来由金属和木头打造而成的飞行机器的可行性。1894年，海勒姆·S.马克西姆在英国进行的实验事实上是支持这种观点的。华盛顿史密斯学会秘书塞缪尔·皮尔庞特·兰利进行的研究打消了这些怀疑。多年来，他一直进行着支承面的实验，并且在自己所著的《空气动力学实验》（1891年）和《风的内功》（1893）进行了论述。他指出一块在其运动方向上倾斜的薄板在静止空气中可以高速前进，空气的反作用力会产生抬升的力。他获得了一些定量数据，发现在一些确定的条件下，航空飞行所需要的能量理论上会随着飞行速度的增加而减少，而实际中会减少到某一极限值。这就是所谓的"兰利定律"，这在实践中已经得到了证明，不过因为随着速度增加能量需求减少会造成一定的安全问题，所以这一定律的实际应用十分有限。1896年5月6日，塞缪尔·波尔庞特·兰利在距离华盛顿30英里外的波托马克河上的游艇中，使用自制的一个飞行设备（"天空奔行者"）实现了第一次飞行。这并不是一次公开实验，所以目击者只有亚历山大·格雷厄姆·贝尔（1847—1922）。亚历山大·格雷厄姆·贝尔当时的描述[1]为："当时他告诉我，飞行设备包括蒸汽发动机和所有配件的总重量是25磅，支承面从一端到另一端的距离为12或14英尺……这一飞行设备……从水上20英尺的飞行平台起飞，一开始直接迎着风飞起，全程保持着惊人的稳定性，后来开始绕着直径大概100码的大型曲线轨迹飞行，并且一直攀升，直到其中的蒸气全部耗光。整个过程估计一分半钟，飞行最高高度我估计有80到100英尺。随后飞行设备的轮子停止了转动，整个机器失去了螺旋桨的助力。但出乎我的意料，这一设备并没有坠落，而是缓慢地下降，以至于接触到水面时都没有产生什么水花。事实上，他当时还准备立刻进行第二次实验。"亚历山大·格雷厄姆·贝尔用一个袖珍相机拍了照片，这一照片后来进行了放大。[2]1897年，塞缪尔·皮尔庞特·兰利[3]在评估自己所做的这一工作时说："我对于这些工作取得的结果只有

---

[1] A. G. 贝尔的文章，载《自然》，第54卷，1896年5月28日，第80页。《1987史密森尼学会的报告》，1987年，第169—181页。

[2] 《1900史密森学会的报告》，1900年，第216页。

[3] 同上，第216页。

纯粹科学研究上的兴趣。也许如果我从一开始就预见到需要这么多辛勤的工作，需要投入这么多的时间和精力，那么我可能在开始这一工作前就会犹豫不定。如果有回报的话，现在应该去寻求回报了，我在这样一项艰难的任务中已经尽我所能完成了我的工作，并且取得的结果可以给他人带来好处。我已经结束了这一部分看起来专属于我的工作——证明了机械飞行是可以实现的……下一个阶段，即使这一想法的实际应用和商业化，也许应该交给别人来完成。"

这一飞行设备的成功使人们萌生了载人飞行器的想法。塞缪尔·皮尔庞特·兰利有些犹豫，但是在麦金莱总统的鼓励之下，继续投入到了这项工作中。1898年，他获得了5万美元的拨款。内燃机那时开始引起了人们的注意，他发布了制造一个12马力且重量不超过100磅的内燃机的合同，但是发动机制造者却没办法制造出这样的机器。机械工程师查理斯·M.曼利同意与塞缪尔·皮尔庞特·兰利合作制造这样的发动机。查理斯·M.曼利充满热忱地投入到了制作工作中，在进行了一些实验之后，制造出了以太52.4马力的内燃机，其重量为187磅，速度为每分钟950转。1903年，查理斯·M.曼利在驾驶时使用这一发动机进行实验，但是在驾驶过程中遇到了一些麻烦，整个机器掉到了波托马克河中。第二次尝试也没有取得成功，方向舵和发动带缠到了一起。议员和媒体对塞缪尔·皮尔庞特·兰利进行了猛烈的抨击。私人资本也表示，除非是为了商业化做准备，否则不会再为这样的尝试提供资金支持。[1]塞缪尔·皮尔庞特·兰利于1906年离世。

1914年，人们在使用了新发动机的情况下，用塞缪尔·皮尔庞特·兰利的机器成功实现了飞行，用实验的方式证明了塞缪尔·皮尔庞特·兰利在飞机建造方面提出的原理的可行性。

20世纪初，人们以极大的热情投入到空中飞行的实验中。塞缪尔·皮尔庞特·兰利去世之后不久，英国的F.W.兰彻斯特和哥廷根的L.普兰特尔投入到了飞行理论的研究中。巴黎的A.G.埃菲尔为飞行实验建造了第一个具有重要意义的风洞。在欧洲，人们制造出了可以操控的气球。在美国，俄亥俄州代顿市的奥维尔·莱特兄弟于1903年第一次实现了用比空气更重的机器进行飞行。奥维

---

① 《1918 史密森尼学会的报告》，1918 年，第 157—167 页。

尔·莱特兄弟发明了一种控制系统，之后的飞行设备中都采用了这样的系统。欧洲和美国的发明家们开始积极投入到飞机的设计中。"一战"之前，最成功的机型莫过于路易斯·布莱里奥特（Louis Bleriot）、莫拉莱和纽波特的单翼飞机和沃伊津兄弟、亨利·法曼、格伦·柯蒂斯和莱特兄弟的双翼飞机。

物质结构

比原子更小的物体

约瑟夫·约翰·汤姆森在剑桥大学卡文迪什实验室研究X射线和稀薄气体放电的性质时，已经开始研究比原子更小的物体的实验了。我们此前讲过这个天才实验家所进行的早期研究。约瑟夫·约翰·汤姆森于1856年出生于曼彻斯特附近，曾在剑桥的欧文斯学院和三一学院学习过，是数学学位荣誉考试甲等第二名，并且在1880年获得了史密森二等奖金。他曾经接受过高强度的数学物理学训练，在这一领域最初的成果是《论涡旋环的动力学》和《动力学在物理学和化学中的应用》等论文。他在1884年到1918年担任剑桥大学实验物理学教授和卡文迪什实验室主任时，培养出了众多杰出的物理学家。从1918年开始，他保留了荣誉教授称号。1896年，在考虑气体放电时，他特别关注了戈德斯坦称之为"阴极射线"的射线，这种射线此前也引起了朱利叶斯·普吕克尔（1801—1868）、威廉姆·克鲁克斯、古斯塔夫·赫兹和伯纳德等人的关注。约瑟夫·约翰·汤姆森在1897年研究了"阴极射线"在磁场和电场中的偏转现象，并且得出结论，即这些"阴极射线"并不是以太波，而是物质粒子。他问自己："这些粒子是什么？它们是原子或者分子还是处于更好的平衡状态的物质呢？"[1]他测定了m/e的比率，其中m是每个粒子的质量，而e是每个粒子所带的负电荷。他发现这一比率"不受气体性质的影响，而且这一比率的值1×10^{-7}跟电解质中氢离子的值1×10^{-4}，即以前已知最小的值相比还要小得多。"他继续说道："m/e的值很小或许是因为m的值很小或者e的值很大，或者是因为两者的结合……在我看来，想以最简单最直

---

① 约瑟夫·约翰·汤姆逊的文章，载《哲学杂志》，第44卷，1897年10月，第302页。

接的方式对这些现象作出解释，需要从化学元素结构角度出发，而很多化学家都支持这样的观点，认为不同化学元素的原子是同类原子以不同方式聚合在一起的结果。威廉·普劳特①将这一假说表述如下，即不同元素的原子都是氢原子；这种过于准确的表述形式肯定是站不住脚的，但是如果我们用某种未知的原始物质X代替氢，那么就不存在什么跟这一假说矛盾的地方了。而诺曼·洛克伊尔爵士最近在研究星体光谱中的发现，也支持这样的说法……因此，按照这一说法，在阴极射线中就存在一种处于新状态的物质……在这种状态中，所有的物质……不同来源的物质，比如氢、氧等，事实上都是同一种类型的物质；而这一物质也是构成所有化学元素的物质。"因此在这里，我们从极其严格的实验证据中得出了最初的结论，即存在比原子更小的粒子。在此之前，人们一般认为原子是不可再分割的，古希腊人所使用的"原子"（atom）一词本意就表示a（不可）、temno（分割）。约瑟夫·约翰·汤姆森表明原子是由更小的部分组成的实验，意味着科学界迎来了一个新的时代。威廉·普劳特的假说在此前80年的时间里被正统化学家所否定，因为人们发现原子量可以不是整数，威廉·普劳特的假说现在得以复兴，并且在发现了同位素之后还焕发出了旺盛的生命力。

电子的命名

在同一时期，约瑟夫·约翰·汤姆森将这些粒子称为"微粒"。"电子"这一说法是由G. 约翰斯通·斯托尼（1826—1911）在1891年提出的，当然提出时不是作为这些粒子的名字，而是作为电基本单位的名字。他在1874年（首次发表于1881年）提议把电解时一个氢粒子所带的电荷作为一种跟光速和引力系数一样的基本单位，形成一个自然绝对计量制，以此来取代完全人为制定的CGS（厘米·克·秒）制。这些想法跟法拉第电解实验是相符的，法拉第指出电和物质一样，本质上也是由原子组成的，之后赫尔曼·H. 亥姆霍兹在1881年发表的关于

---

① 威廉·普劳特是一位英国医生，在1815年发表了一篇匿名论文，他在其中提出了如下假说，即所有其他元素的原子事实上都是氢原子的聚集。

法拉第演讲一文中更是清楚地表明了这一点。①之后人们就使用"电子"这一词来描述约瑟夫·约翰·汤姆森的"微粒"。

汤姆森和卢瑟福

欧内斯特·卢瑟福作为约瑟夫·约翰·汤姆森的学生时，曾在剑桥大学的卡文迪什实验室进行过实验研究，所以引用欧内斯特·卢瑟福本人对这一重要时期的叙述也是极有意义的。"1897年证明电子作为移动电子单位而独立存在，并且证明其质量比最轻的原子还要轻具有极其重要的意义。不久之后人们就意识到，电子必定是所有物质原子的组成成分，而且光谱产生的源头就是它们的振动。电子的发现以及采用不同方法从物质的原子中释放出电子具有重大意义，因为其进一步佐证了以下观点，即电子可能是表示化学性质周期变化的原子结构的共同单位。人们第一次看到解决所有问题中最基本的问题，即原子的内部结构的希望。这一学科分支早期的发展要归功于约瑟夫·约翰·汤姆森爵士所作出的努力，既包括他敢于进行理念上的创新，也在于他发挥自己的聪明才智，提出可以估算原子中电子数量以及探寻其结构的方式。他很早就认为原子肯定是一种被电力聚合在一起的电结构，并且大体指出了解释周期表中元素物理和化学特性不同的可能性。"②

我们之后也会看到，欧内斯特·卢瑟福本人十分积极地参与到了物质结构的研究中，并且取得了极大的成功。欧内斯特·卢瑟福于1871年出生在新西兰的尼尔森，并在新西兰读完了大学。1894年，他进入剑桥大学三一学院，之后在卡文迪什实验室进行实验研究。在1898年到1907年间，他担任加拿大麦吉尔大学的物理学教授，并且在1907年到1919年间担任曼彻斯特大学的教授。1919年，他成为剑桥大学实验物理学教授，接替了约瑟夫·约翰·汤姆森，成了卡文迪什实验室的主任。

---

① 赫尔曼·E. 亥姆霍兹，《科学论文》，第3卷，第69页。
② 欧内斯特·卢瑟福的文章，载《科学》，第58卷，1923年，第211页。

质量守恒定律被推翻

1901年，W. 考夫曼[1]宣布了一个极为重要的实验结果，即电子质量接近光速时，其质量会急速增加。这为约瑟夫·约翰·汤姆森[2]在1881年和奥利弗·海维赛德[3]（1850—1925）在1889年研究的质量起源的电磁理论提供了实验依据。这一实验证明了质量实际上是一种变量，因此质量守恒定律这一普遍性原理就被推翻了。早在1630年，法国医生让·雷伊[4]通过思辨提出了这一原理，在18世纪末期，拉瓦锡（1743—1794）接纳了这一原则，并认为其反映了那些在实验室中认真称量经历化学变化的物质的化学家们的经验。在那些条件下，人们根本不会注意到这一原理会出现任何偏差。只有当物体运动速度接近光速时，其自身的质量才会出现明显增加。

开尔文的原子模型

1901年，即在开尔文勋爵（威廉·汤姆森）提出了"旋涡原子"之后34年，他基于观测得到的新事实，又提出了一种新的原子模型。他写了一篇名为《艾皮努斯和原子化》的文章。[5]圣彼得堡的艾皮努斯十分崇拜富兰克林，也接纳了电的单流体理论。开尔文假定这一流体是由极其微小、质量相同且性质相似的物体（电原子）组成的，比可称量的原子要小得多。1902年，他说[6]，"人们现在已经普遍接受电原子这种说法了，而法拉第和克拉克·麦克斯韦也已经考虑过电原子的概念，甚至赫尔曼·H. 亥姆霍兹还清晰地提出了这一概念"，"它们比构成物质的原子要小得多，并且能够在原子占据的空间中自由通过"，而且"在物质原子内部的电原子受到指向原子中心的电力的作用"；"每一种物质内部都有

---

① W. 考夫曼，《电磁质量与速度的依赖关系》，1901年。

② 约瑟夫·约翰·汤姆森的文章，载《哲学杂志》，第11卷，1881年，第229、1230页。

③ O. 海维塞德，《论文集》，第2卷，第514页。

④ 让·雷伊，《锡和铅在煅烧过程中重量的增加》，1630年，阿兰比克俱乐部再版，第11卷，1895年。

⑤ 开尔文勋爵的文章，载《哲学杂志》，第3卷，1902年，第257页；第8卷，1904年，第528页；第10卷，1905年，第695页。

⑥ 开尔文勋爵的文章，载《自然》，第67卷，1902年，第45、103页。

电……如果电原子成功地从物质原子中挣脱出来，那么它们的速度可能会超过光速，并且是带有放射性的"。简而言之，开尔文认为物质的原子是由带正电的均匀球体所组成的，其中负电是以离散电子的形式分布的。

根据居里夫妇在1902年的表述，在他们进行研究的过程中，一直秉持着放射性是原子特性，每个原子都在不停地释放能量的指导原则。[1]

汤姆森的原子模型

约瑟夫·约翰·汤姆森进一步发展了开尔文的原子模型。他提出了以下观点，即"如果说镭原子的质量是因为其内部存在着大量微粒，每颗微粒都携带着电荷……负电荷……以及同其相等的正电荷，那么原子内部的能量应该是十分庞大的"，[2]足以使镭元素维持辐射长达3万年。1904年，他假定原子是一个带正电的球体，[3]其中有无数运动的电子。他假定原子的特性取决于电子的数量、它们在同心壳轨道上的分布状况，以及整个原子系统的稳定性。

卢瑟福的原子模型

欧内斯特·卢瑟福[4]在曼彻斯特大学的时候发现开尔文和约瑟夫·约翰·汤姆森所提出的原子模型并不能很好地解释 α 粒子在穿过不同物质如金质薄片时的散射量。于是，欧内斯特·卢瑟福对这一模型进行了修改，使内外对调。在这种模型中，正电荷集中分布在约为原子直径0.01%的原子核的中心（就像一个大教堂中的一只苍蝇一样），原子核四周环绕着电子，而电子的存在使得原子可以达到电中和，所以必须假定，原子质量的绝大部分是在正电荷上。这一原子模型有点儿像勒纳在1903年设计的"动力系"，[5]其是一个微型的行星系。如果带正电的 α 粒子靠近金原子的中心，那么运动轨迹会变成双曲线。α 粒子距离金原子核越近，所发生的偏转现象就越明显。因此欧内斯特·卢瑟福和欧内斯特·马斯登

---

① 《法国科学院通报》，第 134 卷，1902 年，第 85 页。

② 约瑟夫·约翰·汤姆森的文章，载《自然》，第 67 卷，1903 年，第 601、602 页。

③ 约瑟夫·约翰·汤姆森的文章，载《哲学杂志》，第 7 卷，1904 年，第 237 页。

④ 欧内斯特·卢瑟福的文章，载《哲学杂志》，第 21 卷，1911 年，第 669 页。

⑤ A．索默菲尔德，《原子结构》，第 4 版，1924 年，第 14 页。

通过实验测定了 α 粒子的散射，也因此为我们描述出了原子的结构。

原子序数

"原子序数"在原子理论中占据着十分重要的位置。原子序数就是原子中电子的数目，也就是门捷列夫周期表中元素的序数，即氢1、氦2、锂3、铍4等。1911年，C. G. 巴克拉[①]（当时在伦敦大学，自1913年担任爱丁堡大学物理学教授一职）进行的关于轻元素的实验表明，也许可以通过测量每个原子散射力来计算轻元素原子中的电子数量。牛津曼彻斯特大学物理学讲师摩斯利[②]（1884—1915）后来从事了这一课题的研究，后来"一战"期间死在达达尼尔。摩斯利发展了X射线光谱学。他[③]在1914年证明了将一种化学元素放在对阴极时会得到X射线的光谱，也可以得到这一元素的原子序数。他首先验证了原子量在钙和锌之间的几种元素的光谱，发现每种元素都会释放出由两条明线组成的相似光谱。他证明了光谱之中某一给定光谱线的频率几乎完全随着 $(N-b)^2$ 的变化而变化，其中 b 是一个常数，而 N 是一个整数，其在从一种元素变化到另一种元素时也会整体变化。摩斯利发现当元素按照周期表中原子量增加的顺序排列时，确定了一个跟原子序数对应的整数 N。绝大部分固体元素在实验过程中都得到了相似结果。因此他认为原子序数 N 表示的是原子核中正电荷单位的数量。鉴于在做过实验的元素中，在元素从某一种变化成下一种时，给定谱线频率的增加是一个确定的值，他因此预测在铝和金之间有且只有三种还未发现的元素。他预测了这三种元素的原子序数和光谱。他预测铀的原子序数为92，并且断定铀之前（包括铀）不会有超过92种元素。乔治斯·于尔班从巴黎前往英国，去实践莫里斯·戈德哈伯的新方法来解决一个争论已久的问题，即稀土元素的原子序数。摩斯利证明了元素的特性是由其原子序数所决定的，这在理论和实践中都有十分重要的意义。

---

① C. G. 巴克拉的文章，载《哲学杂志》，第 21 卷，1911 年，第 648 页。

② 我们引用了欧内斯特·卢瑟福描述摩斯利时所用的简介，见《自然》，第 96 卷，1915 年，第 33 页。

③ 摩斯利的文章，载《哲学杂志》，第 26 卷，1913 年，第 1024 页；第 27 卷，1914 年，第 703 页。

同位素

早在1912年，F．索迪、A．S．拉塞尔和K．法扬斯在研究放射现象时，曾怀疑同位素确实存在。哈佛大学的T．W．理查兹（1868—1928）指出不同来源的铅的原子量之间存在显著的差别。[1]他因此发现普通铅的原子量为207.19，铀铅的原子量为206.08，澳大利亚混合铅的原子量为206.34。T．W．理查兹[2]问："我们是应该称这些物质为不同的元素还是相同的元素呢？索迪教授为我们提供了一个最佳答案，他发明了一个新名字[3]，即我们应该将它们称为相同元素的'同位素'。""同位素"一词表示在化学元素周期表中"处于同一位置"。人们发现任何化学测试也无法将两种同位素区分开来。它们之间的区别仅在原子量上。一般而言，两个同位素的光谱也是相同的，但是芝加哥的W．D．哈金斯[4]和L．阿伦伯格发现在 $\lambda = 4058\text{Å}$ 的铅光谱中，铀铅的波长要比普通铅的波长更长。1919年之前，人们只知道具有放射性质的重元素才具有同位素。但是1919年，人们发现不具备放射性质的轻元素也存在同位素。早在1913年，约瑟夫·约翰·汤姆森采用了扩散的方式，将气体氖分离成了原子量不同的两小部分。在剑桥大学卡文迪什实验室工作的F．W．阿斯顿完善了此前约瑟夫·约翰·汤姆森所使用的方法，对电磁场中的正射线进行分析，[5]并且发展了正射线光谱学。[6]F．W．阿斯顿使用新的光谱仪，将不同质量的粒子分离开来，并且还可以将相同质量的粒子聚合在一起。F．W．阿斯顿[7]证明了气体氖是由原子量分别为20和22的同位素组成的，"另外还有很小的可能性，存在着第三种原子量为21的同位素"。

鉴于人们已经用化学方式测算出了氖的原子量为20.200，那么可以断言这两种同位素是以固定的比率混合在一起的。以化学方式测定的氯的原子量为35.46，并不是一个整数，但是F．W．阿斯顿发现其是由原子量分别为35和37的同位素组

———————

① T．W．理查兹的文章，载《1918史密森学会报告》，第205—219页；《科学》，第49卷，1919年，第1—11页。

② T．W．理查兹的文章，载《1918史密森学会报告》，第217页。

③ F．索迪，《放射性元素化学》，第二部分，伦敦，1914年，第5页。

④ 《天体物理期刊》，第47卷，1918年，第96页。

⑤ 约瑟夫·约翰·汤姆森，《正射线》，第7页。

⑥ F．W．阿斯顿的文章，载《哲学杂志》，第38卷，1919年，第707页。

⑦ 同上，第39卷，1920年，第449、611页。

成的，其中固定比率为3∶1。人们并未发现氢、碳、氮和氧的同位素。1920年12月，F．W．阿斯顿已经发现了9种化学元素的同位素。[1]F．W．阿斯顿所研究的元素都是气体状态下的元素。芝加哥大学的A．J．登普斯特[2]采用了一种不大一样的方式，研究了众多金属物质，包括镁、锌和钙。他发现镁有三种同位素，原子量分别为24、25和26；而用化学方式测得的镁的原子量为24.32。由于同位素的发现，原子量此前在化学中占据的主导地位多少受到了些影响。铅的两个同位素原子量相差多达8个单位，但是它们的化学性能是一样的。另一方面，元素RaD和Po原子量均为210，但是化学特性却不相同。[3]现代观点认为，原始成分的原子量均是整数。

玻尔原子

长期以来人们一直坚信原子理论肯定能够解释光谱学现象。光谱线似乎是由电子运动释放的辐射所产生的，但是热辐射复杂的实验数据催生了量子理论。所以问题就变成了要形成一个关于原子结构和动力学的理论，并且必须能够解释推导出量子理论所依据的那些实验事实。首先，原子模型应当解释原子如何释放出均匀的锐谱线。欧内斯特·卢瑟福的原子模型无法对这一点作出合理解释，因为如果说以频率ν围绕原子核运动的电子释放出频率为ν的辐射，那么因为辐射电子会损失部分能量，这意味着其在转动过程中频率会逐渐减小。尼尔·玻尔在这时开始了对这一问题的研究。1913年，尼尔·玻尔第一次发表了与该课题相关的论文。[4]他基于欧内斯特·卢瑟福模型的一般性理论，应用量子理论提出了以下三个假设：

（1）电子只会以某些特定的圆形轨道围绕原子核转动，根据量子理论，电子的动量矩是 $h/(2\pi)$ 的整数倍，其中h是普朗克常数。因此，尽管根据牛顿经典动力学，任何数量任何大小的轨道都是可能存在的，但是新理论则认为只存在着

① 《1920史密森学会报告》，第239页。

② A.J.登普斯特的文章，载《物理学评论》，第2卷，1918年，第316页；第17卷，1921年，第427页

③ A．索默菲尔德，《原子结构》，第4版，1924年，第162页。

④ 尼尔·玻尔的文章，载《哲学杂志》，第26卷，1913年，第1、476、857页。

某些稳定的运动轨道，而且它们之间的区别也是确定的能量级别的不同。

（2）正常情况下，电子以始终不变的轨道围绕原子核运动，不会吸收或者释放辐射。这再次与经典理论中的观点截然不同。

（3）当且仅当电子从能量更高的轨道落到距离原子核较近的能量更低的轨道上时，辐射才会出现。而且，当电子从能量为E_2的轨道上落到能量为E_1的轨道上时，E_2-E_1所表示的能量就是$h\nu$表示的量，其形成了均匀单色辐射。$E_2-E_1=h\nu$这一公式被称为玻尔的"频率条件"。

这一理论首先被应用到了氢原子上，其只有一个电子围绕带正电的原子核转动，但是从力学角度而言存在着无限个运动轨道。在每一组氢原子中，如果允许电子从第3、第4、第5……或者第n条轨道（"能级"）跳入第2条轨道上，那么就会产生巴尔默系的各条谱线。除此之外，如果在每一组氢原子中，电子从第2、第3……或者第n条轨道上跳入第1条轨道上，就会产生莱曼的紫外线系；如果电子是从第4、第5……或者第n条轨道跳入第3条轨道上，就会产生伯格曼的红外线系。这对于玻尔理论来说可谓是一大胜利。氢原子这一例子中，理论和观察之间这种不同寻常的一致性促使物理学家开始关注这一理论。而且玻尔理论还允许原子核出现移动，因为现实情况是原子核并不是静止不动的。在氢原子中，原子核和电子均围绕着一个重心运动。

甚至在早期的研究中，尼尔·玻尔曾尝试着构建原子序数比氢更大的元素（锂、钡、硼、碳）的原子模型。他使用了一些圆形轨道，每一轨道四周都围绕着一些电子，最外层轨道上电子的数量等于相对应元素的电子价。除此之外，W．科赛尔、L．维加德、A．索尔菲尔德和R．拉登堡等人也进行了相同或者相似的研究，但是我们只能够将这些研究视为攻克一个艰难领域的初步战斗。

毫无疑问，通过玻尔理论，我们很容易对简单电离的氦原子和一个电子以及一个拥有双倍正电荷的原子核进行处理。在这一情况中，所使用公式跟适用于巴尔默系的公式的唯一差别仅在于一个常数，其得出了一些氦的谱线系，而在此之前，人们一直误认为这部分谱线是氢谱线。[1]R．A．米利根和加州理工学院的I．S．鲍恩成功地从某些原子中相继剥离出了1、2、3、4、5、6个外层电子，并

---

[1] F．赖歇，《量子理论》，由H．S．哈特菲尔德和H．L．布罗泽翻译，第2版，伦敦，1924年，第90页。

且通过实验方式研究了这些效应。[①]

尽管只带有一个电子的氦原子很容易处理，但是想研究清楚带有两个电子的中性氦原子却极为困难，尼尔·玻尔、E. C. 肯布尔和J. H. 范弗莱克等一直尝试着攻克这些难题。[②]

椭圆轨道

正如我们此前看到的，1915年，量子理论在经过归纳推广之后，可以用于包含多个自由度的体系中了。A. 索尔菲尔德将这一归纳推广的过程应用到了玻尔原子理论中。在具备两个自由度的情况中，要想确定电子实际可行的运动轨道，必须满足两个量子条件。尼尔·玻尔曾经使用过圆形轨道，但是其只能够应用在一个量子的条件。A. 索尔菲尔德引入了椭圆轨道（在某些特定情况下，也可以是圆形），运动轨道上的每个点均是由两个变量（到一个焦点的距离和角度）所确定，因此也就能够应用两个量子条件了。后来人们对这一理论进行了进一步归纳推广，使其可以适用于具备更高自由度的体系。W. 威尔逊、K. 施瓦茨席尔德和P. S. 爱泼斯坦均为这些学科进步作出了贡献。

将相对论应用到原子中

此前我们已经谈论过在相对论影响下，行星轨道（特别是水星）的近日点运动，椭圆形电子运动轨道中应该也会出现相应的现象。1915年，A. 索尔菲尔德研究了这一问题，并且得到了极其完美的结果，解释了光谱线的精细结构。P. S. 爱泼斯坦也积极地参与到了这一深刻的数学表示方式的研究中。因为近日点的运动，轨道不再呈现出闭合特征；电子在椭圆轨道上的速度会产生变化，这又会导致电子质量出现变化。因此，电子从某一条轨道跳入另一条轨道时，不会再产生完全相同的光谱线，而是产生了紧紧相邻却存在细微差别的光谱线。例如[③]，氢线H包括五条光谱线，分为两组，分别由两条谱线和三条谱线组成。根据

---

① R. A. 米利根的文章，载《科学》，第69卷，1924年，第475页。

② 《哲学杂志》，第42卷，1921年，第123页；第44卷，1922年，第842页。

③ F. 赖歇，《量子理论》，第96页。

理论，这两组谱线之间的平均距离为0.126Å；帕申和迈斯纳通过观测发现这一距离为0.124Å。R．A．米利根说[1]："在物理学史上，像A．索尔菲尔德的相对论·双重线公式和爱泼斯坦将相同的轨道思维进行拓展，用来预测斯塔克效应中发现的多重谱线数量和特性这样依靠纯粹理论公式，在精准预测方面取得巨大成功的例子是极其稀少的。将深刻的理论分析和精准的实验技术进行结合，通过所谓的角量子数和内量子数的变化来对光谱精细结构进行解释，无疑是一项空前绝后的伟大成就。"

玻尔后来的研究结果

1918年，尼尔·玻尔提出了所谓的量子力学和经典力学之间的"对应原则"，影响程度超过了此前鲁宾诺维斯提出的"选择原则"。根据对应原则，如果量子数很高，那么电子轨道的量子理论就会变成经典力学理论。以量子力学和经典力学计算得出的用数学进行表示的频率差别是差商和微商（导数）之间的差别。量子数高意味着能级高，差商作为一个极限值会接近微商。在这种情况下，此前经典光学理论中的成果在新理论中也是有效的。经典理论已经成功解释过的发射波的强度及偏振强度问题，在新的理论中也可以通过高量子数来解释，并且通过外推法，人们大胆地将它们应用到所有量子数中。1924年，尼尔·玻尔、H．A．克雷莫斯和J．C．斯莱特在一项共同研究中，进一步发展了"对应原则"。[2]

静态原子

在物理学家和数学家忙着进行玻尔原子的动力学研究时，一些化学家提出了另外一种原子模型——"静态"原子，这跟物理学家提出的"动态"原子是截然相反的。当有一天物理学家和化学家了解到原子真正结构的有细节时，毫无疑问他们对于其结构的看法肯定会变得一致。但是就那时而言，没办法断言到底是物理学家还是化学家对原子结构的看法更接近真实情况。物理学界主要是从光谱学出发来研究原子，而化学界主要是从定位原子价出发来研究原子。加利福尼

---

① R．A．米利根的文章，载《美国哲学学会的程序》，第65卷，1926年，第74页。
② 《哲学杂志》，第47卷，1924年，第785页。

亚大学的吉伯·牛顿·路易斯[1]在1916年提出了静态原子的一种形式，后来斯克内克塔迪通用电气公司的欧文·朗缪尔（Irving Langmuir）[2]进一步发展了这一形式。这一静态原子的正电集中分布在极小而极重的原子核中，电子分布在原子核四周的空间中。后来化学家和物理学家进行了妥协，认为在这些原子中，电子运动是可能存在的。静态原子的提出满足了化学静力学的要求，暂时而言，可以很好地解决化学家面临的问题。但是从大约1923年开始，便很少有人再关注静态原子了。

e的精准测量

早在1899年，牛津大学的约翰·S. 汤森[3]证明了斯托尼的猜测是正确的，即气体中离子所携带的正电荷或者负电荷等于水的电解中氢离子所携带的电荷。自从约瑟夫·约翰·汤姆森进行了一些开创性工作之后，为了测量这一基本单位，人们提出了各种不同的方式，这些人中就包括芝加哥大学的R. A. 米利根（1921年开始在加利福尼亚理工学院工作）。他所提出的方式测得了最为精准的数值。他让油滴在两个水平板之间进行升降，并观察油滴因为捕获一个或者更多离子时的速度变化。[4]他得出的结论为：电是由相同单位组成的，单个离子的电荷始终是相等的，这一电荷单位不仅只是一个统计上的平均值，正如自发现同位素以来，人们看到原子量也不仅只是一个统计上的平均值。他通过测定，证明了本杰明·富兰克林和近代一些物理学家的猜测是正确的，即电确实具备原子结构。A. 古尔斯特兰德说道："他（R. A. 米利根）精准测定了单位电荷值，为物理学的进步做出了难以估量的贡献，因为其使得物理学家们可以以更高的精准度，计算得出众多最重要的物理学常数的数值。"[5]

---

① G. N. 路易斯的文章，载《美国化学学会期刊》，第38卷，1916年，第726页。
② 欧文·朗缪尔的文章，载《美国化学学会期刊》，第41卷，1919年，第868页。想进一步了解静态原子的细节信息，可以参考大学《普通物理学》，纽约，1923年。
③ 约翰·S. 汤森的文章，载《皇家哲学学会汇刊》，第193卷，1899年，第129页。
④ R. A. 米利根的文章，载《物理学评论》，第2卷，1913年，第136页；《哲学杂志》，第34卷，1917年，第1页。R. A. 米利根，《电子》，芝加哥，1917年，第5章。
⑤ 《科学》，第59卷，1924年，第326页。

电子和原子碰撞

此前我们谈到过 α 射线和原子的碰撞实验促使欧内斯特·卢瑟福发现了原子核，也促使 C. T. R. 威尔逊发现了释放的电子的数量和分布情况。尽管这些快速运动粒子之间的碰撞似乎符合经典力学定律，但是詹姆斯·弗兰克[1]和古斯塔夫·赫兹通过在柏林进行的实验发现，运动速度较慢的电子在与原子和分子的碰撞中所表现出来的特性，跟经典力学理论是背道而驰的，反而是验证了量子力学的正确性。在含有微量水银蒸气的真空管中，用电极处释放的电子轰击水银原子。当电极电压强到可以使电子飞行速度超过某一最低速度时，分光镜上就会出现一条确定的水银光谱线。如果电压达不到这一标准，那么电子的能量不够，无法提供所需的 hv，光谱线就不会出现。如果电子的能量 $\frac{1}{2}mv^2$ 小于 hv（其中 v 指的是原子内部电子产生的光谱线的频率），那么在任何情况下，慢速运动的电子在撞击到原子时会弹跳回来，但不会改变原子的内部能量。但是当 $\frac{1}{2}mv^2$ 超过 hv 时，电子在与原子相撞时会将其部分能量传输到原子中，电子会损失部分能量，原子的能量会相应地增加，同时"被激发"。

这些"被激发"的原子是因为在撞击作用下进入了量子状态，其本身携带的能量要比正常水平高。哥本哈根两位年轻的物理学家，即 O. 克莱因[2]和 S. 罗瑟兰在这一课题上作出了一个十分著名的推论。他们断言在热平衡的例子中，如果假定热力学第二定律是成立的，那么肯定存在某种我们尚未发现的物理学机制，其使得"被激发"的原子在完全不释放辐射的情况下，可以回归到正常状态。其可能是通过"第二类碰撞"将其过剩的能量转移至某个电子中。所谓的"第二类碰撞"是为了与产生"被激发的原子"的"第一类碰撞"做区分。S. 洛里亚[3]、G. 卡里奥（G. Cario）[4]和 K. 多纳特[5]等人在光谱线方面进行的实验佐证了这一结论。这一发现很可能帮助我们解释清楚以太波和物质互相作用方面那些模棱

---

① 《物理学杂志》，第17卷，1916年，第409、430页；第20卷，1919年，第132页。

② O. 克莱因和 S. 罗瑟兰的文章，载《物理学杂志》，第4卷，1921年，第46页。

③ S. 洛里亚的文章，载《物理学评论》，第26卷，1925年，第573页。

④ 冈瑟·卡里奥的文章，载《物理学杂志》，第10卷，1922年，第185页。

⑤ K. 多纳特，引用《物理学杂志》，第29卷，1924年，第345页。

两可的问题。斯克内克塔迪通用电气公司的欧文·朗缪尔[1]进行的实验直接证明了，在与原子和离子碰撞过程中，电子的动能会增加。

晶体结构

学界很早之前就已经将晶体形式分为了众多类型，但是研究晶体中原子分组的方式是直到近些年才出现的，这主要得益于W．H．布拉格和他儿子W．L．布拉格所进行的实验。他们发现以某种确定的方式排列晶体中的原子，晶体会变成一个光栅——其精准程度是刻线机制作的光栅的1万多倍。1912年，马克思·V．劳厄和他的合作者发现晶体可以像光栅一样衍射X射线。W．H．布拉格[2]成功地从晶体表面观察到了X射线的反射现象，也证明了X射线的衍射可以为我们提供一个用来发现X射线光谱中明线波长的简单方法。通过研究晶体所投射的不同等级光谱的位置和强度，我们可以考察晶体的结构，并且推导出晶体内部连续原子平面之间的距离。结果显示，晶体结构的基本单位是原子而非分子。查尔斯·高尔顿·达尔文和A．H．康普顿也通过X射线研究过晶体结构。奥托·莱曼证明了在某些液体中，出乎人们的意料，也存在着晶体排列结构。在一些复杂的有机物质中，当温度稍微高于它们的熔点时，这种晶体排列结构显示得最为清晰。偏振光线通过它们时，会产生某些图案和颜色。彼得格勒的艾布拉姆·T．约费（Abram T. Joffe）研究了晶体的物理变形。艾布拉姆·T．约费关于绝缘体中电势的击穿和电势与固体材料中内聚力和化学力关系的论述，在实践中具有十分重要的意义。他的研究成果为我们提供了一种新的更好的安装绝缘体和电容器的方法。[3]

原子动力学

人们期待着未来会有更加完善的理论，取代玻尔原子理论以及其所做的相对随意的假定。在这方面迈出第一步的是维尔纳·海森堡、马克思·博恩[4]和P．

---

① I. 朗缪尔，《物理学评论》，第26卷，1925年，第585页。

② W.H. 布拉格的文章，载《科学》，第60卷，1924年，第139页。

③ A.T. 约费的文章，载《物理学杂志》，第28卷，1927年，第911—916页。

④ M. 博恩，《原子动力学问题》，1926年。

乔丹，他们提出了研究原子动力学的新方式（其中维尔纳·海森堡是于1925年在哥廷根提出的）。其探讨的依旧是光谱线频率和强度的问题，玻尔原子理论是以电子围绕原子核的轨道运动作为出发点，而这一理论是以直接讨论频率和强度本身作为出发点。他们所进行的尝试是为了让这些原则更加清晰。英国剑桥大学的P. 狄拉克也进行了类似的研究。新理论最初的一些成就在于解释了塞曼效应和康普顿效应（碰撞作用下X射线和γ射线出现散射时波长和方向的变化）。

波动力学

巴黎的路易斯·德布罗意[1]提出了一个十分抽象的理论，并将其命名为"波动力学"，之后E. 薛定谔（他之前在苏黎世，后来前往柏林）进一步拓展了这一理论。这一理论跟玻尔的原子理论所探讨的内容几乎是一样的，但是声称与玻尔的理论相比解释力更强。路易斯·德布罗意将相对论应用到了量子理论中，用单位mc^2和hv来表示静止状态下单位粒子m的能量，其中c是光速，h是普朗克常数，v是周期变化的频率。这一公式为$mc^2=hv$。路易斯·德布罗意在这里提出了一个问题，即如果粒子处于运动状态，那么这一公式会变成什么形式？根据相对论，随着运动速度加快，质量会能加，频率则会显著减小，即mc^2会增加，而hv会减小。因此，上述方程是不成立的。路易斯·德布罗意在这里引入了一个新的假设，即物质粒子或者电子被裹挟在跟粒子一起运动的波群中，这些波群就像保护着粒子一样，它们的运动速度要比粒子快一点儿；它们在粒子稍前方会慢慢消失，与此同时后边会有新的波产生。路易斯·德布罗意通过这样的方式，在增加v的同时保持整个方程式的平衡。这种方式在物理学中由来已久。这跟牛顿理论中的"痉挛"有些相似。路易斯·德布罗意将这些理念应用到了沿着原子轨道运动的电子中去，并且成功地解释了玻尔实际可行轨道的整数条件，但是同时也遇到了一些新问题。这里我们需要暂停一下，并指出路易斯·德布罗意的波动力学与C. 戴维森和L. H. 杰默在贝尔电话实验室进行实验[2]得到的结果（显示了电

---

[1] 路易斯·德布罗意，《学位论文》，巴黎，1924年；《波和运动》，巴黎，1926年。参考 P. R. 海勒的文章，载《科学月刊》，1928年1月号。

[2] 《物理学评论》，第29卷，1927年，第908页。参考 W. 杜安的文章，载《科学》，第66卷，1927年，第639页。

子在镍晶体中的选择反射）是一致的。人们发现，始终存在一些满足这一方程的电子束从晶体中发散出来，它们方向十分明确，并且均对应着电子某一确定的均匀速度。

E. 薛定谔[①]在发展自己的新理论时，将路易斯·德布罗意波动力学作为了出发点。他提出了一个问题，即为什么波群中需要物质粒子呢？为什么不抛弃这一想法，让波群取而代之呢？他因此提出了"波—原子"理论。这是一个始于力学中"汉密尔顿原则"的数学理论。"波—原子"不包含转动的电子，其涵盖了玻尔原子理论的所有内容，并且还囊括了新的内容。它解释了光谱线的相对强度，而这是玻尔理论没能解释的内容。值得注意的是，E. 薛定谔理论中的原子可以毫不费力地跟经典力学进行对接。其有望调和光的微粒说或者光的量子理论和光的波动说。这两者"就像鲨鱼和老虎一样，每一个都在自己的领域内占据主导地位，但是在对方的领域却寸步难行。"波动力学有望成为一个两栖动物，在陆地和水中同样具有力量。尽管如此，没有人认为这一理论会是终极理论。杜安说："只要物理学理论能够以简单的方式解释大量事实，并且提供用于描述各类现象的术语定义和命名法，那么它们就是有用的。物理学理论是工具而不是教条。"

电学和磁学

电磁理论

R. 赫兹和O. 海维赛德在19世纪进一步发展了克拉克·麦克斯韦的光的电磁理论。人们曾经从力学角度出发，对麦克斯韦方程进行了解释。[②]H. A. 洛伦兹说[③]："我们可以给予电磁学的基本方程某种形式，使其对应力学的一般性定理；我们也可以建立力学'模型'，使其涵盖的现象可以平行延伸到电磁现象中去。但是在这一过程中，我们会遇到麻烦，除非我们想建立的模型只涵盖一些极

---

① E. 薛定谔的文章，载《物理学年鉴》，第 79 卷，1926 年，第 361、489、734 页；第 80 卷，1926 年，第 487 页；第 81 卷，1926 年，第 109 页。

② O. 洛奇，《现代电学观》，1892 年。

③ 《当代文化，物理学》，1915 年，第 323 页。

为有限的现象，否则这一模型会变得极为复杂……无法令人满意。"

克拉克·麦克斯韦理论主要是电磁场的一些普遍性理论，没有涵盖物质内部的运动。但是随着电子理论的出现，人们开始设想进一步完善电磁理论，将电的原子性这一概念纳入其中。在这个课题的研究上，莱顿的H．A．洛伦兹[1]发挥了主导性的作用。电子理论假定人们认为发生在物体内部而非以太中的电磁过程，是因为电子的位置和运动。金属的导电性可以通过电子的"自由"运动来进行解释。当电力促使非导体中的电子移动，物体就会产生偏振。磁化或多或少被视为电子的圆周运动。在新的理论表述中，麦克斯韦方程依旧是有效的。在电传导性的电子理论中，人们对金属中自由电子的数量以及它们自由运动路径的长度方面存在不同看法。直到近些年来，索末菲尔德[2]应用了罗马的E．费尔米的统计学新理论，才使得一个更具解释力的金属电子理论的出现成为可能。这一电子理论还预测当电流密度很高时，欧姆定律将不再完全适用。哈佛大学的P．W．布里奇曼[3]第一次通过实验证明了在金和银中，这一预测是正确的。他发现电阻增加了，并且比较厚的金块的增加量要超过比较薄的金块，而相同厚度情况下，金块电阻量的增加超过了银块。

电子理论一个十分有趣的应用，体现在菲茨杰拉德—洛伦兹收缩上。老瑞利勋爵指出一个正常的透明物体在收缩时，从某些方向通过这一物体的光线应该出现双折射现象。但是他本人通过实验并未发现这一现象，不仅如此，内布拉斯加大学的德·威特·布里斯托·布雷斯[4]（1859—1905）以极其灵敏的仪器（即使预测的双折射现象只显现出2%，也能够观测到）重复了瑞利的实验，但是也没有发现双折射现象。H．A．洛伦兹认为这些实验并不能证明收缩没有发生，他基于自己的理论可以对这些实验取得的否定结果进行解释，即电子收缩的比率等于透明物体收缩的比率。因此我们可以理解成这些实验，事实上是证明了H．A．洛伦兹的电子理论。在爱因斯坦提出相对论之后，H．魏尔对这一理论进行了归纳推

———————

① H．A．洛伦兹，《体验运动物体的电学和光学现象理论》，莱顿，1895年。也可以参考《当代文化，物理学》，1915年，第324页。

② A．佐默费尔德，《自然科学》，第15卷，1927年，第825页。

③ 《物理学评论》，第19卷，1922年，第387页。

④ D．B．布雷斯的文章，载《哲学杂志》，第7卷，1904年，第317页。

广，使其不仅能够用于解释引力现象，同时也能够解释电磁现象，并且还得到了与麦克斯韦电磁方程一样的方程式。这些方程式在各种不同的条件之下都具备解释力，因此拥有如魔法一般的效力。我们也许可以再次引用歌德《浮士德》中的那句话："是上帝创造了这些符号吗？"

磁子

现代人们对于磁的了解主要来自安培的理念，即磁的产生是因为电流。在解释物体的铁磁、顺磁和抗磁特性时，人们基本上考虑的是做圆周运动和椭圆运动的电子。自1903年起，J. J. 汤姆森、W. 沃伊特、P. 朗之万、P. 外斯和E. T. 惠特克等提出了与某种原子模型相关的磁学理论。P. 外斯类比电子，提出了"磁子"，用来表述基本磁体。一些物理学家也开始进行磁力学实验。俄亥俄州立大学的S. J. 巴奈特[1]和L. J. H. 巴奈特夫人第一次通过实验证明了，绕着一根巨大钢条的轴旋转该钢条就可以使其磁化，他们在1914年12月将这一发现报告给了美国物理学会。在此之前，人们所了解的磁化的唯一方式是将物体放入到磁场中。在旋转过程中，"如果磁子有角动量的话，其方向会发生变化，转动的方向会更加接近外力导致的旋转方向。""静止状态下，物体的磁子会均匀地指向各个方向，在转动开始后会沿着转动轴线被磁化。"S. T. 巴奈特在1915年更加精准地测定了旋转速度和磁化强度之间的比率，除了钢条之外，他还测定了镍、钴、软铁和赫勒斯合金磁化时的比率。

巴奈特效应是O. W. 理查森[2]所预测效应的逆效应，他预测磁化可以引发转动。1915年和1916年，爱因斯坦和W. J. 德·哈斯对这一逆效应进行了实验，之后J. Q. 斯图尔特[3]、W. 赛克史密斯（W. Sucksmith）和L. F. 贝茨通过更加全面的研究，得到了跟S. T. 巴奈特1914年和1915年实验数据接近的数据，只有

---

① S. J. 巴奈特的文章，载《物理学评论》，第6卷，1915年，第239页；《国家研究委员会公报》，华盛顿，第3卷，1922年。参考哥伦比亚大学的A. P. 威尔斯、卡内基学院的S. J. 巴奈特、伊利诺伊大学的J. 孔茨、哥伦比亚大学的S. L. 昆比、威斯康星大学的E. M. 特里和欧柏林大学的S. R. 威廉姆斯所作的关于磁理论的报告。

② O. W. 理查森文章，载《物理学评论》，第26卷，1908年，第248页。

③ J. Q. 斯图尔特的文章，载《物理学评论》，第2卷，1918年，第100页。

爱因斯坦和W．J．德·哈斯测得数值的一半，后来所测得的数值是理论要求的一半。实验中还出现了一个反常效应（类似于塞曼效应中观测到的反常效应），至今没有得到令人满意的解释。[1]

奥托·斯特恩和沃尔特·格拉克[2]的实验为证明磁子的存在提供了直接证据，他们使银挥发，让银原子从熔炉墙壁的裂缝中逃逸而出，横穿过一个不均匀的磁场，最后沉积在一块玻璃板上。这些银原子沉积在两个窄带上，几乎对称地分布在没有磁场情况下无位移带的两侧。显然有一半的银原子被极片吸引，而另一半则被排斥。他们发现气体状态下正常银原子的磁矩是玻尔磁子的磁矩。在玻尔的原子理论中，由于电子在原子轨道上的运动，磁子就是磁矩的量子单位。

接下来我们继续谈论电磁理论方面几个具备重要实践意义的发展成果。

浦品线圈

浦品线圈是长途电话中使用的一个重要发明，发明人是哥伦比亚大学的迈克尔·浦品。他在发明这一线圈的过程中进行了大量的数学分析，而且通过实验验证了这一发明。在迈克尔·浦品之前，一些人意识到金属这样不可压缩的重物跟空气相比，动力反应和弹性反应要强得多，传声效果也好得多，所以动力反应和弹性反应越强烈，即电感越高、移动电的电容越低，通过导线传递电的振动就越容易。法国的瓦希和英国的奥利弗·海维赛德研究了电话信号传输数学理论中电感的作用。绕着铁心的线圈会让人们联想到电感，瓦希等人尝试着将线圈放在电话线中，但是并没能取得成功。迈克尔·浦品之所以取得成功，按照他自己的说法，他遵循了"广义拉格朗日问题的数学解"，即"将电感线圈放进电话线中，线圈间保持一定的距离，使得总是有几个线圈对应想要传输的电振动的每个波长……在架空线上每隔4英里或者5英里放置一个线圈，在电话电缆中每隔一到两

---

① S．J．巴奈特的文章，载《美国艺术与科学学院学报》，第60卷，1925年，第128页；A．佐默费尔德，《原子结构》，第4版，1924年，第635页。

② 奥托·斯特恩和沃尔特·格拉克的文章，载《物理学杂志》，第9卷，1922年，第349页。

英里放置一个线圈"。[①]迈克尔·浦品[②]讲述了1894年的某一天他思考广义拉格朗日问题的过程：那天他在瑞士的富尔卡山口爬山，突然想到可以将振动弦和金属线中的电振荡进行类比。1899年3月，迈克尔·浦品提出了这一课题的数学理论，并在之后申请了专利。

无线电报和电话

随着电报、电话、电灯等发明在现代社会中普遍使用，许多人声称热离子管的发明人是自己，并且为此提出了许多诉讼。[③]人们将热离子管作为接收和检测以太中微弱电振荡的设备，这些电振荡即是麦克斯韦电磁理论中的电磁波，赫兹通过著名的实验证明了这些电磁波确实存在。我们应该先谈论一下在热离子管发明之前人们已经使用的其他几种检波器，其中最为著名的应该是以下三种：①E. 布朗利、O. 洛奇和G. 马可尼发明的金属屑检波器，其在不充分接触时发挥作用。无线电报在发明过程中，曾经使用了5年马可尼金属屑（镍—银屑）检波器。②最初由欧内斯特·卢瑟福、E. 威尔逊和G. 马可尼提出的磁性检波器。马可尼磁性检波器的原理是电振荡会加速铁的磁性变化（减少磁滞）。这一发明出现之后，金属屑检波器的使用频率就开始降低了。③美国军队的H. H. C. 邓伍迪、波士顿的G. W. 皮卡德和哈佛大学的G. W. 皮尔斯从观察一些晶体和金属接触中发明的晶体检波器。这类检波器于1906年问世，像整流器一样，可以将振动束变成朝着同一方向运动的电流，并且能够使电话接收器产生反应。无线电报爱好者普遍使用的都是这些晶体检波器。

相较于此前这些检波器而言，"热离子管"的发明可谓向前迈出了一大步。约瑟夫·约翰·汤姆森等在理论物理学领域进行了多年的研究之后，热离子管的出现才成为可能。尽管这一仪器有各种不同形式，都会从炽热的阴极处释放离

---

①　米歇尔·普平，《从移民到发明人》，纽约，1925年，第335、336页。

②　《从移民到发明人》，1925年，第331、332、336页。

③　J. A. 弗莱明，《热离子管》，伦敦，1919年，第1、2章和附录。在该书第5～7页和第46页中，弗莱明描述了"爱迪生效应"。1883年爱迪生从白炽灯中观察到了热离子效应。不久之后，J. A. 弗莱明对此进行了仔细的检查，不过当时关于这一现象的理论还不充分，人们并不能很好地理解和利用这一现象。

子，约瑟夫·约翰·汤姆森的学生O．W．理查森将其称为"热离子"，这些热离子大部分都是电子。1904年，伦敦的J．A．弗莱明使用了一个真空灯泡，阳极处是一块冷金属板，阴极处是炽热的金属或者碳，并使阴极处释放出热离子。这一设备被称为弗莱明真空管，它能够"整流"高频率交流电，也就是说把高频率电振荡转换成可以用电流计或者电话机检测到的单方向电流。德国的J．埃尔斯特和H．盖特尔曾发明过类似的真空管。

在实际应用中，人们开始愈发普遍地使用弗莱明真空管，并一直持续到美国李·德·福雷斯特对这一真空管作出改进一些年后。他于1904年开始进行实验，最初所发明的真空管跟弗莱明在他之前发明的真空管几乎一样。1906年及之后，他发明的可以放大微弱电流的装置获得了专利。他在真空管的热电极和冷电极之间放入了第二个栅格状的冷电极。这一栅格状的冷电极是一块多孔板或Z字形金属线。这一新的仪器被称为"三级真空管"，不仅可以整流电振荡，同时也可以较大规模地传输和重复电振荡。自那之后，这一设备和无线电报及无线电装置的其他组件均得到了充分有效的发展。

声学

自从赫尔曼·H．亥姆霍兹和老瑞利勋爵时代之后，声学再没能取得一些根本性的进步。人们发明了用以记录产生声音的波运动的照相法。如果电火花将空气中的声波瞬间照亮，声波会像透镜一样折射来自电火花的光线，与此同时声波也会被记录在照相底片中。[1]1912年，D．C．米勒发表了一篇文章，详细解释了一个可以显示声音曲线照相的仪器。这一仪器可以搭配装在特殊照相机中的活动胶片，或者搭配旋转镜和屏幕，以便在课堂演示中展示声音曲线。

哈佛大学的华莱士·C．萨宾[2]（1868—1919）在研究礼堂声学时应用了声

---

① D．C．米勒，《科学与乐声》，纽约，1916年，第89页。

② 华莱士·C．萨宾，《美国建筑师》，第68卷，1900年，多页；第104卷，1913年，第252—279页。

波压缩照相法。早在1900年，华莱士·C. 萨宾就开始研究用于测定礼堂声学特性的科学方法。他详细地研究了礼堂的设计以及混响、回音等因素给礼堂造成的影响。在墙壁和天花板上铺上厚厚的可以吸音的毡贴，就可以减少混响造成的影响。奥地利的古斯塔夫·雅格研究了建筑声学，给出了用以描述声音增加和衰减的公式，与感应电路中电流增加和衰减的形式是同一类型的。他的衰减定律跟华莱士·C. 萨宾1900年的实验结果是一致的。之后在这一领域继续深耕的科学家包括伊利诺伊大学的F. R. 沃森[①]、德国的恩斯特·佩措尔德和F. 特伦德伦堡。

回顾

17世纪时，物理学界的思想领袖们选择了一种表面上看起来不太明智的思维方式，即放弃了中世纪不重视观察事实而诉诸理性的思维惯式，选择相信那些残酷的事实在物理研究中占据主导地位，实验物理学因此向前迈出了第一步，取得了重大进展。在17世纪，我们看到"人们向中世纪的顽固理性发起了反抗"。[②]17世纪学界的主要领袖有伽利略、开普勒、惠更斯和牛顿。在这个世纪，科学界的归纳工作取得了伟大的进展，提出了万有引力定律，人们自现象观察和理性思辨伊始就认识到的作用在地球表面物体的引力，因此得到了拓展，可以适用于太阳系中的所有物体。想完成这样的归纳推广需要有条有理的思维方式和最高级的智力水平，但是这样的能力还需要遵循中世纪时不为人知的行动模式，即严格地依赖事实观察。

18世纪，人们更加全面地将引力定律应用到了天体力学中，十分细致地研究了天体力学中的定量关系。但是在其他学科，在化学和物理学中，人们经常忽略定量关系。18世纪是唯物主义至上的时期。绝大多数科学家把热、光、电、磁和氧化现象中的活跃因子看作物质的不同形式，其中一些形式是不可称量的。"热

---

① F. R. 沃森，《工程实验站简报第73号》，伊利诺伊大学，1914年；《科学》，第67卷，1928年，第335页。

② A. N. 怀特黑德，《科学与现代世界》，纽约，1926年，第12页。

质"和"燃素"是那个时代的标志性词汇。有时候人们认为"燃素"是可称量的，即有重量的。燃烧过的木头灰烬的重量小于木头本身的重量，因为"燃素"释放出去了。在这里，人们已经开始进行一些比较原始的定量思考；但是，铁和铅燃烧过后，在释放出"燃素"的情况下，残渣的重量要超过燃烧之前的。在这里，人们又忽视了定量关系。直到18世纪末期，安托万·洛朗·拉瓦锡开始重视天平的使用时，才指出"燃素"是有问题的，因为跟天平显示的数据背道而驰。

在"热质"方面，学界普遍关注定量关系，甚至花得时间更长，否则，人们肯定认为拉姆福德伯爵大炮钻孔的热学实验提供了决定性的证据，并且认为热不是物质的另外一种形式。

19世纪，定律和秩序在各个领域中建立起来了。这是一个在不同学说之间建立关联的时代。[①]18世纪中各种彼此独立的物质形式被归结为两类：物质和新的能量概念。光的微粒说的时代结束了，光的波动说发展更加完备了，甚至达到了其他科学理论无法企及的高度。19世纪后半期，开尔文勋爵说科学界上空只笼罩着两朵乌云，但是这两朵乌云注定带来旋风般的大混乱。

19世纪的物理学家如同抵达尼亚加拉大瀑布的探险者，审视着面前壮丽的自然景观，享受着精神思辨上的满足。20世纪的物理学家如同抵达黄石公园的探险者，看到在这个地方不仅有飞流直下的瀑布，还有向上喷涌而出的水柱，而且并非稳定喷出，而是断断续续的。他们极力想调和这些冲突的事实，同时又感到十分困惑。一位俄罗斯物理学家说：虽然说在过去1/3或者半个世纪中，我们对于物理学现象的认识大大增加了，但是跟半个世纪之前相比，我们却没能将新发现的这些物理现象很好地调和起来。他说道，从这个角度出发，我们事实上是退步了。现在的一些假说是很让人费解的，因为它们跟一些已经发展比较完备的物理学定律是相互矛盾的。我们引入了涉及各种量的数学公式，它们在众多现象中发挥了广泛的作用，但是它们的物理意义却并不清晰。在光的电磁理论中，我们提出了电力E、磁力H和振动现象。曾经人们认为可以通过以太的特性来解释这些力和振动现象，但是现在没有人可以通过彼此之间不相冲突的以太特性，成功地解释所有现象。事实上，一些科学家否认以太的存在。马克斯·普朗克引入了常

①　保罗·R.海尔，《基于现代发现的物理学基本概念》，巴尔的摩，1926年，第二章。

数h，当然我们可以通过hν解释光电现象和一些其他现象，但是我们如何解释光的干涉、偏振、折射和色散呢？为什么原子内部只有某些可行的电子运动轨道才能满足一个显然是随意设定的方程呢？（按照牛顿经典力学，这样的轨道数量应该是没有上限的。）为什么原子内部，电子在其轨道上运动时不辐射能量？这些假定虽然可以解释观测到的现象，但是我们必须承认，现在物理学家就像医生一样，他们发现某些具有奇效的处方药物，却并不清楚这些药物到底是如何治疗疾病的。

人们在这些令人费解的假说方面已经争论了很久，但是旧的物理学中不存在类似的假说吗？地球吸引苹果落下的原理是什么？这在当时是未知的。我们已经习惯了这种神秘性，也就不再担心了。但是新的神秘性又会继续冲击着我们。如果现在有更多令人费解的假说存在，那么就表明我们正处在科学进步的原始阶段。我们的知识圈越往外扩张，所接触到的未知内容就越多。我们愿意相信，在未来某个时间节点上，这些令人费解的假说的数量会达到最大值，随后开始减少，最终我们可以调和所有这些理论，并且实现毕达哥拉斯学派所谓的"天体和谐"理念。

物理实验室的进化

最早的研究实验室

想在古代或者中世纪寻找专门用于进行物理研究的实验室，完全是在做无用功。在伽利略的时代和科尔切斯特的吉尔伯特的时代之前，实验的必要性通常是被人们所忽视的。那时人们认为，纯粹的思考是科学发现的唯一条件。直到威廉·吉尔伯特用天然磁石制造出了一个球体，并且证明了地球的磁性类似于他所用小球的磁性时，实验方法才在物理哲学家中站稳了脚跟；直到年轻的伽利略登上了比萨斜塔，使不同重量的铁球做落体运动，并且证明了重量较轻的铁球下落加速度和较重的铁球加速度相同时，人们才开始抛弃在物理研究方面占据主导地位的亚里士多德思想。两个铁球同时落到地上发出的重响，"敲响了旧哲学体系的丧钟，也预示着新哲学体系的诞生"。

让人觉得好笑的是，在那个时代，很多以智慧闻名的人声称实验方法会威胁到人的精神和道德生活。在 1667 年所著的《皇家学会历史》[1]的作者认为必须认真地保卫实验方法，指出"实验不会危害到教育"，"实验也不会威胁到大学"。这样的争辩是十分必要的，因为牛津的神职人员宣称罗伯特·波义耳的研究正在毁灭宗教，他的实验正在破坏大学的根基。[2]

实验室的起源是实验学家的出现。当然我们这里说的实验室，并不是现代意义上的实验室。19世纪之前，所有的实验室几乎毫无例外，全部都是个人研究者私有或者他们的赞助人私有的。

化学研究实验室早于物理实验室

化学和天文学实验设施的出现，要比物理实验室的出现早得多。我们今天所使用的"实验室（Laboratorium）"这个词在德语中的意思是"化学实验室"。[3]中世纪存在炼金术和占星术实验室，对于长生不老药和金属质变的强烈愿望刺激了这类活动，它们都是人心中的贪婪而出现的研究。巴黎卢浮宫的画廊中展示了佛兰德艺术家特尼斯作的一幅画，上边画着16世纪的化学实验室。[4]这位艺术家描绘了一个放有熔炉的大地下室，地板上放满了蒸馏器、坩埚和曲颈瓶，一群热情的人围坐在一张桌子旁。考虑一下这位艺术家的想法，这幅画可能想表达这些炼金术师的豪华住所，他们从一些位高权重的赞助人那里获得了财富和保护。事实上，绝大部分炼金术师都是偷偷地在远非奢华可言的僻静场合进行实验的。即使在归纳法取得了完全胜利之后，实验研究也基本上都是在家中或者经商场所进行的。最晚到19世纪初期，那个时代声名最显赫的化学家伯齐利厄斯的实验室就是自己的厨房，实验和做饭是在同一个地方进行的。在威廉·吉尔伯特、伽利略和后人的影响之下，物理学开始成为一门实验科学，物理学开始和它的姐妹学

---

① 托马斯·斯普拉特的文章，载《伦敦皇家学会历史》，1667 年，第 323、328 页。也可参考罗伯特·波义耳《实验哲学的有用性》，牛津，1663、1671 年。他认为实验科学不会导致无神论。

② A．D．怀特的《神学和科学之间的战争》，第 1 卷，第 405 页。

③ 参考布罗克豪斯的《会话词典》中的"实验室"。

④ 这幅画的复制品见《约翰逊环球百科全书》中"实验室"一文。

科——化学一样，在相同的地方进行试验。那个时代专业的划分并不像今天这么明显，一个学者精通几个学科分支是很常见的事情。

早期的私人物理实验室

最早的物理实验是在私人实验室进行的。一般而言，研究者将住所或房间的某一块变成科学实验场地。当罗伯特·波义耳在牛津研究气体弹性，并且最终提出了以他名字命名的定律时，使用了一根极长的管子，他"无法在一个房间内方便地摆放"，所以"不得不在楼梯上使用"。牛顿也是在自己剑桥的住所中，完成了关于白光色散成各色光的经典实验。本杰明·富兰克林在用风筝进行试验之后，在费城的家中竖起了一根绝缘铁杆，为了当空气中大量带电时，他不会错过进行实验的任何机会。

教学用实验室

19世纪之前，科学实验室的存在只是为了进行独创性研究，极少参与到初等或者高等教育中。毫无疑问，许多老师和科学家都感到这样的做法是错误的，这些人中包括摩拉维亚教育改革家约翰·阿莫斯·科蒙纽斯（Johann Amos Comenius，1592—1671）。他说："人必须要在智慧中接受教育，这不是来自书本，而是来自天空、大地、橡树、山毛榉等。也就是说他们必须自己要去学习和研究事物，而不仅仅是看他人对于这些事物的观察和说明。"他疾呼道："这样的人在哪里呢？谁在通过观察和实验教授物理学，而不只是拿着亚里士多德或者其他教科书照本宣科呢？"[1]

18世纪末期，氧的发现者约瑟夫·普利斯特利说："我十分遗憾地看到，在这个国家关于自然科学的教育少得可怜，甚至完全没有。我想说的是，如果我们想为哲学鉴别力和哲学研究打下良好的基础，那么必须让人们在年轻的时候就能接触到实验和实验过程。更重要的是，他们应该尽早开始研究理论和实践，这样就可以把之前的发现尽早变成他们自己的东西，这些东西对他们而言就更有价

---

[1] W.H.韦尔奇，《现代科学实验室的进化》；《电学家》，伦敦，第37卷，1896年，第172页。

值了。"①

在这段话中，约瑟夫·普利斯特列提出的想法今天正在变成现实，因为只有到了近些年，高中生才接触到实验室，才有机会自己动手进行一些物理操作。

我们发现，实验研究在化学中的流行要比物理学早。在为教育机构兴建实验室供学生使用方面，化学早于物理学。为什么物理学总是滞后一些呢？存在两个原因：第一个原因是，化学似乎跟人们实际生活中的需求更加直接相关。化学知识对于炼金术而言是不可或缺的。另一方面，蒸汽时代还没有到来，电学和磁学依旧处于摇篮阶段。第二个原因是，化学实验室的兴建花费要少一些。陶制容器、瓶、试管、普通化学试剂等并不昂贵，这些对于装备一个化学实验室而言已经不错了。相较之下，物理仪器就十分昂贵了。300年前，空气泵、温度计、望远镜都是昂贵的奢侈品，当然现在依旧十分昂贵。130年前，约瑟夫·普利斯特利写道："自然科学是更需要财富资助的科学。"②

伟大的教育运动一般而言都是从顶层开始的，将实验室作为教学方式首先是从大学开始的，然后才推广到了更为基层的中学。开尔文勋爵③声称第一个为了学生教育而建的化学实验室是在格拉斯哥大学，时间在1831年之前。但是保存至今最早的这种类型的实验室是由李比希建立的，他在1824年成为了吉森大学的非常任化学教授。④很显然，化学教学的新运动起源于德国，而且在那里的增长势头和产生的影响都要超过了英国。各国的学生蜂拥而至，来到吉森这座小镇中这所很小的大学中。⑤之后在图宾根、波恩、柏林等地陆续出现了化学实验室。

在美国，最早可以供学生定期前往化学实验室进行化学实验的机构，包括纽约特洛伊市的伦斯勒理工学院和波士顿的麻省理工学院。前者很可能从其建校开始，也就是1824年到1831年前，⑥都要求学生参与到实验中。这一运动跟在吉森

---

① 约瑟夫·普里斯特利，《论空气》，伯明翰，1790年，第1卷。

② 约瑟夫·普里斯特利，《电的历史》，第4版，伦敦，1775年，第15页。

③ 《自然》，第31卷，1885年，第409—413页。

④ T.C.梅登荷尔，《实验物理的演变和影响》，载《芝加哥大学季刊》，第3卷，1894年8月，第10页。

⑤ 艾拉·雷姆森，《化学实验室》，载《自然》，第49卷，1894年，第531页。

⑥ 《科学》，第20卷，1892年，第53页；第8卷，1898年，第205页。

的运动是彼此独立的。在麻省理工学院，可能存在着更为系统的课程设置。从美国内战末期该学校成立，实验方法就在学校中流行起来了。[1]

私人实验室向大学实验室的转变是一个渐进的过程，一般而言转变的过程如下：一些老师会允许最热情和最有希望的学生前往他们的私人实验室。因此，海因里希·古斯塔夫·马格努斯力（1802—1870）在柏林自己的住所中开放了几间屋子，用作物理实验室。跟贾斯蒂斯·冯·李比希一样，在海因里希·古斯塔夫·马格努斯力还是个学生的时候，已经从伯齐利厄斯和盖–吕萨克的实验研究中汲取了灵感。海因里希·古斯塔夫·马格努斯力对德国产生了巨大的影响。"他十分喜欢年轻人，并且知道如何在培养学生愿意，他全身心投入到那门科学的同时，[2]还能获得他们的爱戴"。1834年，作为非常任物理学教授，他在柏林大学开始了自己的工作，1845年的时候，成了正式的教授。我们可以从他的学生口中得知，他在自己的私人实验室中进行的一些研究工作。例如，他的一位美国学生说："我在那里工作时，还有另外三名学生，一人在研究声学，一人在研究偏振光，另外一人在测量新发现的化合物晶体。"[3]在他指导下进行实验的学生中最著名的有G. H. 维德曼、赫尔曼·H. 亥姆霍兹和约翰·廷德尔。随着学生人数的不断增加，私人实验室越来越不够用了，于是大学开始提供资助，私人实验室逐渐变成了正式的大学机构。在这个过程中，海因里希·古斯塔夫·马格纳斯力的私人实验室也变成了柏林大学的物理实验室，其在1863年开放使用。贾斯蒂斯·冯·李比希在吉森的化学实验室和普尔基涅在布雷斯劳的物理实验室的发展过程与此类似。[4]

学生用物理实验室

德国其他大学也逐渐兴建起了供学生使用的物理实验室。因此，菲利普·古

---

[1] 《科学》，第19卷，1892年，第351页。

[2] 《亨利·古斯塔夫·马格努斯力的生活和劳动》，载《史密森尼学会报告》，1870年，第223—230页。

[3] A. R. 利兹的《实验研究实验室》，载《富兰克林学院期刊》，第59卷，1870年，第210页。

[4] 《科学》，第3卷，1884年，第173页。

斯塔夫·约利（1810—1884）于1846年在海德尔堡开办了一个物理实验室，包括两间房子，而它们最初都是私人住所。①1850年，这些仪器搬到了更宽敞的地方，就是在这里，古斯塔夫·罗伯特·基尔霍夫和罗伯特·威廉·本生之后进行了十分重要的光谱分析实验。在谈到新的实验室时，昆克说："无论这一实验室现在看多么简陋，至少在那个时代，这里是德国学生可以亲手进行物理实验的唯一地方。"如果昆克所说的是排除私人实验室的话，那么这样的言论可能是事实，但是在此之前很久，就有很多学生前往柏林，在海因里希·古斯塔夫·马格努斯力的私人实验室工作了。赫尔曼·H.亥姆霍兹于1847年在那里做研究。

在上文谈到的最早建立了供学生使用的化学实验室的苏格兰格拉斯哥大学，可能是最早提供物理实验室教育的大学。1845年，开尔文勋爵（威廉·汤姆森）成了格拉斯哥大学的自然哲学教授，邀请了一些学生帮助他进行一些独创性研究，也有一些其他学生志愿去帮忙。②"在很多年间，物理实验室是一所老旧的大学建筑物中一个弃用的酒窖"。③因此古老的酒神就被现代的知识女神所取代了。科学研究在这个房间及之后新增加的一个房间中，持续了将近25年时间，最后在1870年，这所大学搬到了新的宏伟的建筑中。在开尔文勋爵指导下，学生进行的实验室工作大多都是一些独创性研究。"因为可以一直待在这样具有指导性的环境中，他们的兴趣被激发起来了且一直保持着，他们的热情十分高涨……实验室兵团（之前一直这么称呼）分成了两队，一队在白天工作，另外一队在晚上工作，周末的时候一起工作，所以实验室的工作从来没有中断过。"④无论在格拉斯哥还是柏林，实验室课程都不是物理学的规定必修科目，也不是课程必不可

---

① G.昆克，《海德尔堡大学物理研究所的历史》，海德尔堡，1885年。

② 开尔文说道："来我这里自愿帮忙的实验人员中，有3/4都是在结束了哲学课程之后立刻参与到神学课程中去的学生。我还记得一位著名的德国教授在听到这一实验室规律和用途之后十分惊讶地说：'什么！还有神学生学习物理？'我说：'是的，他们都是这样，而且他们之中很多人已经进行了一些重要的实验了。'"见《自然》，第31卷，1885年，第411页。

③ 《自然》，第55卷，1897年，第487页。

④ 同上，第487页。也可以参考开尔文勋爵提供给皇家科学教育委员会收到的证据，见《证据记录》，1870年，第332页。

少的一部分，进入实验室完全是自由选择的。我们认为波士顿的麻省理工学院是第一个重视实验室物理教育价值为其制定系统化学习计划，并且将其作为获得学位必不可少的一环的大学。当然这一殊荣很可能属于伦敦的国王学院。新英格兰和老英格兰几乎是在同时找寻到了新的起点。W. G. 亚当斯说："不同学校的物理学教授一般而言会挑选最好的学生，在他们的私人实验室帮助工作，这对于教授和学生而言都是有利的。但是我认为三年多之前，克利夫顿教授就首次提出要将物理实验室训练课程作为所有物理学学生日常学习工作的一部分。国王学院采纳了这一提议，虽然没有获得资金支持，但是立刻大规模地付诸了实践，现在这一计划已经实施了近三年。其将博物馆边上的两个配备了物理仪器的大房间用作物理实验室，此外还修建了另一个房间用作仓储和电池室。"[1]

在英国，罗伯特·贝拉米·克利夫顿的名字跟实验物理教育是近义词，他曾是曼彻斯特欧文斯学院第一位自然哲学教授。在搬到牛津之后，他打算建一个实验室，"是英国第一个专门为实验物理学研究而建的实验室，现在已经成了一个典范。克拉克·麦克斯韦在计划修建卡文迪什实验室（在剑桥大学）的时候就曾拜访过这里，现在在我们大学学院中依旧可以找到克利夫顿教授设计的一些痕迹"。[2]1871年，克拉克·麦克斯韦开始负责管理剑桥大学的物理系，于1874年修建了自己的实验室。[3]

无论在剑桥大学还是牛津大学，实验室实习都是选修的，从事实验室工作的学生也不多，[4]但是在这一小撮儿人中却诞生了那个时代英国的一些物理学家。

在19世纪早期，法国是进行实验研究的中心，但是韦尔奇教授说："法国在为科学家们提供充足的实验室设施方面还有很长的路要走。""杰出的实验家伯纳德在一个潮湿狭窄的地窖中工作，这是一个巴黎人弃用的实验室备选地，他将其称之为'科学研究者的坟墓'。"盖-吕萨克的实验室在一层，为了避免潮

---

① 《自然》，第 3 卷，1871 年，第 323 页。

② A. W. 洛克的文章，载《自然》，第 50 卷，1894 年，第 344 页。

③ R. T. 格莱兹布鲁克，《詹姆斯·克拉克·麦克斯韦与现代物理学》，纽约，1896 年，第 73 页。

④ 《詹姆斯·克拉克·麦克斯韦与现代物理学》，第 76 页；皇家科学教育和科学进步委员会收到的证据，见《证据记录》，1870 年，第 387、388 页。

湿，他不得不穿着木鞋。但是尽管如此，法国科学家们依旧带着极大的热情投入到了科研和教学事业中。贾斯特斯·冯·李比希在自己的自传中说①："对我而言，盖-吕萨克、泰纳德和迪隆等人在巴黎大学的课程充满了难以用语言描述的魅力……因为语言上的天赋，法语在处理一些极难的科学题目时具备逻辑上的清晰性，这是其他一些语言所不具备的。也正是因此，泰纳德和盖-吕萨克在实验论证方面十分出色。他们的课程由安排好的前后相连的现象也就是实验组成，而实验之间的关系都是通过口头阐释来解释的。这样的实验课对我来说十分友好，因为它们使用的是我可以理解的语言。"

盖-吕萨克邀请贾斯蒂斯·冯·李比希来他的私人实验室工作。当时巴黎跟其他地方一样，没有供学生使用的公共实验室，那些从事独创性研究的工作者不得不依靠自己的资源。阿拉戈说："在18世纪末19世纪初，如果没有一整套打磨干净、上好涂漆、摆放在玻璃箱中的昂贵仪器，那么你都算不上一个真正的物理学家。"1806年，盖-吕萨克成了科学院的候选人，但是他可以进行研究的仪器很少，很难逾越这些难题。②我们知道迪隆几乎将自己的所有财富都花在了购买仪器上。奥古斯汀·珍·菲涅尔是在私下里完成了自己著名的实验，他个人的大量财富也都花在了仪器上。珍·里昂·傅科的绝大多数实验都是在自己的住处完成的。曾经还有很多学者前往安培在福塞圣维克多街上一处毫不起眼的住处参观一根铂丝。只要电流流经这根铂丝，就会处于横穿子午线的位置。

多年来，法国科学家一直抱怨实验室设备和场所太少，直到最后公共教育部部长迪如（1864—1869）决定采取行动，回应他们的需求。19世纪初期时，德国从法国那里吸取了教训，在这一新时期，这样的境遇被逆转了。韦尔奇教授说："基于个人对于德国实验室建设和组织而形成的1868年的洛雷恩报告和1870年的伍尔兹报告，不带有偏见地承认了德国实验室的价值和重要性。"

1868年7月31日法国的两份法令，确定了必须进一步提供科学实操课程。这两项法令中还规定，除了建立供学生使用的实验室之外，还要建立供教授和其他学者进行独创性研究的专门实验室。在其影响之下，兴建了大量的物理实验室和

---

① 《史密森尼学会报告》，1891年，第263页。

② 阿拉戈，《关于盖-吕萨克的颂词》，载《史密森尼学会报告》，1876年，第152页。

其他科学分支的实验室。[1]M.达布在谈到这些变化时，于1892年写道："你知道在过去20年时间内，这些设施（科学设施）发生了多么大的变化。各个地方都在重建和扩建大楼，配备了进行实验科学所需的更大的实验室。在一些地方，这些实验室还是不够大，解决方法也很简单……不远处的营房就足够用了。毫无疑问，巴黎大学各个学院的教授们永远不会忘记，曾经在营房和热尔松大堂进行授课的这段历史。"[2]

1868年，老旧的巴黎大学中建起了一个物理实验室。J.雅明一直负责这一设施的修建，直到1886年离世。1894年，这个物理实验室被移交给了新的科学系，并进行了重建。现在，它因负责人G.李普曼的研究而闻名。[3]

美国的物理实验室

美国在过去50年间在实验室发展方面取得了惊人的成就。正如我们之前看到的，麻省理工学院率先倡导了物理学的发展。威廉·巴顿·罗杰斯极力提倡为大班开设定期的物理学实验室课程。1864年，在起草新学校的课程范围和规划时，他阐释了建立这样一个实验室的主要目的。[4]

爱德华·C.皮克林负责这一实验室相关的工作。1869年4月，时任这一学校代理校长的J.D.朗克尔写道："爱德华·C.皮克林已经十分详细地规划好了这一物理实验室的建设，我马上就把细节发送给您……爱德华·C.皮克林十分希望能够在下个10月份之前，让三年级的学生参与到实验室工作相关的课程中。如果这一年的实践是成功的话（我认为一定会），我们可以逐步扩大我们的设施，并且让低年级的学生也参与其中。我相信，未来我们一定可以实现物理学教育的革命，正如此前进行的化学教育革命一样。"[5]

在实践了一年多的时间之后，爱德华·C.皮克林如是说："我们面临的大

---

① 《教育局新闻通报》，华盛顿，第4卷，1881年，第119页。

② 《教育署署长报告书》，华盛顿，1893年，第1卷，第234页。

③ A.伯杰的文章，载《自然》，第26卷，1898年，第225页；《自认》，第58卷，第12页。

④ 《威廉·巴顿·罗杰斯的生平与书信》，波士顿和纽约，1896年，第2卷，第303页。

⑤ 同上，第2卷，第287页。

难题在于如何在不增加相同仪器的前提下，使20或30个学生可以进行同一实验，以及避免学生对一些精密仪器造成损害。我们的计划是：准备两个大房间（一个近100英尺长），在里边放上桌子，准备好瓦斯和水……每张桌子上摆放进行某个简单实验的仪器，将其固定在某一位置，以免在移动过程中损坏。另外针对每个实验都准备好详细的纸质说明书。"①一些其他机构如康奈尔大学也争相效仿。在上述引用的文章中，爱德华·C.皮克林说："现在（1871年）在美国，至少有四个类似的实验室已经投入运作或者正在修建中，几年之后，这一数字可能会显著增加。"

尽管爱德华·C.皮克林作出了这样的预言，但是事实上，绝大多数的大学和学院都是在很久之后才开始提供供学生使用的物理实验室的。就这方面而言，工科学校居于领先地位。工科之外的大学在这方面的教育要更晚一些。1871年，哈佛大学没有用以进行电学测量的仪器，特洛布里治教授不得不从库克教授的私人收藏中借实验器材，去测试他新发明的余弦电流计。②美国绝大多数大型物理实验室都是在近15年间建立起来的，但是现在"我们有6个实验室可以跟欧洲任何大学的实验室相媲美"。③此外，也许还有一些实验室类似于苏黎世的那个实验室，从事的是物理学和电工学实验，其修建加上装备共花费了300万法郎。

上文谈到爱德华·C.皮克林极力想解决给大班安排实验室工作这一难题，但是这一问题并没有得到妥善的解决。一些面积比较大的大学将一整栋楼用作物理实验室，通过教科书和带有插图的讲义来教授初级物理课程，并将其列为所有学生的必选课，但是学生并没有机会真正自己动手进行实验。对于几百人的班级而言，缺乏足够的教师和实验室设施。只有那些选修了高等物理或者学习工科课程的少量学生才能进行实验。有人曾说没有看其他人进行过实验，自己也没有亲自动手进行过，那么即使是法拉第也不可能透彻地领悟这一科学实验的内容。如果这句话有对的成分在里边的话，那么上述的方法远不够理想。

---

① 《自然》，第3卷，1871年，第241页。

② 《科学》，新系列，第8卷，1898年，第204页。关于几个美国、英国和德国物理实验室在不同层面上的比较，可以参考《自然》，第58卷，1898年，第621、622页。

③ A.G.韦伯斯特的《国家物理实验室》，载《教学神学院》，第2卷，1892年，第91页。

有两种给大班安排实验室工作的方法。一种是让所有的学生同时进行相同的实验（测量），并且给每个学生配备实验所需的所有仪器。第二种方式是让每个学生进行不同的实验，这样的话，有多少个学生就会有多少个不同的实验进行。

第一种方法最大的好处是，可以让老师一劳永逸地跟所有学生同时讨论他们所做的实验的理论，而不需要向每个学生单独重复。如果学生们都在进行同一个实验，而非每个人进行不同实验的话，老师想监督实验进展也更加容易些。但是这一种方法也存在缺陷，那就是极少有大学（甚至根本没有）有充足的财力，可以为大班的每个学生提供精密度完全一样的相同仪器，但每个实验至少需要几百个同类仪器。无论哪个大学坚持这样做，结果都会是一些质量比较差的仪器，但是实验室工作所需的是高精密度的仪器。

第二种方法的好处在于不需要很多相同的仪器，使得实验室可以较为容易地配备高质量的仪器。每个学生进行不同的实验，学生在连续几天的时间中会从一个实验转到另一个实验。但是这意味着，学生互相比较结果的机会比较少，每个学生更多地要依靠自己的思考。这是针对个体的方法，需要大量的"手把手教导"。老师没办法像第一种方式一样照顾到很多学生。此外，每个学生进行试验的顺序是不同的，所以无法保证每个学生的实验都能按照逻辑顺序进行。

据我们所知，目前并没有什么学院或大学单纯地奉行中某一种方法。针对较大的班级，通常将两种方法结合起来来更加符合实际情况。

大约1885年起，实验室课程已经取得了极大的发展，不仅在高等教育机构中，而且在中学中也是如此。今天许多中学的实验室条件已经超过了40年前一些著名的学院。19世纪末，美国在中学物理学实验教学方面比法国和德国发展得更加完备。巴黎大学科学院院长M．达布在1892年的报告中说："现在几乎在法国所有的公立中等学校中都有物理陈列馆，但是让学生可以上手进行物理学、化学和自然历史实验的仪器却很欠缺。"[①]在德国，人们充分地谈论了要让学生动手操作仪器，看到整个的操作过程。一些实验室也是在这样的思想原则

①　《教育署署长报告书》，华盛顿，1892年、1893年，第 1 卷，第 233 页。

下建立起来的。①

1886年，哈佛大学改变了其物理学方面的入学要求，美国中学包括测量在内的个人实验室工作的方向发生了明显转变。"现在决定遵循哈佛大学所推荐的实验室工作的入学要求，并以此取代教科书学习，当然后者也显著增加了，其依旧作为那些无法操作实验设施的人的入学要求。不久之后人们意识到，因为老师们缺乏经验，可能采纳不同的标准和方法，所以需要一个经过认真考虑而设计出的专门实验课程，这样新计划才能取得成功"。哈佛大学在1887年发行了一本小册子，之后对其进行了修改，其名为《初级物理实验描述列表》。

国家研究实验室

近些年来，越来越多的人开始呼吁建立国家实验室，以进行一些高等院校实验室无力进行的实验，但是这并没有获得政府资金。英国、德国和法国的一些机构部分程度上满足了这样的需求。英国有皇家研究院的新成立的戴维—达拉第研究实验室，德国有夏洛滕堡的帝国物理—技术研究所，法国有历史长达百年的法国国立工艺学院，以及过去几年中在巴黎建立的一个电气测试实验室。②

皇家研究院

1870年，一位英国作家在谈到英国皇家研究院的著名实验室时写道："在现代科学的传播和发展方面，可能英国皇家研究院所做的工作要比大学的更多，因为我们这个世纪最伟大的三个哲学家，即托马斯·杨、汉弗莱·戴维和法拉第都在其中进行教学和研究工作。"③现在的英国人将其称为"科学万神殿"。皇家研究院的讲堂、模型室和工作坊都是在1800年建立的。按照其创始人拉姆福德伯爵的说法，这一研究院的目的是促进应用科学的发展。最初研究院包括一个铁匠工作的地方，里边还有熔炉和风箱，各种不同的机器模型集中在一起。1802年之

---

① 参考 E.J.古德温（E.J.Goodwin）的《普鲁士学校的一些特点》，载《教育评论》，1896年12月；也可以参考这篇文章的评论，载《波斯克的物理和化学教育杂志》，第10卷，1897年，第161、162页。

② 韦伯斯特的文章，载《教育神学院》，第2卷，1892年，第101页。

③ C.K.阿金的文章，《论科学教学证据记录》，1870年，第20页。

后，拉姆福德伯爵离开了英国，这一地方的工业元素减少了，取而代之的是纯粹科学方面的独创性研究。皇家研究院的物理实验室建立之后，整个英国都没有可以与之媲美的实验室。然而，其本身并不张扬，后来因为汉弗莱·戴维爵士、法拉第和约翰·廷德尔的伟大研究而闻名于世。其建成后在70年的时间都没有什么改动，以至于在这之后跟牛津、剑桥、曼彻斯特和格拉斯哥新建立的实验室相比落后了一截。[1]当有人提议要对皇家研究院的实验室进行重建时，约翰·廷德尔是第一个反对的人。他几乎是祈求要保存汉弗莱·戴维和法拉第曾经作出发现的地方。[2]但进行改进是大势所趋，最终在1871年左右完成了对实验室的改造。

在路德维格·蒙德博士的慷慨支持下，皇家研究院的实验室得到了扩建，而且获得了大量捐助且配备了现代仪器的新实验室在皇家研究院正对面建立了起来。这个新的实验室叫作"戴维-法拉第研究实验室"，于1896年12月22日建立，现在由瑞利爵士和J.杜瓦教授负责管理。这是"世界上唯一一个完全致力于纯粹科学研究的公共实验室"，"其向所有学校的师生开放，也向在科学问题上持有各种观点的人开放"。[3]

多年来，英国基尤天文台一直十分关注仪器的标准化问题，检验过气象仪器、指南针、照相透镜等，还进行了关于地磁的重要研究。[4]在这项研究中，政府提供的帮助极为有限，只提供了场地和一栋老建筑的使用权，其他所有的开支都依赖于私人捐助。

帝国研究所

德国因为其新成立的夏洛滕堡的帝国物理—技术研究所（通常被称为帝国研究所）而受到了其他国家的羡慕。1884年，维尔纳·西门子向其捐赠了12.5万美元。帝国议会在表决之后也决定为其提供一些额外资金。新的大楼建立了起来，1888年，赫尔曼·H.亥姆霍兹成了所长。1894年，赫尔曼·H.亥姆霍兹去世后，F.科尔劳施接替了他的职务。帝国研究所不仅有专门致力于理论研究的部

---

① 《自然》，第7卷，1872年，第264页。
② 同上，第264页。
③ 同上，第55卷，1896年，第209页
④ 同上，第55卷，1897年，第368页。

门，还有致力于解决工业问题的其他部门。

法国工艺学院

法国拥有历史长达百年的法国国立工艺学院，1794年，在尚普圣马丁老修道院的旧址上建成，最初是机械、模型、工具、规划图和说明书的储存库。后来一些工人和技工在里边听一些关于应用科学的免费课程。其开始与物理学建立联系，是因为购买了查尔斯所有的"物理陈列柜"以及1829年物理学教授职位的设立。自那之后，里边的物理仪器逐渐增加了。

1875年，18个国家参与组建了一个国际度量衡委员会。他们在巴黎附近圣克劳德公园中的布勒特伊展示馆中建立了一个顶尖的实验室，以建立国际标准米制。[①]

英国国家物理实验室

19世纪最后几年中，英国兴起了一场十分重要的新运动；英国国家物理实验室建立了，并且由理查德·T. 格莱斯布鲁克担任主任一职。他任职时间为1899年到1919年，后来原曼彻斯特工程学教授约瑟夫·佩塔维奥（Joseph Petavel）接替了他的职务。该实验室最终的科学控制权属于伦敦皇家学会的会长和理事会。正如理查德·T. 格莱斯布鲁克所说，这一实验室的主要目的是"让科学力量造福整个国家"。在前两年中，实验室工作是在丘天文台完成的，理查德·T. 格莱斯布鲁克和三个助手在那里工作。1900年，距离伦敦12英里的特丁顿的布希宫成为这一实验室的永久选址。之后这一实验室进入了快速发展阶段。1918年，该实验室拥有8个部门，共532名工作人员。1911年，该实验室开设了一个用于测试船舶模型的国家船舶试验池，其中还有一栋大楼专门用于空气动力学研究。

美国标准局

美国标准局是根据美国国会1901年3月3日通过的法案而建立起来的，其接

---

① A. G. 韦伯斯特关于提议建立英国国家物理实验室，参考《电学家》，伦敦，第41卷，1898年，第778—780页。

手了原来海岸和大地测量局度量衡部门的任务。这一部门于1830年成立，由斐迪南·鲁道夫·哈斯勒担任主任。在1832年到1901年间，美国海岸和大地测量局的局长也负责度量衡相关工作。美国标准局最开始位于华盛顿国会大厦边上的一个临时选址上，永久地址位于市中心外，在凡内斯街和康涅狄格大道的拐角处，占地面积很大，有十多栋楼，还拥有一个十分庞大的科学研究团队。作为一个国家物理实验室，其任务是在广阔的理论和应用物理学和化学领域中进行测量和研究。该局成立之后的前22年中，由S．W．斯特拉顿担任局长，之后由乔治·金伯尔·伯吉斯继任。

编后记

卡约里的《物理学简史》一书作为物理学史上的一部重要著作，在我国物理学界及科学史界已为人所熟知。该书从古巴比伦时期讲起，一直叙述到20世纪20年代物理学的发展状况。但鉴于成书较早，其中关于中国古代物理学的发展叙述过于简单，甚至存在一些认识上的错误，编者认为对于这部分内容有必要进行补充和指正。

一、卡约里的《物理学简史》

卡约里的《物理学简史》是一本物理学通史，首次出版于1899年，之后作者对其进行了补充和修订，本译本是1928年出版的修订和补充版本。弗洛里安·卡约里于1930年去世，在他去世后32年后，又有两家公司对该书进行了再版，内容与1928年版本一致。《物理学简史》在一个多世纪的时间里，一直有着不错的口碑，在科学史著作中是十分难得的。

二、中国古代物理学史概述

中国作为世界四大文明古国之一，拥有5000年的灿烂文化。物理学在中国同样有着悠久的历史，并且取得了许多突出成就。中国古代物理学的发展大致经历了三个阶段：萌芽期、积累期和发展期。萌芽期指的是远古到夏、商、西周的建立，这个时期只有少量的文字记载和文物。到了春秋战国时期，也就是积累期，物理学知识开始形成发展，并出现了《墨经》和《考工记》这样记载了较为丰富的物理学知识的著作，也有了很多精美器具和更详细的文字记载。之后物理学进一步发展，宋元达到鼎盛时期，出现了很多使物理学得到应用的仪器，比如张衡的地动仪、刻漏计时。这一时期，在西方近代科学诞生之前，中国在科学的各个领域都处于世界领先地位。

力学

关于中国古代的力学知识，想必大家都听过曹冲称象的故事，原文是这样的："冲曰：'置象大船之上，而刻其水痕所至，称物以载之，则校可知矣。'"这段话中，曹冲是利用了漂浮在水面上物体的重力等于水对物体的浮力的原理，这与西方的阿基米德利用水的浮力测量皇冠是否掺杂了其他金属是同样的道理。

东汉时期的中国古书《尚书纬·考灵曜》记载："地有四游，冬至地上行北而西三万里，夏至地下行南而东三万里，春秋二分是其中矣。地恒动而人不知，譬如闭舟而行不觉舟之运也。"还有言"春则星辰西游，夏则星辰北游，秋则星辰东游，冬则星辰南游"。这两段话中蕴含了运动相对性的理论。伽利略的《对话》中也有关于运动相对性的观点。《尚书纬·考灵曜》关于运动相对性的发现要比《对话》早500多年。

中国古代对于力学知识的应用十分广泛，也对各种力有比较全面的认识，如杠杆原理、浮力、大气压力、弹力等。关于大气压力，在西汉时有利用虹吸管的"渴乌"，东汉时大范围用于灌溉；到了唐代，更有隔山取水的大型工程。《关尹子》记载："瓶存二窍，以水实之，倒泄；闭一则水不下，盖不升则水不降。"还有对于惯性的认识，春秋时期的著作《考工记》有云："马力既竭，轴犹能一取焉。"中国古代在建筑方面有很多对力学知识的应用，比如山西应县辽代木塔、北京故宫群以及水排鼓风机，等等。

墨家对"力"曾下过比较科学的定义，《墨经》中记载："力，形之所以奋也。""形"是指物体，"奋"是指速度的快慢。总的来说，这句话的意思就是，力是改变物体运动状态的原因。这和近代物理学对力的定义基本上是一致的。《墨经》是2300多年前的文献了。

声学

声音在日常生活中是很常见的，古代声学的发展又和乐器息息相关。乐器在中国有着十分悠久的历史，远古时代就有陶制和土制的乐器，比如埙等。到了夏商时期，青铜器的发展，开始有铜制的编钟、铃铛，甚至出现了皮制的鼓。对声学中的共振现象有多种记载。有一则故事说，某个僧人房内有一磬，常常半夜自鸣，导致这个僧人常常被惊醒，时间长了，积郁成疾。一次友人来访，发现了其中的奥妙。原来，磬自鸣是和寺庙里的钟发生了共振，友人用锉在磬的表面磨了几下，再敲钟的时候，磬就不会跟着钟产生共振了。这则故事记录于唐代著作《刘宾客嘉话录》中。关于共振，更早的记载可以追溯到《庄子·徐无鬼》，"为之调瑟，废于一堂，鼓宫宫动，鼓角角动，音律同矣，夫改调一弦，于五音无当也，鼓之，二十五弦皆动。"这便是在调瑟时发现的共振现象。在西方，这种基音和泛音共振现象。直到15世纪达·芬奇才首次开始做共振实验。

中国古人不仅发现了这些声音的秘密，同时将它们巧妙地应用到实际中，北京天坛的回音壁就是利用了声音的反射。始建于唐代的河南三门峡的"蛤蟆塔"，正式名称是宝轮寺塔，在塔身周围十几米处拍手或击石，宝塔会发出类似蛙鸣的声音，蛤蟆塔也因此而得名。这令人惊奇的现象实际上就是利用了声学知识。

光学

我们十分熟悉的小孔成像实验，生活在宋末元初的古人赵友钦进行了实验设计。这项实验在中国古代史上占有重要地位，是中国物理学史上的首创。其实验目的明确，实验步骤合理，严格控制变量，尽可能地保证了实验结果的准确性。

另一本涉及光学知识的古代著作是墨家的代表作《墨经》。《墨经》由战国后期墨子及其弟子合著而成，其中涉及丰富的光学、力学、几何学的知识。其中就包括墨家的光学8条，这8条分别阐述了光线与影子的关系、光反射的特性、影子生成的原理、光线直线行进实验、凹面镜和凸面镜的反射现象、从物体与光源的相对地位关系确定影子的大小、平面镜的反射显现。

东汉王充的《论衡》在前人的基础上对光学方面的知识进行了完善。《淮南万毕术》中记载了"取大镜高悬，盛水盆于其下，则见四邻矣"，反映了汉代人利用平面镜的组合制造了最古老的开管式潜望镜。

沈括在《梦溪笔谈》中记录了亲身实验和观察到的小孔成像、凹凸镜的放大和缩小、凹凸镜成像作用和原理，具有十分重要的意义。

中国古籍中还记载了色散和雨虹的现象。人们还发现了不同的云母放在太阳光下，可以看见不同颜色的光。古人在光学的应用方面也别出心裁，利用磷光物质的特性创作十分特别的画作。比如有一幅画作，白天画上的牛在栏杆外吃草，到了晚上再看，可以看到牛在栏杆内休息。

电学和磁学

东汉的王充在著作《论衡》中有关于世界上关于电知识最早的记载，即"顿牟掇芥"现象，意思是被摩擦过的琥珀可以吸引微小的物体。晋代的张华在用梳子梳头和脱丝质衣服时发现了起电现象，并总结出了静电带光和放电的噼啪声。还有古人发现手和猫毛摩擦会起静电，摩擦孔雀的羽毛带电。在欧洲，这些静电现象直到近代科学发展的17、18世纪才被发现。

中国古代对磁的认识和应用要领先于世界上绝大多数国家，中国是最早对磁进行应用的国家。战国时期的《吕氏春秋》记载了磁石能吸铁的性质，并且发现利用磁性可以指南，中国古代四大发明之一"司南"也随之诞生了。之后中国古人又发明了指南针，并最早用于航海，后经阿拉伯人传入欧洲，促进了大航海时代的到来。所以正文里卡约里对于指南针发明者的认识是存在错误的。

北宋科学家、政治家沈括撰写的《梦溪笔谈》中包括了10余条关于磁学、声学、光学的记载。这是一部综合性笔记体著作，涉及古代中国自然科学、工艺技术和社会历史现象。

《梦溪笔谈》中记载了关于磁偏角的知识："方家以磁石磨针锋，怎能指南，然常微偏东，不全南也。"比西方的哥伦布整整早了400多年。书中还提到了利用磁石使铁针磁化制作指南针的方法，并介绍了指南针的四种安装方法，即指甲法、碗唇法、水浮法、悬经法。指甲法是将磁针置于光滑的指甲之上；碗唇法是将针放在光滑的碗唇上；水浮法是将针浮于水上；悬经法是悬吊指针的办法。

　　由于编者水平有限，对于中国古代物理学史的发展，只能进行一个简单粗略的介绍，通过阅读卡约里的《物理学简史》加上了解中国古代物理学的发展，我们发现中西方科学技术是存在很多交流的，这些就留给读者自己去发现吧！